大数据技术
与应用探析

云大维 高梓源 杨磊 ◎著

中国出版集团

中译出版社

图书在版编目（CIP）数据

大数据技术与应用探析／云大维，高梓源，杨磊著
. -- 北京：中译出版社，2024. 5
ISBN 978-7-5001-7922-1

Ⅰ. ①大… Ⅱ. ①云… ②高… ③杨… Ⅲ. ①数据处
理 Ⅳ. ①TP274

中国国家版本馆 CIP 数据核字（2024）第 103354 号

大数据技术与应用探析

DASHUJU JISHU YU YINGYONG TANXI

著　　者： 云大维　高梓源　杨　磊
策划编辑： 于　宇
责任编辑： 于　宇
文字编辑： 田玉肖
营销编辑： 马　萱　钟筏童
出版发行： 中译出版社
地　　址： 北京市西城区新街口外大街 28 号 102 号楼 4 层
电　　话： （010）68002494（编辑部）
邮　　编： 100088
电子邮箱： book@ctph.com.cn
网　　址： http://www.ctph.com.cn

印　　刷： 北京四海锦诚印刷技术有限公司
经　　销： 新华书店
规　　格： 710 mm × 1000 mm　1/16
印　　张： 17.75
字　　数： 296 千字
版　　次： 2025 年 3 月第 1 版
印　　次： 2025 年 3 月第 1 次印刷

ISBN 978-7-5001-7922-1　　定价：68.00 元

前　言

随着移动互联网和物联网的广泛应用，全球数据量呈井喷式增长，汹涌而来的数据洪流将人类社会带入了崭新的大数据时代。大数据虽然是现代信息技术发展的产物，但它的影响不仅仅局限于信息通信产业，而是覆盖了社会的各个领域。从国家治理到企业运营，从经济生产到社会生活，大数据的身影无处不在，深刻影响和改变着人类的生产、生活及思维方式。数据作为与物资、能源同等重要的战略资源，蕴含着巨大的商业价值，只有凭借敏锐的洞察力和先进的大数据处理技术，才能从中挖掘出隐藏的信息，实现数据价值的提高。

海量的生产数据、处理数据和应用数据，将伴随着物联网、移动互联网、数字家庭、社会化网络等新一代信息技术应用不断地增长。未来，智慧城市、电信、金融、卫生等领域将是大数据技术与应用的最佳行业的沃土，对大数据的处理和分析成为新一代信息技术融合发展的核心支撑。

本书主要研究大数据技术与应用，首先从大数据概述入手，对数据资源、数据质量、大数据生命周期做了一定的介绍，然后对大数据采集与存储技术、大数据挖掘与可视化技术做了深入的探究，对大数据治理及大数据应用的模式、价值与策略进行了分析，最后对大数据在各行业的应用做了进一步的探讨，内容包括金融行业、综合交通、文娱行业、教育行业、农业农村。

作者在编写过程中，参考了大量国内外著作、论文以及互联网上的优秀文章，在此谨向相关作者表示衷心的感谢。由于文献资料数目较多，在列入参考文献时难免会有疏漏，我们对所涉及的作者深表歉意。由于作者水平有限，兼之时间仓促，书中不妥之处在所难免，恳请广大读者批评指正。

作者

2024 年 3 月

目　录

第一章　大数据概述

第一节　数据资源

一、基本概念

（一）数据

1. 依据数据表示的含义来划分

从数据表示的含义来看，数据可以分为两类：一类是表示现实事物的数据，称为现实数据；另一类是不表示现实事物，只在网络空间中存在的数据，称为非现实数据。

（1）现实数据主要包括两种：第一种，感知数据，通过感知设备（如温度传感器、天文望远镜）感知现实世界获得的数据，包括感知生命的数据，这类数据是现实世界的直接反映；第二种，行为数据，人类科学研究、劳动生产、生活行为等所产生的数据，这类数据是人类行为的直接反映。

（2）非现实数据种类繁多，目前还不能很好地进行分类，举例如下：第一种，计算机病毒，能够自我复制和传播的计算机程序，只在数据界存在，在自然界没有映射；第二种，网络游戏，包括与自然界对应的场景映射到数据界，也有只在数据界的游戏场景设置；第三种，垃圾数据，没有任何含义的数据。

2. 依据数据的权属来划分

数据权属还没有法律的界定，从情理上看，数据非天然，数据理应属于数据的生产者，但实际情况往往比较复杂，从目前数据的生产和数据被占有的情况来看，数据可以分成如下类别：第一类，私有数据。指个人或组织自己生产、自己保管、非公开的数据，这类数据权属清晰。第二类，多方生产的数据。大部分数据是由多方共同生产的，如电商平台、银行、电信、医院等的数据都是多方生产的。电商平台的数据是由购物者、网店卖家、支付系统、物流系统、平台等共同生产，这些数据的权属没有界定。电商数据目前基本上是由电商平台占有并获取利益，购物者和卖家没有主张权利。但是，如果医院的数据被医院占有并谋取利益，民众就会强烈反对。因此，这类数据的权属有待法律界进行法律界定，以避免数据的灰色地带和数据黑产。第三类，政府数据。主要指政务数据、政府财政投资生产的数据以及国有企业数据，这部分数据权属属于政府。第四类，公网数据。

（二）数据界

人类社会的发展进步是人类不断探索自然（宇宙和生命）的过程，当人们将探索自然界的成果存储在网络空间中的时候，便不知不觉地在网络空间中创造了一个数据界。虽然是人生产了数据，并且人还在不断生产数据，但当前的数据已经表现出不为人控制、未知性、多样性和复杂性等自然界特征。

1. 数据不为人控制

数据爆炸式增长，人无法控制它，人们无法控制的还有计算机病毒的大量出现和传播、垃圾邮件的泛滥、网络的攻击数据阻塞信息高速公路等。从个体上来看，其生产数据是有目的的、可以控制的，但是从总体上来看，数据的生产是不以人的意志为转移的，是以自然的方式增长的。因此，数据增长、流动已经不为人所控制。

2. 数据的未知性

在网络空间中出现大量未知的数据、未知的数据现象和规律，这是数据科学出现的原因。未知性包括：从互联网上获得的数据不知道是否正确的和真实的；在两个网站对相同的目标进行搜索访问时得到的结果可能是不一样的，不知道哪个是正确的；也许网络空间中某个数据库早就显示人类将面临能源危机，人们却无法得到这样的知识；人们还不知道数据界有多大、数据界以什么样的速度在增长。早期使用计算机是将已知的事情交给计算机去完成，将已知的数据存储到计算机中，将已知的算法写成计算机程序。数据、程序和程序执行的结果都是已知的或可预期的。事实上，这期间计算机主要用于帮助人们工作、生活，提高工作效率和生活质量，因此，计算机所做的事情和生产的数据都是清楚的。虽然每个人是将个人已知的事物和事情存储到网络空间中，但是当一个组织、一个城市或一个国家的公民都将他的个人工作、生活的事物和事情存储到网络空间中，数据就将反映这个组织、城市或国家整体的状况，包括国民经济和社会发展的各种规律和问题。这些由各种数据综合所反映的社会经济规律是人类事先不知道的，也即信息化工作将社会经济规律这些未知的东西也存储到了网络空间中。

3. 数据的多样性和复杂性

随着技术的进步，存储到网络空间中的数据类别和形式也越来越多。所谓数据的多样性是指数据有各种类别，如既有各种语言的、各种行业的、空间的、海洋的、DNA 等数据，也有在互联网中/不在互联网中的、公开/非公开的、企业的/政府的等数据。数据的复杂性有两个方面：一方面是指数据具有各种各样的格式，包括各种专用格式和通用格式；另一方面是指数据之间存在着复杂的关联性。由于网络空间的数据已经表现出不为人控制、未知性、多样性和复杂性等自然界特征，没有哪个人、哪个组织、哪个国家能够控制网络空间数据的增长、流动，这些数据除了表达现实，还有很多和现实无关，所以一个数据界已经形成。需要注意的一点是：从数据界中获取一个数据集服务于某项工作将是未来的常态性工作。其中的数据获取工作包括收集、清洁、整合、存储与管理等，数据服务包括对数据集进行数据分析、建立业务模型、辅助决策工作。

二、数据资源概念

（一）数据资源的形成

随着经济的发展，我们会发现我们的生活已经处处信息化，那么，信息化做了什么？信息化是将我们过去手工做的事情转换成计算机来做，并且会准确很多、方便很多、高效很多；信息化还将现实的事物通过摄像头、录音笔、传感器等采集到计算机中。通过信息化给人类带来好处的现象可知，所有信息化的结果是在计算机系统中形成了很多数据，所以人们不断地购买存储系统、购买硬盘、购买光盘、购买优盘，不断地做备份，不断地确保信息安全，为的是保存好信息化的成果，保存好我们的工作成果，保存好我们值得纪念的东西，等等。因此，从网络空间的视角来看，信息化的本质是生产数据的过程。

（二）数据矿床

有研究、开发和利用价值的数据集称为数据矿床。开发价值高，且易于开发的数据矿床，称为数据富矿；开发价值低，且不易于开发的数据矿床，称为数据贫矿。

确定一个数据矿床要考虑下列基本要素：第一，有价值的数据规律在待开发的数据中所占的比例，这个比值要达到最低可开发品位，不同数据规律的可开发品位是不同的。第二，数据总体的分布特性和数据集的逻辑结构，包括数据分布清晰程度和数据逻辑结构中是否有难以处理的数据类型（如非结构化数据类型）。第三，数据集规模的大小。数据集的规模通常决定了该数据资源开发所需要的投入，包括大型存储设备、大型计算机以及相应的机房等外围设备的投入。第四，数据质量的好坏。数据质量的好坏将直接决定是否能够开发出价值。高质量的数据应该是准确的、一致性的、完整的和及时可用的数据。如果一个数据矿床的数据质量不好，将给数据开采带来很大困难。对于数据拥有者，在形成数据资源的过程中，严格进行数据质量管控，就能够形成质量高的数据矿床，提高拥有的数据资产质量。数据质量管理是指对数据生产、存储、流通过程中可能引发的各类数据质量问题，进行识别、度量、监控、预警等一系列管理活动，并通过改善和提高组织的管理水平使数据质量获得进一步提高。第五，从数据集中获得有价值的数据规律的全部费用。

三、数据资源建设

（一）面临的问题

实际上，数据资源建设投入大、周期长、效果显现慢，面临的困难很多，主要存在下列问题：一是对数据资源的特性不了解，二是对数据资源的用途不了解，三是没有形成可开发的数据资源，四是法律法规缺失，五是没有合适的技术。

（二）　国有数据资源和市场数据资源

数据资源建设的重点是国有数据资源的建设。国有数据资源的权属问题相对比较容易处理。建设国有数据资源，开发国有数据资源，变"土地财政"为"数据财政"，大力发展数据产业，对建立数据强国意义重大。国有数据资源包括政务数据资源、公共数据资源、国有企业数据资源。政务数据资源主要存在于政府的电子政务系统，是政府公务活动过程中生产数据时所形成的数据资源；公共数据资源是由政府财政资金支持而形成的各类数据资源，主要有教学科研、医疗健康、城市交通、环境气象等公共机构形成的数据资源；国有企业数据资源是指国有控股企业生产经营活动中所形成的数据资源，带有市场数据的性质但不完全市场化，如电信、银行、其他央企等国有企业形成的数据资源。在现行管理体制下，国有企事业单位等独立法人机构可以自行建设数据资源，而政府推动的数据资源建设则是领域数据资源和区域数据资源的建设。领域数据资源是指某领域的全国性数据资源，如医疗健康大数据资源、农业大数据资源、科学大数据资源等。面对大数据跨界、跨领域的特点和数据需求，所谓领域数据资源应该包括本领域生产的数据领域外部生产的数据、和本领域大数据分析相关的数据。区域大数据资源包含本区域的所有数据，比较符合大数据应用需求。

市场数据是指各类非国有法人机构和个人自己采集数据，整理汇聚成数据资源，如电商平台积累的数据资源、互联网金融平台收集的数据资源、App 应用收集的数据资源等。从之前讨论的数据权属问题来看，大部分市场数据的权属是不清晰的，也缺少法律的支持。很多数据资源还存在侵犯公民隐私的问题，涉及国家机密。如收集大量的居民身份证数据就涉及了国家机密，作为战略性、基础性资源，数据资源国有化应该是大势所趋。

四、数据资源开发

随着技术进步和互联网的普及应用，不论政府、组织、企业，还是个人都越来越有能力获得各种各样的数据。这些数据类型多样、来源多样，甚至超过早期大型企业自身的积累，形成各种各样的数据资源。在这种情况下，数据资源的开发就变成了一个社会需求，并形成了新兴战略产业——数据产业。

（一）数据开发的"五用"问题

一个大数据资源开发，通常会遇到以下五个方面的问题，简称"五用"问题。第一，数据不够用。获取尽可能多的数据（决策素材），是一种直觉上的追求，即数据越多，对决策越有利，或者至少要比别人知道得更多，所以大数据应用的第一个问题是"数据不够用"。至于数据达到多少就够用了，应该说到目前为止还没有一个科学的界定。第二，数据不可用。在数据够用的情况下，还会遇到数据不可用问题。数据不可用是指拥有数据但访问不到。第三，数据不好用。面对足够的、可用的数据资源，下一个问题是数据不好用问题，即数据质量有问题。第四，数据不敢用。数据不敢用是指因为怕担责任而将本该用起来的数据束之高阁。在"谁拥有谁负责、谁管理谁负责"的体制下，很多单位数据资源之所以没有很好地开发利用，其中一个主要原因就是数据拥有部门不敢将数据用于非本部门业务，怕承担丧失数据安全（所有权和数据秘密）的责任。第五，数据不能用。数据不能用包括两个方面：一方面是数据权属问题，即数据不属于使用者；另一方面是社会问题，即隐私、伦理等问题。

（二）数据流通

随着数据资源的价值被广泛认识，数据的价值被商业化，数据开放共享出现越来越难的趋势。在数据权属清晰的情况下，可以买卖交换数据而不是免费共享（当然，数据拥有者愿意除外）。在确定数据权益的前提下，数据的运用就是有偿使用，需要花钱买数据。数据流通需要法律来界定数据的权属，需要政府来界定数据的类型（哪些是国家秘密、哪些是公民隐私）等，这样数据的流通才会有法可依。而作为个人，要明白"有行动就可能会产生数据"，所以当有些行为涉及隐私时，需要谨慎，就像大家都不会到处说"我家有多少钱"一样。数据流通的主要方式是数据开放、数据共享和数据交易。

(三) 数据产业

数据产业是网络空间数据资源开发利用所形成的产业，其产业链主要包括从网络空间获取数据并进行整合、加工和生产，数据产品传播、流通和交易，相关的法律和其他咨询服务。随着数据的增长，人类的能力在不断提高。如今，人类可以通过卫星、遥感等手段监控和研究全球气候的变化，提高气象预报的准确性和长期预报的能力；通过对政治经济事件、气象灾害、媒体或论坛评论、金融市场、历史等数据进行整合分析，发现全球市场波动规律，进而捕捉到稍纵即逝的获利机会；在医疗健康领域，汇总就诊记录、住院病案、检验检查报告等，以及医学文献、互联网信息等数据，可以实现疑难疾病的早期诊断、预防和发现有效治疗方案，监测不良药物反应事件，对医学诊断有效性进行评估和度量，防范医疗保险欺诈与滥用监测，为公共卫生决策提供支持，所有这些都是数据资源开放利用的结果。建设数据资源，建设可用的数据资源，是大数据、数据产业、数据科学技术发展的基础。数据资源的丰富程度将代表一个国家、一个机构的财产拥有程度。数据资源建设是一个长期的、有技术高墙的且投资规模巨大的工程。就大数据目前的发展重点来讲，政府推动领域的、区域的大数据资源中心建设是正确的，这样做会形成"数据资源孤岛"，需要新技术来实现互联互通，也可以通过合适的大数据流通市场来解决数据的流通问题。

第二节　数据质量

一、数据质量定义

数据质量在学术界和工业界并没有形成统一的定义，学术界大多认可 MIT 关于数据质量的定义，工业界要么采用 ISO（国际标准化组织）的定义，要么根据各自的特定领域扩展了"使用的适合性"的内涵。数据质量是指在业务环境下，数据符合数据消费者的使用目的，能满足业务场景具体需求的程度。在不同的业务场景中，数据消费者对数据质量的需要不尽相同，有些人主要关注数据的准确性和一致性，另外一些人则关注数据的实时性和相关性。因此，只要数据能满足使用目的，就可以说数据质量符合要求。

二、数据质量相关技术

集成后的数据可以使用数据剖析来统计数据的内容和结构，为后续的质量评估提供依据。当人们利用人工方式或者自动化方式检测和评估数据后，发现其质量没有达到预期目标，就需要分析产生问题数据的来源和途径，并且采取必要的技术手段和措施改善数据质量。数据溯源和数据清洁这两项技术分别用于数据来源追踪和管理、数据净化和修复，最终得到高质量的数据集或者数据产品。

（　）数据集成

1. 数据来源层

数据仓库中使用的数据来源主要有业务数据、历史数据和元数据。业务数据是指来源于当前正在运行的业务系统中的数据。历史数据是指组织在长期的信息处理过程中所积累下来的数据，这些数据通常存储在磁带或者类似存储设备上，对业务系统的当前运行不起作用。元数据描述了数据仓库中各种类型来源数据的基本信息，包括来源、名称、定义、创建时间和分类等，这些信息构成了数据仓库中的基本目录。

2. 数据准备层

不同来源的数据在进入数据仓库之前，需要执行一系列的预处理以保证数据质量，这些工作可以由数据准备层完成。这一层的功能可以归纳为"抽取（Extract）—转换（Transfer）—加载（Load）"，即 ETL 操作。

3. 数据仓库层

数据仓库是数据存储的主体，其存储的数据包括三个部分：一是将经过 ETL 处理后的数据按照主题进行组织和存放到业务数据库中，二是存储元数据，三是针对不同的数据挖掘和分析主题生成数据集市。

4. 数据集市

数据仓库是企业级的，能够为整个企业中各个部门的运行提供决策支持，但是构建数据仓库的工作量大、代价很高。数据集市是面向部门级的，通常含有更少的数据、更少的主题区域和更少的历史数据。数据仓库普遍采用 ER 模型来表示数据，而数据集市则采用星形数据模型来提高性能。

5. 数据分析/应用层

数据分析/应用层是用户进入数据仓库的端口，面向的是系统的一般用户，主要用来满足用户的查询需求，并以适当的方式向用户展示查询、分析的结果。数据分析工具主要有地理信息系统（GIS）、查询统计工具、多维数据的 OLAP（联机分析处理）分析工具和数据挖掘工具等。

（二）数据剖析

数据剖析（Data Profiling），也称为数据概要分析或数据探查，是一个检查文件系统或者数据库中数据的过程，由此来收集统计分析信息。同时，也可以通过数据剖析来研究和分析不同来源数据的质量。数据剖析不仅有助于了解异常数据、评估数据质量，也能够发现、证明和评估企业元数据。传统的数据剖析主要是针对关系型数据库中的表，而新的数据剖析将会面对非关系型的数据、非结构化的数据以及异构数据的挑战。此外，随着多个行业和互联网企业的数据开放，组织和机构在进行数据分析时，不再局限于使用自己所拥有的数据，而是将目光转向自己不能拥有或者无法产生的数据源，故而产生了多源数据剖析。多源数据剖析是对来自相同领域或者不同领域数据源进行集成或者融合时的统计信息收集。多源数据的统计信息包括主题发现、主题聚类、模式匹配、重复值检测和记录链接等。

第一，值域分析。值域分析对于表中的大多数字段都适合。可以分析字段的值是否满足指定域值，如果字段的数据类型为数值型，还可以分析字段值的统计量。通过值域分析，发现数据是否存在取值错误，最大、最小值越界，取值为 NULL（是在计算中具有保留的值，用于指示指针不引用有效对象）值等异常情况。第二，外键分析。外键分析可以判断两张表之间的参照完整性约束条件是否得到满足，即参照表中外键的取值是否都来源于被参照表中的主键或者是 NULL 值。如果参照表中的外键没有在被参照表中找到对应，或者外键为异常值等情况都属于质量问题。第三，主题覆盖。主题覆盖包括主题发现和主题聚类。当集成多个异构数据集时，如果它们来自开放数据源或者是网络上获取的表，并且主题边界不清晰，那么就需要识别这些来源所涵盖的主题或者域，这一过程就称为主题发现。根据主题发现的结果，将主题相似的数据集聚集为一个分组或者一类数据集，这个处理过程可称为主题聚类。第四，模式覆盖。模式覆盖主要是指模式匹配。在信息系统集成过程中，最重要的工作是发现多个数据库之间是否存在模式的相似性。模式匹配是以两个待匹配的数据库为输入，以模式中的各种信息为基础，通过匹配算法，最终输出模式之间元素在关系数据库中对应的属性映射关系的操作。第五，数据交叠。当完成模式交叠后，下一步工作就是确定数据交叠。所谓数据交叠是指现实世界的一个对象在两个数据库中使用不同的名称表示，或者使用单一的数据库但又在多个时间内表示。数据交叠可能产生同一个实体具有多个不同的名字、多个属性值重复等质量问题，需要通过重复值检测或者记录链接等方式进行消除。

三、影响数据质量的因素

影响数据质量的因素有很多，既有技术方面的因素，又有管理方面的因素。无论是哪个方面的因素，其结果均表现为数据没有达到预期的质量指标。

数据收集是指从用户需求或者实际应用出发，收集相关数据，这些数据可以由内部人员手工录入，也可以从外部数据源批量导入。在数据收集阶段，引起数据质量问题发生的因素主要包括数据来源和数据录入。通常，数据来源可分为直接来源和间接来源。数据的直接来源主要包括调查数据和实验数据，它们是由用户通过调查或观察以及实验等方式获得的第一手资料，可信度很高。间接来源是收集来自一些政府部门或者权威机构公开出版或发布的数据和资料，这些数据也称为二手数据。在互联网时代，由于获取数据和信息非常方便和快速，二手数据逐渐成为主要的数据来源。但是，一些二手数据的可信度并不高，存在诸如数据错误、数据缺失等质量问题，在使用时需要进行充分评估。

　　数据整合的最终目标是建立融各类业务数据为一体的数据仓库，为市场营销和管理决策提供科学依据。在数据整合阶段，最容易产生的质量问题是数据集成错误。将多个数据源中的数据合并入库是常见的操作，这时需要解决数据库之间的不一致或冲突的质量问题，在实例级主要是相似重复问题，在模式级主要是命名冲突和结构冲突。为了解决多数据源之间的不一致和冲突，在基于多数据源的数据集成过程中可能导致数据异常，甚至引入新的异常。因此，数据集成是数据质量问题的一个来源。

　　数据建模是一种对现实世界各类数据进行抽象的组织形式，继而确定数据的使用范围、数据自身的属性以及数据之间的关联和约束。数据建模可以记录商品的基本信息，如形状、尺寸和颜色等，同时也反映在业务处理流程中数据元素的使用规律。好的数据建模可以用合适的结构将数据组织起来，减少数据重复并提供更好的数据共享。同时，数据之间约束条件的使用可以保证数据之间的依赖关系，防止出现不准确、不完整和不一致的质量问题。

　　数据分析（处理）是指用适当的统计分析方法对收集来的大量数据进行分析，提取有用信息和形成结论而对数据加以详细研究和概括总结的过程，这一过程也是质量管理体系的支持过程。测量错误是数据分析阶段的常见质量问题，它包括三类问题：一是测量工具不合适，引起数据不准确或者异常；二是无意的人为错误，如方案问题（如不合适的抽样方法）以及方案执行中的问题（如测量工具误用等）；三是有意的人为舞弊，即出于某种不良意图的造假，这类数据可以直接导致信息系统决策错误，同时也造成严重的后果和社会影响。

　　数据发布和展示是将经处理和分析后的数据以某一种形式（表格和图表等）展现给用户，帮助用户直观地理解数据价值及其所蕴含的信息和知识，同时提供数据共享。相比较而言，数据发布和展示阶段的质量问题要比前面几个阶段少，数据表达质量不高是这一阶段存在的主要问题，展示数据的图表不容易理解、表达不一致或者不够简洁都是一些常见的质量问题。

　　数据备份是容灾的基础，严格来说，数据备份阶段并不存在质量问题，它只是为数据使用提供一个安全和可靠的存储环境。一旦数据遭受破坏不能正常使用，便可以利用备份好的数据进行完整、快速的恢复。

四、大数据时代数据质量面临的挑战

目前，数据质量面临着如下一些挑战。

（1）数据来源的多样性，大数据时代带来了丰富的数据类型和复杂的数据结构，增加了数据集成的难度。以前，企业常用的数据仅仅涵盖自己业务系统所生成的数据，如销售、库存等数据，现在，企业所能采集和分析的数据已经远远超越这一范畴。大数据的来源非常广泛，主要包括四个途径：一是来自互联网和移动互联网产生的数据量，二是来自物联网所收集的数据，三是来自各个行业（医疗、通信、物流、商业等）收集的数据，四是科学实验与观测数据。这些来源造就了丰富的数据类型。不同来源的数据在结构上差别很大，企业要想保证从多个数据源获取结构复杂的大数据并有效地对其进行整合，是一项异常艰巨的任务。来自不同数据源的数据之间存在着冲突、不一致或相互矛盾的现象。在数据量较小的情形下，可以通过人工查找或者编写程序查找；当数据量较大时可以通过 ETL（ETL 是用来描述将数据从来源端经过抽取、转换、加载至目的端的过程）或者 ELT 就能实现多数据源中不一致数据的检测和定位，然而这些方法在 PB 级甚至 EB 级的数据量面前却显得力不从心。

（2）由于大数据的变化速度较快，有些数据的"时效性"很短。如果企业没有实时收集所需的数据或者处理这些收集到的数据需要耗费很长的时间，那么有可能得到的就是"过期的"、无效的数据，在这些数据上进行的处理和分析，就会出现一些无用的或者误导性的结论，最终导致政府或企业的决策失误。

第三节　大数据生命周期

大数据的生命周期是指某个集合的大数据从产生到销毁的过程。企业在大数据战略的基础上定义大数据范围，确定大数据的采集、存储、整合、呈现与使用、分析与应用、归档与销毁的流程，并根据数据和应用的状况，对该流程进行持续优化。大数据的生命周期管理与传统的数据生命周期管理虽然在流程上比较相似，但出发点不同，导致二者存在较大的差别。传统数据生命周期管理注重的是数据的存储、备份、归档、销毁各环节，如何在节省成本的基础上，保存有用的数据。

一、大数据采集

（一）大数据采集范围

为满足企业或组织不同层次的管理与应用的需求，数据采集分为三个层次：第一，业务电子化。它主要实现对于手工单证的电子化存储，并实现流程的电子化，确保业务的过程被真实记录。本层次的数据采集重点关注数据的真实性，即数据质量。第二，管理数据化。在业务电子化的过程中，企业逐步学会了通过数据统计分析来对企业的经营和业务进行管理。因此，对数据的需求不仅仅满足于记录和流程的电子化，而且要求对企业内部信息、企业客户信息、企业供应链上下游信息实现全面的采集，并通过数据集市、数据仓库等平台的建立，实现数据的整合，建立基于数据的企业管理视图。本层次的数据采集重点关注数据的全面性。第三，数据化企业。在大数据时代，数据化的企业从数据中发现和创造价值，数据已经成为企业的生产力。企业的数据采集向广度和深度两个方向发展。在广度方面，包括内部数据和外部数据，数据范围不仅包括传统的结构化数据，也包括文本、图片、视频、语音、物联网等非结构化数据。在深度方面，不仅对每个流程的执行结果进行采集，也对流程中每个节点执行的过程信息进行采集。本层次的数据采集重点关注数据价值。

（二）大数据采集策略

大数据采集的扩展，也意味着企业成本和投入的增加。因此，需要结合企业本身的战略和业务目标，制定大数据采集策略；企业的大数据采集策略一般有两种。第一种，尽量多地采集数据，并整合到统一平台中。该策略认为，只要是与企业相关的数据，都应当尽量采集并集中到大数据平台中。该策略的实施一般需要两个条件：其一，需要较大的成本投入，内部数据的采集、外部数据的获取都需要较大的成本投入，同时将数据存储和整合到数据平台上，也需要较大的基础设施投入；其二，需要有较强的数据专家团队，能够快速地甄别数据并发现数据的价值，如果无法从数据中发现价值，较大的投入无法快速得到回报，就无法持续。第二种，以业务需求为导向的数据采集策略。当业务或管理提出数据需求时，再进行数据采集并整合到数据平台。该策略能够有效避免第一种策略投入过大的问题，但是完全以需求为导向的数据采集，往往无法从数据中发现"惊喜"，在目标既定的情况下，数据的采集、分析都容易出现思维限制。对于完全数字化的企业，如互联网企业，建议采用第一种大数据采集策略。对于目前尚处于数字化过程中、成本较紧、数据能力成熟度较低的企业，建议采用第二种大数据采集策略。

（三）大数据采集的安全与隐私

数据采集的安全与隐私主要涉及三个方面的问题：第一，数据采集过程中的客户与用户隐私。大数据时代的数据采集，更多涉及客户与用户的隐私。从企业应用的角度来说，为避免法律风险，在大数据采集的过程中，如果涉及客户和用户隐私的采集，应注意：告知客户和用户哪些信息被采集，并要求客户和用户进行确认；客户和用户信息的采集应用于为客户提供更好的产品与服务；向客户和用户明确所采集的信息不会提供给第三方（法律要求的除外）；向客户和用户明确他们在企业平台上发布的公开信息，如言论、照片、视频等，不在隐私保护的范围之内。如果发布的内容涉及版权问题，须自行维权。第二，数据采集过程中的权限。企业通过客户接触类系统和业务流程类系统采集的数据，为了应用于企业级的管理决策，一般会传送到数据类平台进行处理（如数据仓库、数据集市、大数据平台等），这个过程也是数据采集过程的一部分。在此过程中，存在数据权限问题。第三，数据采集过程中的安全管理。企业应为数据采集制定相应的安全标准。数据采集类系统需要根据采集数据的安全级别，实现相应级别的安全保护。在数据采集的过程中，必须确保被采集的数据不会被窃取和篡改。在数据从源系统采集到数据平台的过程中，也需要确保数据不被窃取和篡改。

（四）大数据采集的时效

数据采集的时效越快，其产生的数据价值就越大。从管理者的角度来说，如果通过数据能实时地了解企业的经营情况，就能够及时地做出决策；从业务的角度来说，如果能够实时地了解客户的动态，就能够更有效地为客户提供合适的产品和服务，提高客户满意度；从风险管理的角度来看，如果能够通过数据及时发现风险，企业就能够有效地避免风险和损失。从技术发展的角度来看，随着目前大数据计算技术的日渐成熟，对所有数据进行实时化采集已经成为可能，但在实际应用过程中，建议企业充分考虑数据实时化采集的成本。数据被实时化采集并传送到数据平台，会给计算系统带来较大的压力，从而提高计算成本。因此，哪些数据需要实时化采集，哪些数据可以批量采集，需要根据业务目标来划分优先级。

（五）大数据清理

大数据清理的目的主要有两种：一种是无关数据的清理，另一种是低质量数据的清理。通俗地讲，就是清理垃圾数据。大数据环境下的数据清理，与传统的数据清理有所区别。对传统数据而言，数据质量是一个很重要的特性，但对于大数据而言，数据可用性变得更为重要。传统意义的垃圾数据，也可以"变废为宝"。对于不同的可用性数据，数据应建立不同的质量标准，应用于财务统计的数据和应用于分析的数据，在质量标准上应有所不同。有些用途必须严格禁止垃圾数据进入；有些用途的数据需要讲求数据的全面性，但对质量的要求不是那么高；有些用途的数据，如审计与风险，甚至需要专门关注垃圾数据，从一些不符合逻辑的数据中发现问题。因此，在大数据应用中不建议直接清理垃圾数据，而应将数据质量进行分级。不同质量等级的数据，满足不同层次的应用需求。

二、大数据存储

（一）数据的热度

大数据时代，首先意味着数据的容量在急剧扩大，这给数据存储和处理的成本带来了很大的挑战。采用传统的统一技术来存储和处理所有数据的方法将不再适用，而应针对不同热度的数据采用不同的技术进行处理，以优化存储和处理成本并提升可用性。所谓数据的热度，即根据数据的价值、使用频次、使用方式的不同，将数据划分为热数据、温数据和冷数据。热数据一般指价值密度较高、使用频次较高、支持实时化查询和展现的数据；冷数据一般指价值密度较低，使用频次较低，用于数据筛选、检索的数据；而温数据介于两者之间，主要用于数据分析。

（二）数据的存储与备份要求

不同热度的数据，应采用不同的存储和备份策略。冷数据，一般包含企业所有的结构化和非结构化数据，它的价值密度较低，存储容量较大，使用频次较低，一般采用低成本、低并发访问的存储技术，并要求能够支持存储容量的快速和横向扩展。因此，对冷数据建议采用低成本、低并发、大容量、可扩展的技术。如谷歌、阿里、腾讯等企业，一般都会和硬件厂商一起研发低成本的存储硬件，用于存储冷数据。温数据一般包含企业的结构化数据和将非结构化数据进行结构化处理后的数据，存储容量偏大，使用频次中等，一般用于业务分析。由于业务分析会涉及数据之间的关联计算，对计算性能和图形化展示性能的要求较高。但该类数据一般为可再生的数据（通过其他数据组合或计算后生成的数据），对于数据获取、失效性和备份要求不高。因此，对于温数据建议采用较为可靠的、支持高性能计算的技术（如内存计算），以及支持可视化分析工具的平台。热数据一般包含经过处理后的高价值数据，用于支持企业的各层级决策，访问频次较高，要求较强的稳定性，需要一定的实时性。数据的存储要求能够支持高并发、低延时访问，并能确保稳定性和高可靠性。因此，对于热数据一般要求采用支持高性能、高并发的平台，并通过高可用技术，实现高可靠性。

（三）基于云的大数据存储

云计算能够提供可用的、便捷的、按需的网络访问，接入可配置的计算资源池（服务器、存储、应用软件、平台）。这些资源能够快速提供，只须投入很少的管理工作。针对大数据规模巨大、类型多样、生成和处理速度极快等特征，云计算对于大数据来讲，是一个非常好的解决方案。但使用云计算进行大数据的存储与整合时，必须考虑以下三点：第一，安全性。由于数据是企业的重要资产，因此不管采用何种技术，都必须确保数据的安全性。在使用公有云的情况下，企业必须考虑自己的数据是否会被另外一个运行于同样公有云中的组织或者个人未经允许访问，从而造成数据泄露；在使用私有云的情况下，同样需要考虑私有云的安全性，在隔绝入侵者的同时，也需要考虑内部的安全性，确保私有云上未经授权的用户不能访问数据。另外，数据是否可以放在云上，尤其是公有云上，也会受到法律法规的限制。如某些行业（如金融行业）的数据保密要求较高，国家和主管机构会有相应的法律、法规和安全规范对数据的存储进行限制。第二，时效性。数据存储在云上的时效性有可能低于本地存储，原因是物理设施的速度较慢，数据穿越云安全层的时效较差，网络传输的时效较慢。对于时效性要求较高或者数据量特别大的企业来讲，上述三个限制条件可能是实质性的，而且会带来高昂的网络费用。第三，可靠性。配置在云上的基础设施一般为廉价的通用设备，因此发生故障的概率也较企业的专用设备更高，一般企业对于关键数据都有相应的高可用方案、备份方案和灾备方案。为保证云上数据的可靠性，云平台必须通过冗余的方式来确保数据不会丢失。数据越关键，配置的副本数量就会越多，需要租用的成本就会越高。同时，多个副本也会带来一些安全问题，当企业弃用云服务时，如何确保数据的所有副本都被删除，也是企业在启用云服务之前必须考虑的问题。

三、大数据整合

（一）批量数据的整合

传统的数据整合一般采用 ETL 方式，即抽取、转换、加载。随着数据量的加大，以及数据平台自身数据处理技术的发展，目前较为通用的方式为 ELT 方式，即抽取、加载、转换、整合。

1. 数据抽取

在进行数据抽取和加载之前，需要定义数据源系统与数据平台之间的接口，形成数据平台的接入模型文档。从源系统中抽取数据一般分为两种模式：抽取模式和供数模式。从技术实现角度来讲，抽取模式是较优的，即由数据平台通过一定的工具来抽取源系统的数据。但是从项目角度来讲，建议采用源系统供数模式，因为抽取数据对源系统的影响，如果都由数据平台项目来负责，有可能会对数据平台项目带来重大的风险，最终导致数据平台项目失败。

2. 数据加载

随着大数据并行技术出现，数据库的计算能力大大加强，一般都采用先加载后转换的方式。在数据加载过程中，应该对源数据和目标数据进行数据比对，以确保抽取加载过程中的数据一致性，同时设置一些基本的数据校验规则，对于不符合数据校验规则的数据，应该退回源系统，由源系统修正后重新供出。通过这样的方式，能够有效地保证加载后的数据质量。在完成数据加载后，系统能够自动生成数据加载报告，报告本次加载的情况，并说明加载过程中的源系统的数据质量问题。在数据加载的过程中，还需要注意数据版本管理。

3. 数据转换

数据转换分为简单映射、数据转换、计算补齐、规范化四种类型。简单映射就是在源系统和目标系统之间一致地定义和格式化每个字段，只需在源系统和目标系统之间进行映射，就能把源系统的特定字段复制到目标表的特定字段。数据转换，即将源系统的值转换为目标系统中的值，最典型的案例就是代码值转换。计算补齐，即在源数据丢失或者缺失的情况下，通过其他数据的计算，经过某种业务规则或者数据质量规则的公式，推算出缺失的值，进行数据的补齐工作。规范化，当数据平台从多个数据系统中采集数据的时候，会涉及多个系统的数据，不同系统对于数据会有不同的定义，需要将这些数据的定义整合到统一的定义之下，遵照统一的规范。

4. 数据整合。将数据整合到数据平台之后，需要根据应用目标进行数据的整合，将数据关联起来并提供统一的服务。传统数据仓库的数据整合方式主要有：建立基于不同数据域的实体表和维表；建立统一计算层；生成面向客户、面向产品、面向员工的宽表，用于数据挖掘。在大数据时代，这三种数据整合方式仍然适用。通过不同的方式将数据关联起来，通过数据的整合为数据统计、分析和挖掘提供服务。

（二）实时数据的整合

大数据的一个重要特点是速度。在大数据时代，数据应用者对于数据的时效性也提出了新的要求，如企业的管理者希望能够实时地通过数据看到企业的经营状况；销售人员希望能够实时地了解客户的动态，从而发现商机，快速跟进；电子商务网站也需要能够快速地识别客户在网上的行为，实时地做出产品的推荐。实时数据的整合要比成批处理数据的整合复杂一些，抽取、加载、转换等常用步骤依然存在，只是它们以一种实时的方式进行数据处理。第一，实时数据的抽取。在实时数据抽取过程中，必须实现业务处理和数据抽取的松耦合。业务系统的主要职责是进行业务的处理，数据采集的过程不能影响业务处理的过程。实时数据抽取一般不采用业务过程中同步将数据发送到数据平台的方式，因为一旦采用同步发送失败或超时，就会影响到业务系统本身的性能。第二，实时数据的加载。在实时数据加载过程中，需要对数据完整性和质量进行检查。对于不符合条件的数据，需要记录在差异表中，最终将差异数据反馈给源系统，进行数据核对。实时数据加载一般采用流式计算技术，快速地将小数据量、高频次的数据加载到数据平台上。第三，实时数据的转换。实时数据转换与实时加载程序一般为并行的程序，对于实时加载完的数据，通过轮询或者触发的方式进行数据转换处理。

四、大数据呈现与使用

（一）数据可视化

数据可视化旨在借助图形化手段，清晰有效地传达与沟通信息。数据可视化利用图形图像处理、计算机视觉以及用户界面，通过表达、建模以及对立体、表面、属性以及动画的显示，对数据加以可视化解释。数据可视化依赖于相应的工具。传统的数据可视化工具包括 Excel、水晶报表、Report 等报表工具，包括 Cognos（是在 BI 核心平台之上，以服务为导向进行架构的一种数据模型）等多维数据分析工具，也包括 SAS（统计分析软件）等图形展示工具。新一代的基于大数据的数据可视化工具如 Pentaho（开源商务智能软件）等工具，集成了报表、多维分析、数据挖掘、Adhoc（点对点模式）分析等多项功能，并支持图形化的展示。未来，将会有更多的数据可视化产品和服务公司出现。

（二）数据可见性的权限管理

数据的展示需要进行权限管理，不同的人员可见的数据不同。数据可见性的权限管理应该考虑以下五个方面：第一，内外部可见性不同。企业对于内部和外部人员提供的数据可见性不同，对于客户或者供应商来讲，应该只能看到与自己相关的数据，以及企业允许其看到的数据，不可以看到其他客户和供应商的数据。第二，不同层级可见性不同。企业的高层、中层和一线员工能见到的数据的范围不同，数据的可见权限需要按照不同的层级进行划分。第三，不同部门可见性不同。不同部门可见的数据不同，一个部门如果需要看到其他部门的数据，应该获取数据所属部门的授权或者更高层的授权。第四，不同角色的可见性不同。在同一部门中，不同的角色可见的数据不同，数据的可见性应该按照不同的角色进行授权。第五，数据分析部门的特殊权限及安全控制。数据分析部门由于需要看到整体和细节的数据，因此需要特殊的授权，如签订保密协议和利用技术手段等。

（三）数据展示与发布的流程管理

企业应制定统一的流程，对数据的展示和发布进行管理。需要将以下数据纳入统一管理：企业上报上级主管部门的数据、上市企业进行信息披露的数据；企业级的数据指标，尤其是 KPI 指标；企业级的数据指标口径。企业应明确上述数据或指标的主管责任部门，所有上述数据或指标，需要由主管责任部门统一发布，其他部门或人员无权进行发布。同时，企业内的部门级指标应向企业指标主管责任部门进行报备，并设立部门内指标管理岗位进行统一的管理。

（四）数据的展示与发布

数据是现代企业的重要资产，企业拥有的各类数据数量、范围、质量情况、指标口径、分析成果等也应该进行展示和发布。企业应该明确数据资产的主管责任部门，制定数据资产的管理办法。数据资产的主管责任部门负责对数据资产的状况进行展示和发布。元数据管理平台是数据资产管理的重要工具，对于各类数据的状况，建议通过技术元数据和业务元数据记录，并进行展示。

（五）数据使用管理

1. 数据使用的申请与审批

数据的使用一般分为系统内的使用和系统外的使用。系统内的使用包括通过应用软件或者工具，对数据进行统计、分析、挖掘，所有对于数据的查看和处理都在系统内进行，能够进行的操作也通过系统得到了相应的授权。系统外的使用，是指为了满足数据应用的要求，将数据提取出系统，在系统外对数据进行相关处理，这一类的数据使用需要制定相应的流程进行申请和审批。对于不同类型的数据，需要有不同的审批流程。其中，审批流程中应该包括人员的审批。

2. 数据使用中的安全管理

对于提取出系统进行使用的数据，在数据使用的过程中，需要注意以下事项：第一，对于敏感数据需要进行脱敏处理。如客户身份识别信息、客户联系方式等信息属于敏感信息，在提取数据时应该进行脱敏处理。数据脱敏的方式可以分为直接置换，或采用不可逆的加密算法等。第二，对于数据的保存与访问，需要遵照国家的保密法规、企业的保密规定以及企业的信息安全标准。企业应该对保密和敏感信息制定相应的标准，对该类信息的存放、访问和销毁的场所、人员、时间等进行详细的规定。第三，对于不能脱敏，但在处理过程中必须使用的真实数据，企业需要建立专用的访问环境，该环境区别于生产环境，具有可访问性和操作性，但是不能将数据带离环境的特性。

3. 数据的退回与销毁

在以下几种情况下，存在数据的退回处理：第一，使用方发现提取的数据不能满足使用的需求，需退回数据，重新进行提取；第二，使用方对于提取的数据进行了处理，处理的数据对于源数据有价值，将处理过的数据交回，用于对源数据进行修正或补充；第三，涉及一定密级的数据，使用完成后，按照保密流程进行数据的退回处理。数据退回后，对于涉及密级或者敏感性的数据，应将保存在系统外的数据备份进行销毁，避免数据的泄露。对数据存放的设备，必须通过一定的技术手段，将数据进行彻底的删除，确保其无法复原。

五、大数据分析与应用

（一）数据分析

数据分析就是采用数据统计的方法，从数据中发现规律，用于描述现状和预测未来，从而指导业务和管理行为。从应用的层次上讲，数据分析分为以下五个层次：第一，静态报表，是最传统的数据分析方法，甚至在计算出现之前，已经形成了这样的分析方法，通过编制具有指标口径的静态报表，实现对事物状况的整体性和抽象性的描述。第二，数据查询，即数据检索，以确定性或者模糊性的条件，检索所需要的数据，查询结果可能是单条或多条记录，可以是单类对象，也可以是多种对象的关联。在数据库技术出现后即可支持数据的查询。第三，多维分析，结合商业智能的核心技术，可以多角度、灵活动态地进行分析。多维分析由"维"（影响因素）和"指标"（衡量因素）组成。基于多维的分析技术，人们可以立体地看待数据，可以基于维度对数据进行"切片"和"切块"分析。第四，特设分析，是针对特定的场景与对象，通过分析对象及对象的关联对象，得出关于对象的全景视图。客户立体化视图和客户关系分析是典型的特设分析。特设分析还可以用于审计和刑侦。第五，数据挖掘是指从大量的数据中，通过算法搜索隐藏在其中的信息的过程，用于知识和规律的发现。企业应根据业务的发展需求以及实际的技术和数据的情况，确定要实现的数据分析层次。

（二）数据应用

大数据可以通过分析结果的呈现为企业提供决策支持，也可以将分析与建模的成果转化为具体的应用集成到业务流程中，为业务直接提供数据支持。大数据应用一般分为两类：第一类，嵌入业务流程的数据辅助功能。在业务流程中嵌入数据的功能，嵌入的深度在不同的场景下是不同的。在某些场景下，基于数据分析与建模结果形成的业务结果，将变为具体的业务规则或推荐规则，深入地嵌入业务流程中。典型的案例就是银行的反洗钱应用，以及信用卡的防欺诈应用。通过数据分析与建模，发现洗钱或者信用卡欺诈的业务规律，并建立相应的防范规则，当符合相应规则的业务发生时，就一定会触发相应反洗钱或者防欺诈的流程。在某些场景下，嵌入的程度是较浅的，如电子商务网站的关联产品推荐，仅仅为客户提供产品推荐功能，辅助客户进行决策，并不强制要求购买。第二类，以数据为驱动的业务场景。一些基于数据的应用离开数据分析和建模的结果，应用场景也无法发生。比如，精准营销的应用，如果没有数据分析与建模的支持，精准营销就不会发生。再如，基于大数据的刑侦应用，如果没有基于大数据的扫描与刑侦相关的数据模型，以及大数据的特设分析应用，就无法正常进行。又如，电子商务网站的比价应用，如果不能采集各电商网站的报价数据，并通过大数据技术进行同一产品识别和价格排序，就无法实现比价功能，这些都是以数据为驱动的业务场景。未来，以数据为驱动的业务场景将越来越多，没有数据、没有数据分析能力的企业，将无法在这些场景中进行竞争。

六、大数据归档与销毁

（一）数据归档

在存储成本已显著降低的情况下，企业希望在技术方案的能力范围内尽量存储更多的数据。但面对大数据时代数据的急剧增长，数据归档仍然是数据管理必须考虑的问题。在归档过程中，需要考虑数据压缩与格式转换的问题。在数据热度很低的情况下，从成本的角度来看，应该考虑对数据进行压缩，压缩可以通过手工，也可以通过一些数据库层级或者硬件层级的工具进行。数据压缩会导致访问困难，因此企业在明确哪些数据可以压缩的时候，必须有明确的策略。随着技术的发展，压缩数据时应尽量选择可选择性恢复的数据压缩方案。尤其是非结构化数据的归档，主要应该关注向数据注入有序的和结构化的信息，以方便数据的检索和选择性恢复。

（二）数据销毁

随着存储成本的进一步降低，越来越多的企业采取了"保存全部数据"的策略。因为从业务和管理以及数据价值的角度上讲，谁也无法预料未来会使用到什么数据。但随着数据量的急剧增长，从价值成本分析的角度来看，存储超出业务需求的数据，未必是一个好的选择。有时候一些历史数据也会导致企业的法律风险，因此数据的销毁还是很多企业应该考虑的问题。对于数据的销毁，企业应该有严格的管理制度，建立数据销毁的审批流程，并制作严格的数据销毁检查表。只有通过检查表检查并通过流程审批的数据，才可以被销毁。

七、大数据治理实施

在大数据治理实施阶段，主要关注实施目标和动力、实施关键要素以及实施过程。

（一）大数据治理实施的目标和动力

1. 大数据治理实施的目标

大数据治理实施的目标分为直接目标和最终目标。实施大数据治理的直接目标是建立大数据治理的体系，即围绕大数据治理的实施阶段、阶段成果、关键要素等，建立一个完善的大数据治理体系，既包括支撑大数据治理的战略蓝图和阶段目标，也包括岗位职责和组织文化、流程和规范以及软硬件环境。实施大数据治理的最终目标是通过大数据治理为企业的利益相关者带来价值，这种价值具体体现在三个方面，即服务创新、价值实现、风险管控。

（1）直接目标：建立战略蓝图和阶段目标、岗位职责和组织文化、流程和规范以及软硬件环境。其中重点介绍软硬件环境、流程和规范、阶段目标。首先，需要建立大数据治理的软硬件环境。以大数据质量管理的软硬件环境的搭建为例，在传统的数据存储过程中，往往把数据集成在一起，而大数据的存储在很多情况下都是在其原始存储位置组织和处理数据，不需要大规模的数据迁移。此外，大数据的格式不统一，数据的一致性差，必须使用专门的数据质量检测工具，这就需要搭建专门的质量管理的软硬件环境。该软硬件环境能够支持海量数据的质量管理，而且能够满足用户及时性需求，需要考虑离线计算、近实时计算和实时计算等技术的配置。其次，需要建立完善的大数据治理实施流程体系和规范。数据标准管理流程、数据需求和协调流程、数据集成和整合流程，形成了大数据治理常态化工作的规范。最后，需要制定大数据治理实施的阶段目标。大数据治理是一个持续不断的完善过程，但不是一个永无止境的任务。大数据治理必须分阶段地逐步开展，每一个阶段都应该制定一个切实可行的目标，保证工作的有序性和阶段性。明确的阶段目标能够促使大数据治理实施按质、按量地顺利完成。

（2）最终目标：建立完善的治理体系，从而确保服务创新、价值实现和风险管控。组织拥有诸多利益相关者，如管理者、股东、员工、顾客等。而"价值实现"对不同的利益相关者而言其意义并不相同，甚至有时候会产生冲突。从长远的角度来看，实施大数据治理就是利用最重要的数据资源，提高企业资源的利用效率，在可接受的风险下，实现收益的最大化。价值实现包含多种形式，譬如企业的利润和政府部门的公共服务水平。大数据治理会降低企业的运营成本，给企业带来利润。随着信息化建设的发展，企业已经建设了包括数据仓库、报表平台、风险管理、客户关系管理在内的众多信息系统，为日常经营管理提供管理与决策支持。但是由于各种原因，在信息资源标准体系建设、信息共享、信息资源利用等方面仍存在许多不足。例如，数据量大导致管理困难，客户数据分散在多个源系统，缺乏统一的管理标准，引起数据缺失、重复或者不一致等，严重影响业务发展。大数据治理可以帮助企业完善信息资源治理体系，实现数据的交换与共享的管理机制，有效整合行业信息资源，降低数据使用的综合成本。风险管控是大数据治理实施的重要价值之一。大数据治理发掘了大数据的应用能力，提高了组织数据资产管理的规范程度，降低了数据资产管控的风险。例如，大数据治理可以提高数据的可用性、持续性和稳定性，避免由于错误操作引发的系统运维事故。服务创新是指利用组织的资源，形成不同于以往的服务形式和服务内容，满足用户的服务需求或者提升用户的服务体验。在大数据治理的背景下，充分发挥大数据资产的价值，可以实现服务内容和形式的创新。

2. 大数据治理实施的动力

大数据治理实施的动力来源于业务发展和风险合规的需求，这些需求既有内部需求，又有外部需求，主要分为四个层次：战略决策层、业务管理层、业务操作层和基础设施层。第一，战略决策层负责确定大数据治理的发展战略以及重大决策。该层主要由组织的决策者和高层管理人员组成。第二，业务管理层负责企业的具体运作和管事务。从人员角度来看，该层可以是项目经理、部门主管或者部门经理。业务管理层实施大数据治理的动力在于提升管理水平、降低大数据的运营成本、提高大数据的客户服务水平、控制大数据管理的风险等。第三，业务操作层主要负责某些具体工作或业务处理活动，不具有监督和管理的职责。第四，基础设施层是指一个完整的、适合整个大数据应用生命周期的软硬件平台。大数据治理实施需要建立一个统一、融合、无缝衔接的内部平台，用以连接所有的业务相关数据，从而让数据能够被灵活部署、分析、处理和应用。对该层次而言，大数据治理能够实现基础设施的规范、统一的管理，为大数据的业务操作、业务管理和战略决策提供基础保障。

（二）大数据治理实施的关键要素

1. 实施目标

根据业务发展需求，设立合理的实施目标，以指导大数据治理实施的顺利完成。从长远发展的角度看，大数据治理的实施目标需要与大数据治理价值实现蓝图相关联。大数据治理价值实现蓝图指明了大数据治理工作的前景和作用，是大数据治理实施的重要前提。只有从价值实现的角度思考大数据治理，才能够充分发挥大数据治理实施的价值。大数据价值实现蓝图是一个循序渐进的过程，从支持企业战略转型、业务模式创新的战略层面制定大数据治理的目标，规划中长期的治理蓝图，将会促进大数据治理项目实施目标与企业大数据治理的长期目标保持一致。

2. 企业文化

企业文化是在一定的条件下，企业生产经营和管理活动中创造的具有该企业特色的精神财富和物质形态。为了促进大数据治理的成功实施，企业管理者应该努力营造一种重视数据资产、充分挖掘数据价值的企业价值观，可以称之为"数据文化"。这种"数据文化"体现在以下三个方面：首先，培养一种"数据即资产"的价值观。最初，数据纯粹是数据，报表提交给管理者之后，就没有其他作用了。但多种数据融合后，能够让企业的管理者重新认识产品、了解客户需求、优化营销，因此数据就变得有价值了，成了一种资产，甚至可以交易、合作、变现。鉴于此，大数据治理可以从发挥价值的角度出发，让企业重新审视自身的数据资源，并培养"数据即资产"的企业价值观，不断发现新的大数据治理需求，引导大数据治理实施工作的开展。其次，倡导一种创新跨界的企业文化。以往的企业经营，注重发挥人力、物力、财力资源的价值，而大数据治理则充分发挥数据的价值，推动新业务的产生和发展。因此在实施大数据治理时，应倡导创新跨界的企业文化，启发员工和管理者从创新跨界的角度，发挥数据资产的价值，触发产品和服务创新。最后，倡导建立"基于数据分析开展决策"的企业文化。对企业的决策者和管理者而言，大数据治理需要建立一种"基于数据开展决策"的管理规范，而这种企业文化的倡导，能够引导、号召企业的决策者和管理者有意识地建立这样的管理规范，促进大数据治理实施活动顺利进行。

（三）大数据治理实施的过程

从项目管理的角度来看，大数据治理实施着重关注七个阶段，各个阶段的具体内容介绍如下：第一阶段，机遇识别阶段。对组织而言，大数据治理的实施并不是越快越好，而是应该寻找恰当的时机，发现组织中有针对性的具体问题，力争通过实施大数据治理，获得立竿见影的阶段性效果。大数据治理是一项复杂且需要不断改进的工作，对企业而言工作量巨大，如果不采用局部突破的方法，就很难获取阶段性成果，因此识别机遇，寻找到合适的阶段性任务，对大数据治理实施而言非常重要。第二阶段，现状评估阶段。大数据治理的现状评估调研包括三个方面：首先是对外调研，即了解业界大数据有哪些最新的发展、行业顶尖企业的大数据应用水平、行业内主要竞争对手的大数据应用水准；其次是开展内部调研，包括管理层、业务部门和大数据治理部门自身，以及组织的最终用户对大数据治理业务的期望；最后是自我评估，了解自己的技术、人员储备情况。在此基础上进行对标，做出差距分析及分阶段的大数据治理成熟度评估。第三阶段，制定实施目标。大数据治理阶段目标的制定是大数据治理过程的灵魂和核心，能够指引组织大数据治理的发展方向。大数据治理的阶段目标，没有统一的模板，但有一些基本的要求：既能简明扼要地阐述问题，又能涵盖内外利益相关者的需求；清晰地描述所有利益相关者的愿景和目标，目标经过努力是可达成的。第四阶段，制订实施方案。制订大数据治理方案包括涉及的流程和范围、阶段性成果、成果衡量标准、治理时间节点等内容。大数据治理实施方案提供了一个从上层设计到底层实施的指导说明，帮助企业实施大数据治理。第五阶段，执行实施方案。按部就班地执行大数据治理规划中提出的操作方案，建立大数据治理体系，包括建立软硬件平台、规范流程、建立起相应的岗位明确职责并落实到人。实施治理方案的阶段性成果就是建立初步的大数据治理制度和运作体系。第六阶段，运行与测量。组建专门的运行与绩效测量团队，制定一系列策略、流程、制度和考核指标体系来监督、检查、协调多个相关职能部门，从而优化、保护和利用大数据，保障大数据作为一项组织战略资产能真正发挥其价值。第七阶段，评估与监控。建立大数据治理的运行体系后，需要监控大数据治理的运行状况，评估大数据治理的成熟度。换句话说，就是把实施前制定的目标与实施后达到的具体效果进行比对，发现实施过程中可能存在的偏差，检验实施前制定的目标是否合理。若发现问题，应予以及时解决。

第二章　大数据采集与存储技术

第一节　大数据采集与预处理

一、大数据采集概述

在大数据时代，数据的价值在各行业应用和推广过程中已经毋庸置疑，如何能够有效获取数据，即数据采集，是进行数据分析和挖掘的重要前提。数据采集（Data Acquisition，DAQ）也称为数据获取或数据收集，是指从电子设备、传感器以及其他待测设备等模拟或者数字单元中自动采集电量或者非电量信号，送到上位机（多指大型计算机系统）中进行分析、处理的过程。

如果把海量数据看成是巨大的源源不断产生的天然水资源，那么数据采集及预处理就是根据水资源的来源地及种类的不同，搭建合理有效的获取水资源的传输通道。传统的数据采集所对应的数据来源单一，结构简单，大多可以使用关系型数据库完成存储及后续的分析和管理。而大数据环境下，数据结构复杂，来源渠道众多，包括传统数据表格及图形、后台日志记录、网页 HTML 格式等各种离线、在线数据，因此需要区分数据的不同类型，分析数据来源的特征，进而选择使用合理有效的数据采集方法，这部分工作对后续的数据分析至关重要，直接影响在给定时间段内系统处理数据量的性能高低。

（一）数据类型

在知识冗余和数据爆炸的网络全覆盖时代，数据既可以来自于互联网上发布的各种信息，例如搜索引擎信息、网络日志、病员医疗记录、电子商务信息等，还可以来自各种传感器设备及系统，例如工业设备系统、水电表传感器、农林业监测系统等。因此，需要采集的数据类型呈现出复杂多样的特征。根据数据结构的不同，数据可以分为结构化数据（Structured）、半结构化数据（Semi-structured）和非结构化数据（Unstructured）。

结构化数据多存在于传统的关系型数据库中，是我们习惯使用的数据形式，数据结构事先已经定义好，非常方便用二维表格形式描述，便于存储和管理。统计学上将结构化数据分为四种类型，即分类型数据（Categorical data）、排序型数据（Ordinal data）、区间型数据（Interval data）和比值型数据（Ratio data）。其中分类型数据又称标称数据，是将数据按照类别属性进行分类，例如颜色类别、男女性别等用文字描述的或者用数值描述的分类，如"0"代表"是"、"1"代表"否"等；排序型数据不仅将数据进行分类，还对各类别数据进行顺序排列以对比优劣，例如学生成绩按照五级分制，可以取优、良、中、及格、不及格，分别用 A、B、C、D、E 来表示；区间型数据是具有一定单位的实际测量值，例如某地区的温度变化、智商数值等，直接比较没有实际意义，只有两两比较差别才有意义，区间型数据可以通过明确的加减等运算来准确比较出不同数据取值的差异；比值型数据同样具有实际单位，与区间型数据区别在于，比值型数据原点固定，例如学生成绩为 0 表示答卷完全错误没有得分，而区间型数据中智商为 0 并不代表没有智力。分类型数据和排序型数据可以称为定性数据，区间型数据和比值型数据可以称为定量数据。

非结构化数据不同于传统的结构化数据，其数据结构很难描述，不规则或者不完整，没有统一的数据结构或者模型，无法提前预知，例如海量的图片、社交网站上分享的视频、音频等多媒体数据都属于这一类，不能直接用二维逻辑表格形式进行存储。非结构化数据在结构上存在高度的差异性，传统的关系型数据库系统无法完成对这些数据的存储和处理，不能直接运用 SQL 语言进行查询，难以被计算机理解。非结构化数据多出现在企业数据中，如果需要存储在关系型数据库中，常以二进制大型对象（Binary Large Object，BLOB）形式进行存储。NoSQL 数据库作为一个非关系型数据库，能够用来同时存储结构化和非结构化数据。随着非结构化数据在大数据中所占的比例不断上升，如何将这些数据组织成合理有效的结构是提升后续数据存储、分析能力的关键。

半结构化数据介于结构化数据与非结构化数据之间，可以用一定数据结构来描述，但通常数据内容与结构混叠在一起，结构变化很大，本质上不具有关系性，例如网页、不同人群的个人履历、电子邮件、Web 集群、数据挖掘系统等。这类数据不能简单地用二维表格来实现结构描述，必须由自身语义定义的首位标识符来表达和约束其关键内容，对记录和字段进行分层，通常需要特殊的预处理和存储技术。半结构化数据通常是自描述的结构，多以树或者图的数据模型进行存储，常见的半结构数据有 XML、HTML、JSON 等，多来自电子转换数据（EDI）文件、扩展表、RSS 源以及传感器等方面。

（二）数据来源

传统数据采集的数据来源单一，数据量相对较少，数据结构简单，多使用关系型数据库和并行数据库进行存储，而大数据系统的数据采集来源广泛，数据量巨大，数据类型丰富且呈现多样性和复杂性，采集和存储多采用分布式数据库形式。

在大数据分析的整个过程中，数据的采集、预处理、存储以及数据挖掘等环节，需要确定不同的技术类别与设计方案，采用何种采集方法、预处理流程、存储格式以及数据挖掘技术，本质上与数据源的特征密不可分，数据源的差异和特点会影响整个大数据平台架构的设计。

1. 企业信息管理系统

企业、机关内部的业务平台如办公自动化系统、事务管理系统等，在每天的业务活动中会产生大量的数据，既包括终端用户的原始数据输入，也包括系统加工处理后再次产生的数据，这些数据和企业及机关的经营、管理有关，具有很高的潜在应用价值，通常多为结构化数据形式。

企业数据库采集系统完成将业务记录写入数据库的工作，企业系统产生的大量业务数据常以简单的行记录形式进行存储，通过与企业业务后台服务器的配合，由特定的处理分析系统完成对业务数据的系统分析。

2. 网络信息系统

主要是指互联网络平台上的各种信息系统，例如各种社交平台、自媒体系统、大型网络搜索引擎及电商平台等，各种 POS 终端以及网络支付系统等，它们为大量的各类在线用户提供了信息发布、社交服务以及货币交易支持，包括网络用户在线浏览、用户评论、用户交易信息等海量数据。数据结构属于开放式，一般为非结构化数据和半结构化数据，可以选择合理的网络采集方法对其进行采集，并经过转换存储为统一的本地结构化数据。

3. 物联网信息系统

主要包括各种传感器设备及监控系统，广泛分布于智能交通、现场指挥、行业生产调度等场合。在物联网信息系统中，数据由大量的传感设备产生，包括各类物理状态的测量数值、行为形态的图片、音视频等。例如，对行驶中的汽车进行监控，可以收集到相关的汽车外观、行驶速度、行驶路线等。这些数据需要进行多维融合处理，通过大型的计算设备转换成格式规范的数据结构。

与互联网信息系统相比，物联网产生的数据具有以下特点：数据规模更大，工作中的物联网节点通常处于全天候工作状态，并持续产生海量数据；要求更高的数据传输速率，很多应用场景都需要实时访问，因此需要支持高速的数据传输；数据类型多样化，由于其应用范围非常广泛，从智慧地球到智能家居，各种应用数据广泛覆盖各行各业；数据多是来自各类传感设备，是对物理世界感知的实际描述，因此对数据的真实性要求比较高，例如 RFID 标签的商业应用和智能安防系统等。

4. 科学研究实验系统

主要是指科学大数据，可以来自大型实验室、公众医疗系统或者个人观察所得到的科学实验数据以及传感数据。很多学科的研究基础就是海量数据的分析方法，比如遗传学、天文学以及医疗数据等，目前，在医疗卫生行业领域一年需要保持的数据可达到数百 PB 以上。这些科学数据可以来自真实的科学实验，也可以是通过仿真方式得到的模拟实验数据，其中医疗数据更多是来自医疗系统的内部数据，很少对外公开。在外部数据应用方面更多地需要考虑借助第三方数据管理平台，如阿里云、IBM、SAP 等，对大范围地区和城市的医疗数据进行采集和监控，从而可以在疾病发展预测、活跃期等方面进行有效的分析。

二、大数据采集方法

针对不同类型的数据来源，所使用的数据采集方法也各不相同。对于传统的企业内部数据，可以通过数据库查询的方式获取所需要的数据；互联网络数据，包括系统日志、网页数据、电子商务信息等，通常需要专业的海量数据采集工具，很多大型互联网企业，如百度、腾讯、阿里等都有自主开发的数据采集平台，或者借助一些网页数据获取工具，例如网站公开的 API 接口及网络爬虫等方式完成数据采集；而科学研究领域或保密性质较高的数据，可借由相关研究机构及专业数据交易公司，通过购买、商业合作等方式完成数据采集。

（一）日志采集

在大数据时代，互联网企业日常运营过程中会产生大量业务信息，对这些数据的采集需要满足大规模、海量存储、高速传输等需求，通常大型互联网公司会借助已有开源框架构建自己的海量数据采集工具。目前常见的海量数据采集工具多用于各种类型日志的收集，包括分布式系统日志、操作系统日志、网络日志、硬件设备日志以及上层应用日志等。通过查看日志系统中记录的各项事务、事件、硬件、软件和系统问题信息，可以及时探查系统故障发生的原因，搜索攻击者留下的痕迹，以及随时监测系统中可能发生的攻击事件，从而有效支撑了互联网公司的正常运营。

总的来说，日志采集平台一般具备以下特点。

1. 能够满足 TB 级甚至是 PB 级海量数据规模的实时采集，满足大数据采集要求，每秒处理几十万条日志数据，吞吐性能高。

2. 具有实时处理能力，可以有效支持近年来快速增长的实时应用场景的需求。

3. 支持大数据系统的分布式系统架构，具有良好的扩展性，可以通过快速部署新的节点来满足用户需求。

4. 作为业务应用系统和数据分析系统的有效连接，搭建高速的数据传输通道。

5. 一般都具备三个基本部件，采集发送端用于将数据从数据源采集发送到传输通道，可以进行简单的数据处理，如去重操作；中间件完成多个采集发送端送来数据的接收，将数据进行合并再送到存储系统中；采集接收端作为存储平台，多以分布式的 HDFS 或者 HBase 呈现，保障数据存储的可靠性和易扩展特性。

6. 具有良好的容错处理机制，多采用 Zookeeper 实现负载均衡。

7. 作为开源的系统日志采集工具，其在整体系统框架的性能更新方面发展迅速，具有较长的生存周期。

（二）网络数据采集

网络数据目前多指互联网数据，大量用户通过各种类型的网络空间交互活动而产生的海量网络数据，例如通过 Web 网络进行信息发布和搜索，微博、微信、QQ 等社交媒体交互活动中产生的大量信息，包括各类文档、音频、视频、图片等类型，这些数据格式复杂，一般多为非结构数据或者半结构数据。

网络数据的采集方法是指通过网络爬虫或者某些网络平台提供的公开 API 等方式，从网站上获取相关网络页面内容的过程，并根据用户需求将某些数据属性从网页中抽取出来。对抽取出来的网页数据进行内容和格式上的处理，经过转换和加工，最终满足用户数据挖掘的需求，按照统一的格式作为本地文件存储，一般保存为结构化数据。

1. 网络爬虫

网络爬虫（Crawler）作为搜索引擎的重要组成部分，本质上是一个从互联网中自动下载各种网页的程序，其性能高低决定了采集系统的更新速度和内容的丰富程度，对整个搜索引擎的工作效率起到决定性作用。Apache Nutch 是一款具有高度可扩展性的开源网络爬虫软件，基于 Java 实现，目前分为两个版本持续开发，分别是 Nutch 1.x 和 Nutch 2.x。Nutch 2.x 是以 Nutch 1.x 为基础发展演化而来的新兴版本。具体源码可从 Github 网站下载。

网络爬虫根据一定的搜索策略自动抓取万维网程序或者脚本，不断从当前页面抽取新的 URL 放入待爬取队列，并从队列中选择待爬取 URL，解析该 URL 的

DNS 地址，将 URL 对应的网页内容下载到本地存储系统，并将完成爬取的 URL 放入已爬取队列中，如此循环往复，直到满足爬虫抓取停止条件为止。

（1）用户手动配置爬取规则和网页解析规则，并在数据库中保存规则内容；

（2）发布采集需求，将需要抓取数据的网站 URL 信息（Site URL）作为爬虫起始抓取的种子 URL 写入待爬取 URL 队列；

（3）网络爬虫读取待爬取 URL 队列，获取需要抓取数据的网站 URL 信息，解析该 URL 的 DNS 地址；

（4）网络爬虫从 Internet 中获取网站 URL 信息对应的网页内容，抽取该网页正文内容包含的其他链接地址 URL；

（5）网络爬虫将当前的 URL 与数据库中已爬取队列中的 URL 进行比较和过滤，如果确定该网页地址未被爬取，就可以将该地址 URL 写入待爬取 URL 队列，并将网站 URL 写入已爬取 URL 队列；

6. 数据处理模块抽取该网页内容中所需属性的内容值，并进行解析处理，将处理后的数据放入数据库中；

7. 抓取工作在 3 到 6 之间循环，依次涉及待爬取 URL 队列、已爬取 URL 队列及数据库，直到爬取工作结束。

数据库包括爬取规则和网页解析规则、需要抓取数据的网站 URL 信息、爬虫从网页中抽取的正文内容的链接地址 URL，以及对抽取正文内容的解析处理结果。

通过网络爬虫实现的网络数据采集倾向于获取更多的数据，而忽略需要关联的用户专业背景。网络爬虫性能高低的关键在于爬虫策略，即爬取规则，也就是网络爬虫在待爬取 URL 中采用何种策略进行爬取，从而保证内容抓取更全，同时最快获取用户高需求或者重要性高的内容。常见策略包括深度优先策略、宽度优先策略、反向链路数策略、在线页面重要性计算策略和大站优先策略等。

2. API 采集

API 又称应用程序接口，通常是网站的管理者自行编写的一种程序接口。该类接口屏蔽了网站复杂的底层算法，通过简单调用即可实现对网站数据的请求功能，从而方便使用者快速获取网站的部分数据。

API 采集技术的性能好坏主要受限于平台开发者，同时在提供免费 API 服务的网站中，为了降低平台日常运行的资源负荷，一般会对每天开放的接口限制数据采集调用次数，同时平台开放的 API 数据采集结果也会受限于被采集数据的安全性和私密性，不能完全满足用户需求。

（三）传感器采集

传感器数据主要来自各行各业根据特定应用构建的物联网系统，由于大量传感器设备的广泛部署，会周期产生并不断更新海量的数据，其采集到的数据多和对应行业的具体应用有关。例如，在农业物联网系统，传感器数据多与农业种植、园艺培育、水产养殖、农资物流等农业信息相关；在气象监测控制系统中，数据又多与大气土壤温湿度、风力、光照、雨量等有关。

在实际应用过程中，传感器设备和通信传输系统存在厂商众多、网络异构等情况，因此这些感知数据的类型差异很大，例如有些数据是实际产生的温度数值，而有些数据是感知的电平取值，在使用中需要进行公式转换，还存在模拟信号和数字信号的差异。除此以外，数据的组织形式也是多种多样，量纲也差异很大，存在文本、表格、网页等多种不同组织形式。因此，在对物联网信息进行采集的过程中，除了需要考虑大量分布的数据源选取，还要将感知的原始数据进行统一的数据转换，过滤异常数据，根据采集目标的存储要求进行规则映射，才能满足传感器数据的采集需求。

基于物联网的多传感器采集系统一般包含以下部分。

1. 多传感器数据源

一般位于传感器布设的监控现场，周期性采集数据并定时输出。作为常见的多类型传感器系统常通过构建无线网络组成大型的无线传感器网络，完成数据的采集和上传。

2. 物联网网关

考虑到多种传感器节点的异构性，会存在通信协议和数据类型的差别，物联网网关主要用于解决物联网网络中不同设备无法统一控制和管理的问题。

通过物联网网关来支持异构设备之间的统一上传，并完成数据格式的转换，设定过滤规则，对超出传感器量纲范围的异常值进行处理；对传感器设备进行统一管理控制，屏蔽底层传输协议的差异性。

3. 数据存储服务平台

根据存储服务器确定的抽取频率要求进行数据的采集处理工作，主要完成传感器数据的接收和存储，并进行预处理工作，完成源数据与目标数据库之间的逻辑映射。

4. 用户应用服务端

承载多种不同的终端用户设备，根据传感器网络的服务应用需求，完成用户应用与数据存储服务平台的交互，可以实现采集数据的可视化导出，并提供多种不同的 API 接口。

（四）其他采集方法

除了实时的系统日志采集方法、互联网数据采集方法和物联网数据采集方法以外，很多企业还会使用传统的关系型数据库 MySQL 和 Oracle 等来存储数据，企业实时产生的业务数据，以单行或者多行记录形式被直接写入数据库，存储在企业业务后台服务器中，再由特定的处理分析系统对数据进行后续的分析，以用来支持其他的企业应用。

另外，对于企业生产经营中涉及的客户数据、财务数据等保密级别要求较高的数据，一般会通过与专用数据技术服务商的合作来保护数据的完整性和私密性，借助特定系统接口等相关方式完成此类数据的采集工作。目前，很多大数据公司推出的企业级大数据管理平台就是针对此类安全性要求较高的企业数据，例如专注于互联网综合数据交易和服务的数据堂公司，或者可以提供专业气象资料共享的公益性网站——中国气象数据网，该网站是中国气象局面向社会开放基本气象数据和产品的共享门户，使得全社会和气象信息服务企业均可无偿获得气象数据。

三、大数据预处理

大数据来源广泛而复杂，当海量数据被从各种底层数据源通过不同的采集平台获取之后，这些数据通常不能直接用来进行数据分析，因为这些原始数据往往缺乏统一标准的定义，数据结构差异性很大，很可能存在不准确的属性取值，甚至会出现某些数据属性值丢失或不确定的情况，必须通过预处理过程，才可以使数据质量得到提高，能够满足数据挖掘算法的要求，有效应用于后续数据分析过程。

大数据预处理（Big Data Preprocessing, BDP）是指对采集到的海量数据进行数据挖掘处理之前，需要先对原始数据进行必要的数据清洗、数据集成、数据变换和数据归约等多项处理工作，从而改进原始数据的质量，满足后续的数据挖掘算法进行知识获取的目的，同时研究应具备的最低规范和标准。在实际应用中，还可能会根据数据挖掘的结果再次对数据进行预处理。需要注意的是，这些预处理方法之间互相有关联性，而不是相互独立存在，例如消除数据冗余既属于数据集成中的方法，又可以看作是一种数据规约方法。

（一）数据清洗

1. 数据的质量

为了提高原始数据的质量，数据清洗必不可少。数据质量又称信息质量，通过大数据的预处理过程希望得到高质量的数据，从而能够进行快速而准确的数据分析。通常采集得到的原始数据会具有不完整性、含有噪声、不一致性（杂乱性）和失效性等"脏"的特点，表现如下。

（1）不完整性

不完整性主要是指数据记录中存在某些字段缺失或者不确定的情况，这样会造成统计结果的不准确，通常不完整性是由数据源系统本身的设计缺陷或者是使用过程中人为因素引发的，例如填写银行卡申请表格时，某些项由于不是必填项会被客户省略而出现空白字段。一般可以通过不完整性检测来判断，比较容易实现。

（2）含有噪声

含有噪声是指数据不准确，缺乏对数据的真实性描述。通常是指数据具有不正确的字段或者不符合要求的数值，以及偏离预期的离群数值。含有噪声可能是由于数据原始输入有误、数据采集过程中的设备故障、命名规则或数据代码的不一致性、数据传输异常等，其噪声表现形式也多种多样，例如字符型数据的乱码现象，超出正常值范围的异常数值、输入时间格式不一致、某些字段取值随机分布等情况。数据含有噪声情况非常普遍，在数据采集过程中很难避免并且难以进行实时监测。

（3）不一致性

不一致性是指原始数据源由于自身应用系统的差异性导致采集得到的数据结构、数据标准非常杂乱，不能直接拿来进行分析。不一致性通常表现为数据记录规范不一致性和数据逻辑不一致性两个方面。数据记录规范主要是指数据编码和格式，例如网络 IP 地址一定是用"."分隔的 4 个 0~255 范围的数字组成，不能同时使用 M 和 male 表示性别；数据逻辑是指数据结构或者逻辑关系，例如户口登记中的婚姻关系为"已婚"，年龄"12 岁"，如果规则制定是已婚必须年龄在 18 岁以上，则此条记录不满足数据逻辑一致性，可以看出数据逻辑一致性的判定与规则的制定关系紧密。另外，原始数据可能来自不同的数据源，当数据合并过程中往往会存在数据的重复和冗余现象，这种在分布式存储环境中很常见。

（4）失效性

数据从产生到可以采集有一定的时间要求，即数据的及时性，这也是保证数据质量的一个方面。对于数据挖掘来说，如果数据从产生到可以采集经历了过长的时间间隔，比如两三周，此时对于很多实时分析的数据应用来说毫无意义。

在分布式的大数据环境中，数据集通常并非出自单一数据源，而是来自多个不同的数据源，因此从深层次上来看待原始数据的质量问题，可以分为单数据源和多数据源两大类，每一类又分模式层和实例层两个方面，如表 2-1 所示。模式层的数据质量问题通常是由于数据结构设计不合理、属性之间无完整性约束等引起，可以使用计算机程序来自动检测模式问题，或者采用人机结合的方式，手动完成问题数据清洗，并辅以计算机配合；实例层的数据质量问题一般为数据记录中属性值的问题，主要表现为属性缺失、错误值、异常记录、不一致数据、重复数据等。

表 2-1　数据质量问题分类

类别	单数据源模式	单数据源实例	多数据源模式	多数据源实例
产生原因	缺乏合适的数据模型和完整性约束条件	数据输入错误	不同的数据模型和模式设计	矛盾或不一致的数据
表现形式	唯一值、参考完整性	拼写错误、冗余/重复、前后矛盾的数据	命名冲突、结构冲突	不一致的聚集层次、不一致的时间点

2. 数据清洗方法

数据清洗是指对采集得到的多来源、多结构、多维度的原始数据，分析其中"脏"数据产生的原因和存在的形式，构建数据清洗的模型和算法，利用相关技术检测和消除错误数据、不一致数据和重复记录等，把原始数据转化成满足数据分析或应用要求的格式，从而提高进入数据库的数据质量。

数据清洗的基本思想是基于对数据来源的分析，得到合理有效的数据清洗规则和策略，找出"脏"数据存在的问题并对症处理，而数据清洗的质量高低是由数据清洗规则和策略决定的。数据清洗一般包括填补缺失值、平滑噪声数据、识别或删除异常值和不一致性处理四方面。

（1）不完整性处理

对某字段出现缺失情况的数据记录，通常可以从两个方面来处理，即直接删除该记录，或者对字段的缺失值进行填充。

①删除缺失值。当数据记录数量很多，并且出现缺失值的数据记录在整个数据中的比例相对较小时，可以使用最简单有效的方法进行处理，即将存在缺失值的数据记录直接丢弃。

这种方法并不适用于含有缺失值的数据记录占总体数据比例较大的情况，其缺点在于会改变数据的整体分布，并且仅仅因为数据记录缺失一个字段值就忽略所有其他字段，也是对数据资源的一种浪费，所以实际当中常常依据某些标准或规则对缺失值进行填充。

②填充缺失值。

A. 使用全局变量

该方法将缺失的字段值用同一个常数、缺省值、最大值或者最小值进行替换，例如，用"Unknown"或者"OK"整体填充。但是这种方法大量采用同一个字段值，可能会误导数据挖掘程序得出有误差甚至错误的结论，在实际应用中并不推荐使用，如果使用，需要仔细分析和评估填充后的整体情况。

B. 统计填充法

在对单个字段进行填充的时候，可利用该字段的统计值来填充缺失值，有两种基本的填充方法：均值（中位数、众数）不变法和标准差不变法。

均值（中位数、众数）不变法是用字段所有非缺失值的均值（中位数或者众数）进行填充，在此情况下，填充后的数据均值将保持不变。

标准差不变法是在确保填充前后字段的标准差保持不变的前提下，对缺失值进行填充的方法。填充前的标准差是由字段的所有非缺失值计算而得。

C. 预测估计法

预测估计法利用变量之间的关系，将有缺失值的字段作为待预测的变量，使用其他同类别无缺失值的字段作为预测变量，使用数据挖掘方法进行预测，用推断得到的该字段最大可能的取值进行填充。常用的方法如线性回归、神经网络、支持向量机、最近邻方法、贝叶斯计算公式或决策树等。

此类方法较常使用，与其他方法相比较，预测估计法充分利用了当前所有数据同类别字段的全部信息，对缺失字段的取值预测较为理想，但代价较大。

此外，缺失值的填充还可以采用人工方式补填，但比较耗时费力，对于存在大范围缺失情况的大数据集合而言，实际操作可能性较低。

（2）噪声数据处理

由于随机错误或者偏差等多种原因，造成错误或异常（偏离期望值）的噪声数据存在，可以通过平滑去噪的技术消除，主要方法有分箱（Binning）、聚类（Clustering）、回归（Regression）以及人机交互检测法等。

①分箱。分箱法考虑邻近的数据点，是一种局部平滑的方法，它将有序数据分散在一系列"箱子"中，用"箱"表示数据的属性值所处的某个区间范围，然后考察每个箱子中相邻数据的值进而实现数据的平滑。分箱法划分箱子的方式主要有两种：等深法和等宽法。前者按照数据个数进行分箱，所有箱子具有相同数量的数据；后者按照数据取值区间进行分箱，各个箱子的取值范围为一个常数。在进行数据平滑时，可以取箱中数据的平均值、中值或者边界值替换原先的数值。

②聚类。聚类是按照数据的某些属性来搜索其共同的数据特征，把相似或者比较邻近的数据聚合在一起，形成不同的聚类集合。聚类分析也称为群分析或者点群分析，是将数据进行分类的一种多元统计方法，通过聚类分析可以发现那些位于聚类集合之外的数据对象，实现对孤立点（一般是指具有不同于数据集合中其他大部分数据对象特征的数据，或者相对于该属性值的异常取值数据）的挖掘，从而检测出异常的噪声数据，因为噪声数据本身就是孤立点。

聚类的目的是使数据集最终的分类结果保证集合内的数据相似度最高，集合间的数据相似度最低。

基于聚类的噪声数据平滑处理算法的思想是：首先将数据按照某些属性进行聚合分类，通过聚类发现噪声数据，分析判断噪声数据中引起噪声的属性，寻找与其最相似或最邻近的聚类集合，利用集合中的噪声属性的正常值进行校正。通常聚类分析算法可以分为基于划分的方法、基于层次的方法、基于密度的方法、基于网格的方法以及基于模型的方法等。

③回归。同聚类分析一样，回归也是数据分析的一种手段，通过观察两个变量或者多个变量之间的变化模式，构造拟合函数（建立数学模型），利用一个（或者一组）变量值来预测另一个变量的取值，根据实际值与预测值的偏离情况识别出噪声数据，然后将得到的预测值替换数据中引起噪声的属性值，从而实现噪声数据的平滑处理。

④人机交互检测法。人机交互检测法是使用人与计算机交互检查的方法来帮助发现噪声数据。利用专业分析人员丰富的背景知识和实践经验，进行人工筛选或者制作规则集，再由计算机自动处理，从而检测出不符合业务逻辑的噪声数

据。当规则集设计合理，比较贴近数据集合的应用领域需求时，这种方法将有助于提高噪声数据筛选的准确率。

（3）不一致性处理

分析不一致数据产生的根本原因，通过数据字典、元数据或相关数据函数完成数据的整理和修正；对于重复或者冗余的数据，使用字段匹配和组合方法消除多余数据。

另外，对于数据库中出现的某些数据记录内容不一致的情况，可以利用数据自身与外部的联系手动进行修正。例如，参考某些例程可以有效校正编码时发生的不一致问题，或者数据本身是录入错误，可以查看原稿进行比对并加以纠正。某些知识工程工具也有助于发现违反数据约束条件的情况。

3. 数据清洗基本步骤

数据清洗一般包括数据分析、确定数据清洗规则和策略、数据检测、执行数据清洗、数据评估和干净数据回流六个基本步骤。

（二）数据变换

通过数据清洗，原始数据中包含的无效值、缺失值、噪声数据、异常数据等被逐一清理，在数据集成过程中，解决了不同来源数据不一致的问题，而下一步的数据变换，是将待处理的数据变换或统一成适合分析挖掘的形式。

数据变换的方法包括数据平滑、数据聚集、数据泛化、数据规范化、属性构造、数据离散化等，通过线性或者非线性的数学变换方法将维数较高的数据压缩成维数较少的数据，从而减少来自不同数据源的原始数据之间在时间、空间、属性或者取值精度等特征方面的差异，进而获得高质量的数据，便于后续的数据分析。

1. 数据平滑

源数据获取过程中不可避免地会存在噪声，通过数据平滑可以去除数据中存在的噪声和无关信息，也可以处理缺失数据和清洗脏数据，提高数据的信噪比。数据平滑具体包括分箱、回归和聚类等方法，这些方法也常应用于数据清洗。

例如分箱法，可以通过考察邻近的数值来平滑被存储在"箱"中的数据，分箱技术在数据清洗中作为噪声数据的平滑处理技术，同时也可以作为一种离散化技术。

2. 数据聚集

数据聚集是对数据进行汇总和聚集操作，将一批细节数据按照维度、指标与计算元的不同进行汇总和归纳，完成记录行压缩、表联合、属性合并等预处理过程，为多维数据构造直观立体图表或数据立方。

例如，创建医院某段时期的聚集事务时，重点需要解决的问题是对所有记录的每个属性值进行合并。其中，分类属性数据（如科室类别）可以忽略或者对所有类别进行汇总（如汇总成整个医院所有科室的集合），定量属性数据（如就诊人数）可以取平均值或者进行求和。

数据立方是二维图表的多维扩展，虽然用"立方"来描述，但与几何学的三维立方体不同，数据立方的三维可以看作是一组类似的、互相叠加合并的二维图表，其维数也不限定于三个维度，可以有更多维度。虽然在几何范畴或者空间显示中难以绘制出多维度实体，但在使用中可以一次只观察三个维度，在每个维度为数据立方做索引。

聚集变换过程通过使用合适的抽象分层，对多个属性进行合并或者删除，可以进一步减小结果数据的规模，得到与分析任务相关的最小数据立方，但也可能导致某些细节数据的丢失，如月就诊人数等。所以，如何进行压缩、合并或者关联，需要根据具体分析任务来决定。

3. 数据泛化

数据泛化也就是概念分层，是用高一级的概念来取代低层次或者"原始"的数据。进行数据泛化的主要原因是在数据分析过程中可能不需要太具体的概念，用少量区间或标签取代"原始"数据后，能减少数据挖掘的复杂度。虽然这种方法有可能会丢失数据的某些细节，但泛化后的数据更简化，更具有实际意义，挖掘的结果模式更容易理解。

高层次的概念一般包含若干个所属的低层次概念，其属性取值也相对较少。例如，低层次的"原始"数据可能包含吊带、连衣裙、半裙、男士西裤、夹克、派克大衣等，可以泛化为较高层的概念，如女装、男装等，逐层递归组织成更高层概念如"服饰",形成数据的概念分层。对于同一个属性可以定义多个概念分层,以适合不同用户的需要。

数据泛化重点在于分层,概念分层一般蕴含在数据库的模式中。常见的概念分层方法有四种。

(1) 由用户或专家在模式定义级说明属性的部分序或者全序,即自顶向下或自底向上的分层方向。例如,数据库中的"服饰",包含"男装、女装、服装、夹克"等属性,属性的全序(夹克<男装<服装)将在数据库的模式定义级定义,对应分层结构。

(2) 人工补充说明分层结构。完成了模式级的分层结构说明后,可以根据分析需求手动添加中间层。

(3) 说明属性分层结构但不指定属性的序。用户定义分层结构,由系统自动产生属性的序,构造具有实际意义的概念分层。通常高层的属性取值较少,低层的属性取值较多,常见的排序方法可以按照属性的取值个数生成属性的序,例如"鞋类"泛化为"凉鞋、单鞋、短靴、长靴"等,按照取值数量排序。

在某些属性分类中,当低层属性取值小于高层属性取值,此种排序方法并不适用。例如,在属性"就诊时间"的分层结构中,年、月、周按照天数取值正好相反,一周只有 7 天,而年、月的天数都要更多,按属性取值个数自底向上"year<month<week"分层,显然不合理,因此要依据具体应用而定。

④对于不完全的分层结构,使用预定义的语义关系触发完整分层结构。当用户定义概念分层时,出于某些人为因素或特殊原因,分层结构只包含了相关属性的部分内容,例如"服饰"分层只包括"男装"和"女装",此时构造的分层结构不完整。可以设置预先定义的语义关系,例如将"男装""女装""鞋类""配饰类"等相关属性进行绑定,当其中一个属性"女装"在分层结构中被引入,通过完整性检测,其余属性也会被自动触发,形成完整的分层结构。

数据泛化在概念抽象的分层过程中,需要注意避免过度泛化,导致替代得到的高层概念变成无用信息。

4. 属性构造

属性构造又称特征构造或特征提取,基于已有的属性创造和添加一些新的属性，并写入原始数据中，目的是帮助发现可能缺失的属性间的关联性，提高精度和对高维数据的理解，从而在数据挖掘中得到更有效的挖掘结果。例如，已有属性"width"和"height"，可根据需要添加属性"perimeter"，或根据客户在一个季度内每月消费金额特征构造季度消费金额特征。另外，构造合适的属性有助于减少分类算法中学习构造决策树时所出现的碎块问题（Fragmentation Problem）。

（三）数据归约

数据归约是基于挖掘需求和数据的自有特性，在原始数据基础上选择和建立用户感兴趣的数据集合，通过删除数据部分属性、替换部分数据表示形式等操作完成对数据集合中出现偏差、重复、异常等数据的过滤工作，尽可能地保持原始数据的完整性，并最大限度精简数据量，在得到相同（或者类似相同）的分析结果前提下节省数据挖掘时间。

常见的数据归约方法包括维归约、数据压缩、数值归约和数据离散化与概念分层等。

1. 维归约

数据集合中通常包含成百上千的属性，其中很多属性与挖掘任务无关或者冗余，例如分析学生的困难补助信用度时，学生班级、入学时间等属性与挖掘任务无关，可被删除掉。如果由领域专家帮助筛选有用属性，将是一件困难又费时的工作，并且当数据内涵模糊时，漏掉相关属性或者保留无关属性，都会降低挖掘进程的效率，导致所选择的挖掘算法不能正确运行，严重影响最终挖掘结果的正确性和有效性。

维归约就是通过删除多余和无关的属性（或维），实现数据集中数据量压缩的目的。使用优化过的属性集进行挖掘，可以减少出现在发现模式上的属性数目，使得模式变得易于理解。

维归约通常使用属性子集选择方法（Attribute Subset Selection），目标是找出最小属性子集，使得新数据子集的概率分布与原始属性集尽可能保持一致。

"最优"或者"最差"的属性通常使用统计显著性检验来确定，前提条件是假设各属性之间是相互独立的。此外，还有许多其他属性评估度量的方法，如用于构造分类决策树的信息增益度量。

属性子集选择方法使用的压缩搜索空间的基本启发式算法，括逐步向前选择、逐步向后删除、向前选择和向后删除结合、决策树归纳等方法。

（1）逐步向前选择

该方法使用空属性集作为归约的属性子集初始值，每次从原属性集中选择一个当前最优的属性添加到归约属性子集中，重复这一过程，直到无法选择出最优属性或满足一定的阈值约束条件为止。

（2）逐步向后删除

该方法使用整个属性集作为归约的属性子集初始值，每次从归约属性子集中选择一个当前最差的属性将其删除，重复这一过程，直到无法选择出最差属性或满足一定的阈值约束条件为止。

（3）向前选择和向后删除结合

该方法将逐步向前选择和逐步向后删除方法结合在一起，每次从原属性集中选择一个当前最优的属性添加到归约属性子集中，并在原属性集的剩余属性集中选择一个当前最差的属性将其删除，直到无法选择出最优属性和最差属性，或满足一定的阈值约束条件为止。

2. 数值归约

数值归约主要是指采用替代的、较小的数据表示形式来减少数据量，包括有参数和无参数两类方法。

（1）回归和对数线性模型

即利用模型来评估数据，存储模型参数而不是实际数据，可用于稀疏数据和异常数据的处理，属于有参数方法。

线性回归通过建模使数据拟合到一条直线，可以用线性函数 $Y = \alpha + \beta X$ 表示，回归系数 α 和 β 分别是直线的 Y 轴截距和斜率，而多元回归是线性回归的扩展；对数线性模型用于估算离散的多维概率分布，同时还可以进行数据压缩和数据平滑。

回归和对数线性模型均可用于处理稀疏数据及异常数据，其中回归模型处理异常数据更具优势。对于高维数据，回归计算复杂度大，而对数线性模型具有较好的伸缩性，可扩展至 10 个属性维度。

（2）直方图

直方图使用分箱（Bin）方法估算数据分布，用直方图形式替换原始数据。属性的直方图是根据其数据分布划分为多个不相交的子集（箱），每个子集表示属性的一个连续取值区间，沿水平轴显示，其高度（或面积）与该子集中的数据分布（数值平均出现概率）成正比。

（3）抽样

抽样是使用数据的较小随机样本（子集）替换大的数据集，如何选择具有代表性的数据子集至关重要。抽样技术的运行复杂度小于原始样本规模，获取随机样本的时间仅与样本规模成正比。常见的方法有以下三种：

①不放回简单随机抽样（SRSWOR 方法）。假设某一数据集 H，包含 N 行数据。不放回抽样是从 N 行数据中随机抽取 n 行数据，其中每行数据被选中的概率为 $1/N$，由这 n 个数据行构成抽样数据子集。一旦某行数据被选中，将从原数据集中被移除。

②放回简单随机抽样（SRSWR 方法）。与 SRSWOR 方法类似，同样从 N 个数据行中随机抽取 n 行数据，但每次选中的数据行仍然保留在原数据中，因此在抽样数据于集中会出现重复的数据行。

③分层抽样。将数据集 H 划分为 M 个不相交的"层"，每层内分别进行随机抽取，最终得到具有代表性的抽样数据了集。例如，分析学生学习行为时，可以对数据集按照学生成绩进行分层，然后在不同分数段内随机抽样，确保所得到的分层抽样数据子集中的学生分布具有代表性。

当数据分布不均匀时简单随机抽样的性能变差，分层抽样可以避免得到的抽样数据子集过于倾斜，保证抽样数据子集是由不同"层"的数据共同构成的，而且"层"内样本差异小，"层"间样本差异大，因此是一种操作性强、应用广泛的抽样方法。

（4）聚类

将数据元组划分成组或者类，同一组或者类中的元组比较相似，不同组或者类中的元组彼此不相似，用数据的聚类替换原始数据。聚类技术的使用受限于实际数据的内在分布规律，对于被污染（带有噪声）的数据，这种技术比较有效。

相似性是聚类分析的基础，可以用距离来衡量数据之间的相似程度，距离越小，数据间的相似性越大。数值属性常用的距离形式包括欧氏距离（Euclidean Distance）、切比雪夫距离（Chebyshev Distance）、曼哈顿距离（Manhattan Distance）、闵可夫斯基距离（Minkowski Distance）、杰卡德距离（Jaccard Distance）等。

3. 数据离散化与概念分层

数据离散化技术可以将属性范围划分成多个区间，用少量区间标记替换区间内的属性数据，从而减少属性值的数量，该技术在基于决策树的分类挖掘方法中非常适用。

概念分层在数据变换中曾经提到，在数据归约中，可以通过对数值属性数据分布的统计分析自动构造概念分层，完成高层概念（例如五级分制：优、良、中、及格和不及格）替换低层概念（属性 score 的具体数字分值）过程，实现该属性的离散化和数据的归约。常见的分箱、直方图分析、聚类分析、基于熵的离散化和通过"自然划分"的数据分段均属于数值属性的概念分层生成方法。

分类属性数据本身即是离散数据，包含有限个（数量较多）不同取值，各个数值之间无序且互不相关，如用户电话号码、工作单位等。概念分层方法可以通过属性的部分序由用户或专家应用模式级显示说明、数据聚合描述层次树、定义一组不说明顺序属性集等方法构造。

四、大数据采集及处理平台

在应用领域，良好的数据采集工具应具备以下三个特征。

1. 低延迟在大数据发展的今天，业务数据从产生到收集、分析处理，对应的实时应用场景越来越多，分布式实时计算能力也在不断增强，因此对数据采集的低延时、实时性要求非常高。

2. 可扩展性大量业务数据分布在不同服务器集群中，随着业务部署和系统更新，集群的服务器也会随之变化，或有增加或有退出，数据采集框架必须易于扩展和部署，以及时做出相应的调整。

3. 容错性数据采集系统服务于众多网络节点，必须保证高速的吞吐容量和高效的数据采集、存储能力，当部分网络或者采集节点发生故障时，要保证数据采集系统仍具备采集数据的能力，并且不会发生数据的丢失。

目前，常见的大数据采集工具有 Apache 的 Chukwa、Facebook 的 Scribe、Cloudera 的 Flume、Linkedin 的 Kafka 和阿里的 TT（Time Tunnel）等，它们大多是作为完整的大数据处理平台而设计的，不仅可以进行海量日志数据的采集，还可以实现数据的聚合和传输。

1. Flume

Flume 采用基于流式数据流（Data Flow）的分布式管道架构，通过位于数据源和目的地之间的代理（Agent）实现数据的收集和转发。Flume 依赖 Java 运行环境，Agent 就是一个 Java 虚拟机（Java Virtual Machine，JVM），是 Flume 的最小独立运行单元，包含源（Source）、通道（Channel）和接收器（Sink）三个核心组件，组件之间采用事件（Event）传输数据流。事件是 Flume 的基本数据单元，由消息头和消息体组成，日志数据就是以字节数组的形式包含于消息体中。

（1）Source 是输入数据的收集端，作为 Flume 的输入点，负责将数据捕获后进行格式化，接着封装到事件里并送入一个或多个通道中。Flume 可接收其他 Agent 的 Sink 送来的数据，或自己产生数据，并提供对各种数据源的数据收集能力，包括 Avro、Thrift、Exec、Spooling Directory、NetCat、Syslog、Syslog TCP、Syslog UDP、HTTP、HDFS、JMS、RPC 等数据源。除此之外，Flume 还支持定制 Source。

其中，Avro Source 是 Flume 主要的远程过程调用协议（Remote Procedure Call Protocol，RPC）源，被设计为高扩展的 RPC 服务器端，能接收来自其他 Flume Agent 的 Avro Source 或 SDK 客户端应用程序的输出数据；Thrift Source 的设计主要是考虑接收非 JVM 语言的数据，以实现跨语言通信。作为多线程、高性能的 Thrift 服务器，Thrift Source 的配置同 Avro Source 类似；HTTP Source 是 Flume 自带的数据源，可通过 HTTP POST 接收事件。配置较为简单，允许用户配置嵌入式的处理程序。

（2）Channel 作为连接组件，用于缓存 Source 已经接收到而尚未成功写入

Sink 的中间数据（数据队列），允许两者运行速率不同，为流动的事件提供中间区域。实际当中可以使用内存、文件、JDBC 等不同配置实现 Channel，保障 Flume 不会丢失数据，具体选择哪种配置，与应用场景有关。

内存通道（Memory Channel）在内存中保存所有数据，实现数据的高速吞吐，但只能暂存数据而无法保证数据的完整性，出现系统事件或 Flume Agent 重启时会导致数据丢失。内存通道存储空间有限，存储能力较低，适用于高速环境且对数据丢失不敏感的场景；文件通道（File Channel）是 Flume 的持久通道，用于将所有数据写入磁盘，以保证数据的完整性与一致性，即使在程序关闭或 Sink 宕机时也不会丢失数据，但读写速度较慢，性能略低于内存通道，主要应用于存储需要持久化和数据丢失敏感的场景。

（3）Sink 负责从通道中取出数据，完成相应的文件存储（日志数据较少时）或者放入 Hadoop 数据库（日志数据较多时），并发给最终的目的地或下一个 A-gent。Sink 包括内置接收器和用户自定义接收器两类，可支持的数据接收器类型包括 HDFS、HBase、RPC、Solr、ElasticSearch、File、Avro、Thrift、File Roll、Null、Logger 或者其他的 Flume Agent。

HDFS Sink 是 Hadoop 中最常使用的接收器，可以持续打开 HDFS 中的文件，以流的方式写入数据，并根据需要在某个时间点关闭当前文件并打开新的文件。HBase Sink 支持 Flume 将数据写入 HBase，包括 HBase Sink 和 AsyncHBase Sink 两类接收器，二者配置相似但实现方式略有不同。HBase Sink 使用 HBase 客户端 API 写入数据至 HBase，AsyncHBase Sink 使用 AsyncHBase 客户端 API，该 API 是非阻塞的（异步方式）并通过多线程将数据写入 HBase，因此性能更好，但同步性略差。RPC Sink 与 RPC Source 使用相同的 RPC 协议，能够将数据发送至 RPC Source，因此可以实现数据在多个 Flume Agent 之间进行传输。

2. Scribe

Scribe 是 Facebook 开源的实时分布式日志收集系统，基于 Facebook 公司的 Thrift 框架开发而成，支持 C＋＋、Java、Python、PHP、Ruby、Erlang、Perl、Haskell、C#、Cocoa、Smalltalk 或 OCaml 等多种编程语言。可以跨语言和平台进行数据收集，支持图片、音频、视频等文件或附件的采集，并且能够保证网络和部分节点异常情况下的正常运行，但已经多年不再维护。

Scribe 采用客户端/服务器（Agent/Server）的工作模式。客户端本质上是一个 Thrift client，安装于数据源，它通过内部定义的 Thrift 接口，将日志数据推送给 Scribe 服务器。Scribe 服务器由两部分组成：中央服务器（Central Server）和本地服务器（Local Server）。本地服务器分散于 Scribe 系统中大量的服务器节点上，构成服务器群，它们接收来自客户端的日志数据，并将数据放入一个共享队列，然后推送到后端的中央服务器上。当中央服务器出现故障不可用时，本地服务器会把收集到的数据暂时存储于本地磁盘，待中央服务器恢复后再进行上传。中央服务器可以将收集到的数据写入本地磁盘或分布式文件系统（典型的 NFS 或者 DFS）上，便于日后进行集中的分析处理。

Scribe 客户端发送给服务器的数据记录由 Category 和 Message 两部分组成，服务器根据 Category 的取值对 Message 中的数据进行相应处理。具体处理方式包括：File（存入文件）、Buffer（采用双层存储，一个主存储，一个副存储）、Network（将数据发送给另一个 Scribe 服务器）、Bucket（通过 Hash 函数从多个文件中选择存放数据的文件）、Null（忽略数据）、Thriftfile（存入 Thrift TFileTransport 文件中）和 Multi（同时采用多种存储方式）。

第二节　大数据存储技术

一、存储技术的发展

数据存储介质分为磁带、磁盘和光盘三大类，由三种介质分别构成磁带库、磁盘阵列、光盘阵列三种主要存储设备，三种存储介质各有特点。其中，磁盘设备由于存取速度快、数据查询方便、简单易用、安全的磁盘阵列技术等占据一级存储市场的主要份额；磁带设备以技术成熟、价格低廉等优势占据了二级存储市场的重要地位；光盘设备同时具有磁带和磁盘的特点。随着数据规模的逐渐增加，人们对于存储的需求越来越大，单个磁盘的存储已经无法满足一些大数据场景的需求。后来出现了磁盘阵列（Redundant Arrays of Independent Disks，RAID），它由很多价格便宜的磁盘组成巨大的磁盘组，因此，可以利用个别磁盘提供数据所产生的加成效果提升整个磁盘系统的效能。这种方式的弊端是不会对数据进行校验和冗余备份，导致几乎所有的 IT 系统都需要进行容灾恢复，所以，对数据的备份显得尤为重要。

长期以来，各企业公司和政府事业单位信息化建设都是使用的传统存储，传统存储具有悠久的历史与成熟的技术，使用的场景丰富，实践经验丰富。另外，专用存储设备的厂商较多，从维护角度来说，有专门的人才可以最大限度保证可靠性与稳定性。此外，传统存储具有较多的数据保护特性，适用范围广泛。并且部署起来比较简单，组网逻辑简单。同样地，传统存储的成本较高，需要购买专门的硬件、专门的 License、专用的线缆、专用的交换机、专门的板卡、专门的多路径软件。在维护上，虽然有了专门的人才，较多的数据保护特性，但是，由于厂商较多（既是优点也是缺点），也导致了在多厂商异构组网的时候难于维护。

（一）传统存储技术

早期的存储设备是直接被 CPU 所控制的，这种方式存在诸多的问题，后来引进了额外的存储控制单元（Control Unit），CPU 通过 I/O 指令来对硬盘进行控制，同时，控制单元还提供缓存机制，缓解 CPU 和内存与磁盘速度不匹配问题。随着主机、磁盘、网络等技术的发展，对于承载大量数据存储的服务器来说，服务器内置存储空间，或者说内置磁盘往往不足以满足存储需要或者虽然能满足要求，但各个服务器之间独立，严重降低了磁盘的利用率。因此，在内置存储之外，服务器需要采用外置存储的方式扩展存储空间，当前主流的存储架构有两种，分别为直连式存储和网络连接存储。

直连式存储（Direct Attached Storage，DAS）是最为常见的存储形式之一，特别是在规模比较小的企业中。由于企业本身数据量不大，且光纤交换机等设备价格昂贵，因此，程基本都采用高密度的存储服务器或者服务器后接 JBOD（Just a Bunch Of Disks，磁盘簇）等形式，这种形式的存储就属于 DAS 架构。DAS 存储是通过服务器内部直接连接磁盘组，或者通过外接线连接磁盘阵列。这种方式通常需要通过硬件 RAID 卡或者软 RAID 的方式实现磁盘的冗余保护，防止由于磁盘故障导致整个存储系统的不可用而丢失数据。同时，采用该种方式的存储通常还需要在主机端安装备份软件对数据进行定期备份，以防止设备故障导致数据丢失。无论直连式存储还是服务器主机的扩展（从一台服务器扩展为多台服务器组成的群集），或存储阵列容量的扩展，都会造成业务系统的停机，从而给企业带来经济损失，对于银行、电信、传媒等行业的关键业务系统，这是不可接受的。并且直连式存储或服务器主机的升级扩展，只能由原设备厂商提供，往往受原设备厂商限制。

网络储存设备（Network Attached Storage，NAS）从名称上就可以看出是通过以太网方式接入并进行访问的存储形式。简单来说，NAS 就是一台在网络上提供文档共享服务的网络存储服务器。NAS 存储设备可以直接连接在以太网中，之后在该网络域内具有不同类型操作系统的主机都可以实现对该设备的访问。使用者可以通过某种方式（例如 LINUX 下的 mount 命令）将存储服务挂载到本地进行访问，在本地呈现的就是一个文件目录树。我们所熟悉的 NFS（Network File System）其实就是一种 NAS 存储形式，NFS 服务器就是 NAS 存储设备，可以通过开源软件搭建该种类型的存储设备，当然市面上也有很多成熟的产品。

NAS 与传统的直接储存设备不同的地方在于，NAS 设备通常只提供了资料储存、资料存取以及相关的管理功能，不会与其他业务混合部署，这样就增加了该设备的稳定性，减少了故障的发生概率。NAS 的形式很多样化，可以是一个大量生产的嵌入式设备，也可以是一个单机版的可执行软件。NAS 用的是以文档为单位的通信协议，这些通信协议都是标准协议，目前比较知名的是 NFS 和 CIFS 两种。其中，NFS 在 UNIX 系统上很常见，而 CIFS 则在 Windows 系统经常使用。因为 NAS 解决方案是从基本功能剥离出存储功能，所以运行备份操作就无须考虑它们对网络总体性能的影响。NAS 方案也使得管理及集中控制实现简化，特别是对于全部存储设备都集群在一起的时候。最后一点，光纤接口提供了 10km 的连接长度，这使得实现物理上分离的存储变得非常容易。

（二）分布式存储

分布式存储与访问是大数据存储的关键技术，它具有经济高效、容错性好等特点。分布式存储通过网络使用企业中的每台机器上的磁盘空间，并将这些分散的存储资源构成一个虚拟的存储设备，数据分散地存储在企业的各个角落。传统的网络存储系统采用集中的存储服务器存放所有数据，存储服务器成为系统性能的瓶颈，也是可靠性和安全性的焦点，不能满足大规模存储应用的需要。分布式网络存储系统采用可扩展的系统结构，利用多台存储服务器分担存储负荷，利用位置服务器定位存储信息，它不但提高了系统的可靠性、可用性和存取效率，还易于扩展。简单来说，分布式系统就是将数据分散存储到多个存储服务器上，这些服务器可以分布在企业的各个角落。

分布式存储架构由三个部分组成：客户端、元数据服务器和数据存储服务器。客户端负责发送读写请求，缓存文件元数据和文件数据。元数据服务器负责管理元数据和处理客户端的请求，是整个系统的核心组件。数据服务器负责存放文件数据，保证数据的可用性和完整性。该架构的好处是性能和容量能够同时拓展，系统规模具有很强的伸缩性。

二、分布式文件系统

（一）HDFS 相关概念

1. 块（Block）

对于熟悉操作系统的读者来说，块的概念并不陌生，所有文件都是以块的形式存储在磁盘中，文件系统每次只能操作磁盘块大小的整数倍数据。通常来说，一个磁盘块大小为 512 字节。这里要介绍的 HDFS 中的块是一个抽象的概念，它比上面操作系统中所说的块要大得多，一般默认大小为 64 MB。

HDFS 分布式文件系统是用来处理大文件的，使用块会带来很多好处。一个好处是可以存储任意大的文件而又不会受集群中任意单个节点磁盘大小的限制。有了逻辑块的设计，HDFS 可以将超大文件分成众多块，分别存储在集群的各个机器上。另外一个好处是使用抽象块作为操作的单元可以简化存储子系统。在 HDFS 中块的大小固定，这样它就简化了存储系统的管理，特别是元数据信息可以和文件块内容分开存储，同时更有利于分布式文件系统中复制容错的实现。在

HDFS 中，为了数据安全，默认将文件块副本数设定为三份，分别存储在不同节点上。当一个节点出现故障时，系统会通过名称节点获取元数据信息，在另外的机器上读取一个副本并进行存储，这个过程对用户来说都是透明的，可以通过终端命令直接获取文件和块信息。

2. 元数据（Metadata）

元数据信息包括名称空间、文件到文件块的映射、文件块到数据节点的映射三个部分。

3. 名称节点（NameNode）

NameNode 是 HDFS 系统中的管理者，负责管理文件系统的命名空间，记录了每个文件中各个块所在的数据节点的位置信息，维护文件系统的文件树及所有的文件和目录的元数据。这些信息以两种数据结构（FsImage 和 EditLog）存储在本地文件系统中。

FsImage 用于维护文件系统树以及文件树中所有的文件和文件夹的元数据。它包含文件系统中所有目录和文件 inode 的序列化形式。每个 inode 是一个文件或目录的元数据的内部表示，并包含文件的复制等级、修改和访问时间、访问权限、块大小以及组成文件的块等信息。对于目录，则存储修改时间、权限和元数据。FsImage 文件没有记录文件包含哪些块以及每个块存储在哪个数据节点，而是由名称节点把这些映射信息保留在内存中。当数据节点加入 HDFS 集群时，数据节点会把自己所包含的块列表告知名称节点，此后会定期执行这种告知操作，以确保名称节点的块映射是最新的。

操作日志文件 EditLog 中记录了所有针对文件的创建、删除、重命名等操作。

在名称节点启动的时候，它会将 FsImage 文件中的内容加载到内存中，之后再执行 EditLog 文件中的各项操作，使得内存中的元数据和实际的同步，存在内存中的元数据支持客户端的读操作。一旦在内存中成功建立文件系统元数据的映射，则创建一个新的 FsImage 文件和一个空的 EditLog 文件，名称节点运行起来之后，HDFS 中的更新操作会重新写到 EditLog 文件中，因为 FsImage 文件一般都很大（GB 级别的很常见），如果所有的更新操作都往 FsImage 文件中添加，这样会导致系统运行十分缓慢，但是，往 EditLog 文件里面写就不会这样，因为 EditLog 要小很多。每次执行写操作之后，且在向客户端发送成功代码之前，EditLog 文件都需要同步更新。在名称节点运行期间，HDFS 的所有更新操作都是直接写到 EditLog 中，久而久之，EditLog 文件将会变得很大。虽然这在名称节点运行时没有明显影响，但是，当名称节点重启的时候，名称节点需要先将 FsImage 里面的所有内容加载到内存中，然后再一条一条地执行 EditLog 中的记录，当 EditLog 文件非常大的时候，会导致名称节点启动操作非常慢，而在这段时间内 HDFS 系统处于安全模式，一直无法对外提供写操作，影响了用户的使用。

4. 辅助名称节点（Secondary NameNode）

它是 NameNode 发生故障时的备用节点，主要功能是进行数据恢复。当 NameNode 运行了很长时间后，EditLog 文件会变得很大，NameNode 的重启会花费很长时间，因为有很多改动要合并到 FsImage 文件上。如果 NameNode 出现故障，那就丢失了很多改动，因为此时的 FsImage 文件未更新。Secondary NameNode 解决了上述问题，它的职责是合并 NameNode 的 EditLog 到 FsImage 文件中。

（1）Secondary NameNode 会定期和 NameNode 通信，请求其停止使用 EditLog 文件，暂时将新的写操作写到一个新的文件 edit. new 上来，这个操作是瞬间完成的，上层写日志的函数完全感觉不到差别；

（2）Secondary NameNode 通过 HTTP GET 方式从 NameNode 上获取到 FsImage 和 EditLog 文件，并下载到本地的相应目录下；

（3）Secondary NameNode 将下载下来的 FsImage 文件载入内存，然后一条一条地执行 EditLog 文件中的各项更新操作，使得内存中的 FsImage 保持最新，这个过程就是 EditLog 和 FsImage 文件合并；

（4）Secondary NameNode 执行完操作（3）之后，会通过 post 方式将新的 FsImage 文件发送到 NameNode 节点上；

（5）NameNode 将从 Secondary NameNode 接收到的新的 FsImage 替换旧的 FsImage 文件，同时用 EditLog. new 替换 EditLog 文件，通过这个过程 EditLog 就变小了。

5. 数据节点（DataNode）

DataNode 是 HDFS 文件系统中保存数据的节点，根据需要存储并检索数据块，受客户端或 NameNode 调度，并定期向 NameNode 发送它们所存储的块的列表。同时，它会通过心跳定时向 NameNode 发送所存储的文件块信息。

（二）HDFS 体系结构

HDFS 采用了主从（Master/Slave）结构模式，一个 HDFS 集群包括一个名称节点和若干个数据节点。名称节点作为中心服务器，负责管理文件系统的命名空间及客户端对文件的访问，名称节点也叫作"主节点"（Master Node）或元数据节点，是系统唯一的管理者，负责元数据的管理（名称空间和数据块映射信息）、配置副本策略、处理客户端请求。在一个 Hadoop 集群环境中，一般只有一个名称节点，它成为整个 HDFS 系统的关键故障点，对整个系统的可靠运行有较大影响。

集群中一般是一个节点运行一个 DataNode 进程，负责管理它所在节点上的存储。HDFS 展示了文件系统的命名空间，用户能够以文件的形式在上面存储数据。从内部看，一个文件其实被分成一个或多个数据块（block），这些块存储在一组 DataNode 上。NameNode 执行文件系统的空间操作，如打开、关闭、重命名文件或目录。它也负责确定数据块到具体 DataNode 节点的映射，DataNode 负责处理文件系统客户端的读/写请求，以及在 NameNode 的统一调度下进行数据块的创建、删除和复制。

客户端是用户操作 HDFS 最常用的方式，IIDFS 在部署时都提供了客户端，它是一个库，暴露了 HDFS 文件系统接口。客户端可以支持打开、读取、写入等常见操作，通常通过一个可配置的端口向名称节点主动发起 TCP 连接，并使用客户端协议与名称节点进行交互，客户端与数据节点的交互通过 RPC（Remote Procedure Call）实现。在设计上，名称节点不会主动发起 RPC，而是响应来自客户端和数据节点的 RPC 请求。名称节点和数据节点之间则使用数据节点协议进行交互。

（三）HDFS 存储原理

为了保证系统的容错性和可用性，HDFS 采用了多副本方式对数据进行冗余存储，通常一个数据块的多个副本会被分配到不同的数据节点上。

大型 HDFS 实例一般运行在跨越多个机架的计算机组成的集群上，不同机架上的两台机器之间的通信需要经过交换机，这样会增加数据传输成本。在大多数情况下，同一个机架内的两台机器间的带宽会比不同机架的两台机器间的带宽大。HDFS 工作一旦启动，一方面，通过一个机架感知的过程，NameNode 可以确定每个 DataNode 所属的机架 ID。HDFS 采用的策略就是将副本存放在不同的机架上，这样可以有效防止一个机架整体失效时数据的丢失，并且允许读数据的时候充分利用多个机架的带宽。这种策略设置可以将副本均匀地分布在集群中，有利于在组件失效情况下的负载均衡。但是，因为这种策略的一个写操作需要传输数据块到多个机架，所以增加了写操作的成本。另一方面，在读取数据时，为了减少整体的带宽消耗和降低整体的带宽时延，HDFS 会尽量让读取程序读取离客户端最近的副本。如果读取程序的同一个机架上有一个副本，那么就读取该副本；如果一个 HDFS 集群跨越多个数据中心，那么客户端也将首先读取本地数据中心的副本。

三、数据库

（一）传统关系型数据库面临的问题

传统关系型数据库在数据存储上主要面向结构化数据，聚焦于便捷的数据查询分析能力、按照严格规则快速处理事务的能力、多用户并发访问能力及数据安全性的保证。其以结构化的数据组织形式、严格的一致性模型、简单便捷的查询语言、强大的数据分析能力及较高的程序与数据独立性等优点而获得广泛应用。但是面向结构化数据存储的关系型数据库，已经不能满足当今互联网数据快速访问、大规模数据分析挖掘的需求，传统关系数据库和数据处理技术在应对海量数据处理上出现了很多不足。

1. 关系模型束缚对海量数据的快速访问能力。关系模型是一种按内容访问的模型，在传统的关系型数据库中，根据列的值来定位相应的行。这种访问模型，会在数据访问过程中引入耗时的输入/输出，从而影响快速访问的能力。虽然传统的数据库系统可以通过分区的技术，来减少查询过程中数据输入/输出的次数以缩减响应时间，但是在海量数据规模下，这种分区所带来的性能改善并不显著。

2. 针对海量数据，缺乏访问灵活性。在现实情况中，用户查询时希望具有极大的灵活性，用户可以提出各种数据任务请求，任何时间，无论提出的是什么问题，都能快速得到回答。传统数据库不能提供灵活的解决方法，不能对随机性的查询做出快速响应，因为它需要等待人工对特殊查询进行调优，这导致很多公司不具备这种快速反应能力。

3. 对非结构化数据处理能力薄弱。传统的关系型数据库对数据类型的处理只局限于数字、字符等，对多媒体信息的处理只是停留在简单的二进制代码文件的存储中。然而随着用户应用需求的提高、硬件技术的发展和多媒体交流方式的普及，用户对多媒体处理的要求从简单的存储上升为识别、检索和深入加工。因此，如何处理占信息总量85%的声音、图像、时间序列信号和视频等复杂数据类型，是很多数据库厂家正面临的问题。

4. 海量数据导致存储成本、维护管理成本不断增加。大型企业都面临着业务和IT投入的压力，与以往相比，系统的性价比更加受关注，投资回报率越来越受到重视。海量数据使得企业因为保存大量在线数据及数据膨胀而需要在存储硬件上大量投资，虽然存储设备的成本在下降，但存储的整体成本却在不断增加，并且正在成为最大的IT开支之一。

（二）分布式数据库 HBase

HBase 是针对谷歌 BigTable 的开源实现，是一个高可靠、高性能、面向列、可伸缩的分布式数据库，主要用来存储非结构化和半结构化的松散数据，支持超大规模数据存储，它可以通过水平扩展的方式，利用廉价计算机集群处理由超过10 亿行数据和数百万列元素组成的数据表。

1. HBase 概述

HBase 是 Apache Hadoop 生态系统中的重要一员，而且与 Hadoop 一样，依靠横向扩展，通过不断增加廉价的商用服务器，来增加计算和存储能力。HBase 基于 Google 的 BigTable 模型开发，是典型的键—值（key-value）存储系统。它将数据按照表、行和列的逻辑结构进行存储，是构建在 HDFS 之上的面向列、可伸缩的分布式数据库。尽管 Hadoop 可以很好地解决大规模数据的离线批量处理问题，但是，受限于 Hadoop MapReduce 编程框架的高延迟数据处理机制，以及 HDFS 只能批量处理和顺序访问数据的限制，Hadoop 无法满足大规模数据实时处理应用的需求，而 HBase 位于结构化存储层，在 HDFS 提供的高可靠性的底层存储支持下，HBase 具有随机的方式访问、存储和检索数据库的能力。同时，传统的通用关系型数据库无法应对数据规模剧增引起的系统扩展和性能问题，因此包括 HBase 在内的非关系型数据库的出现，有效弥补了传统关系数据库的缺陷。HBase 与传统的关系数据库的区别主要体现在以下三个方面。

（1）数据类型

关系数据库采用关系模型，具有丰富的数据类型和存储方式，HBase 则采用了更加简单的数据模型，它把数据存储为未经解释的字符串，用户可以把不同格式的数据都序列化成字符串保存在 HBase 中。

（2）数据操作

关系数据库中包含了丰富的操作，其中会涉及复杂的多表链接。HBase 操作则不存在复杂的表与表之间的关系，只有简单的插入、查询、删除、清空等，因为 HBase 在设计上避免了复杂的表和表之间的关系，通常只采用表单的主键查询。

（3）存储模式

关系数据库是基于行模式存储的，这种存储模式会浪费许多磁盘空间和内存带宽。HBase 是基于列存储的，每个列族都由几个文件保存，不同列族的文件是分离的。它的优点是降低 I/O 开销，支持大量并发用户查询，因为仅需要处理可以响应这些查询的列，而不需要处理与查询无关的大量数据行，同一个列族中的数据会被一起进行压缩，由于同一列族内的数据相似度较高，因此可以获得更高的压缩比。

2. HBase 数据模型

HBase 实际上就是一个稀疏、多维、持久化存储的映射表，它采用行键

（Row Key）、列族（Column Family）、列限定符（Column Qualifier）和时间戳（Timestamp）进行索引。每个值是一个未经解释的字符串，没有数据类型。用户在表中存储数据，每一行都有一个可排序的行键和任意多的列。表在水平方向由一个或多个列族组成，一个列族中可以包含任意多个列，同一个列族里面的数据存储在一起。所有列均以字符串形式存储，用户需要自行进行数据类型转换。由于同一张表里面的每一行数据都可以有截然不同的列，因此对于整个映射表的每行数据而言，有些列的值就是空的，所以说 HBase 是稀疏的。

HBase 使用坐标来定位表中的数据，也就是说，每个值都是通过坐标来访问的。需要根据行键、列族、列限定符和时间戳来确定一个单元格，因此可以视为一个"思维坐标"。

（1）表

HBase 采用表来组织数据，表由行和列组成，列划分为若十个列族。

（2）行

每个 HBase 表都由若干行组成，每个行由行键来标识。行键是数据行在表中的唯一标识，并作为检索记录的主键。在 HBase 中访问表中的行只有三种方式：通过单个行键访问、给定行键的访问范围、全表扫描。行键可以是任意字符串，默认按字段顺序进行存储。

（3）列族

一个 HBase 表被分组成许多"列族"的集合，它是基本的访问控制单元。列族需要在表创建时就定义好，存储在一个列族中的所有数据，通常都属于同一种数据类型，这样就具有更高的压缩率。表中的每个列都归属于某个列族，数据可以被存放到列族的某个列下面。在 Hbase 中，访问控制、磁盘和内存的使用统计都是在列族层面进行的。

（4）单元格

在 HBase 表中，通过行、列族和列确定一个"单元格"。单元格中存储的数据没有数据类型，每个单元格中可以保存一个数据的多个版本，每个版本对应一个不同的时间戳。每个单元格都保存着同一份数据的多个版本，这些版本采用时间戳进行索引。每次对一个单元格执行操作（新建、修改、删除）时，HBase 都会隐式地自动生成并存储一个时间戳。一个单元格的不同版本是根据时间戳降序的顺序进行存储的，这样，最新的版本可以被最先读取。

（5）数据坐标

HBase 数据库中，每个值都是通过坐标来访问的。

3. HBase 体系结构

HBase 的实现需要四个主要的功能组件：链接到每个客户端的库函数、Zoo-keeper 服务器、Master 主服务器和 Region 服务器。

在一个 HBase 中，存储了许多表，对于每一张表而言，表中的行是根据行键的值的字典序进行维护的。表中包含的行数量可能非常庞大，无法存储在一台机器上，需要分布存储到多个机器上。因此，需要根据行键的值对表中的行进行分区，每个分区被称为一个"Region"，包含了位于某个值域区间内的所有数据，是数据分发的基本单位。Region 服务器负责存储和维护分配给自己的 Region，处理来自客户端的读写请求，所有 Region 会被分发到不同的服务器上。

初始时，每个表只包含一个 Region，随着数据的不断插入，Region 会持续增大，当一个 Region 中包含的行数量达到一个阈值时，就会被自动等分成两个新的 Region，随着表中行的数据量持续增加，就会分裂出越来越多的 Region。每个 Region 的默认大小为 100~200 MB，是 HBase 中负载均衡和数据分发的基本单位。Master 主服务器负责管理和维护数据表的分区，例如一个表被分成了哪些 Region、每个 Region 被存放在哪台 Region 服务器上，不同的 Region 会被分配到不同的 Region 服务器上，但是同一个 Region 是不会被拆分到多个 Region 服务器上的。每个 Region 服务器负责管理一个 Region 集合，通常在每个 Region 服务器上会放置 10~1000 个 Region。当存储数据量非常庞大时，必须设计相应的 Region 定位机制，保证客户端知道哪里可以找到自己所需要的数据。每个 Region 都有一个 RegionID 来标识它的唯一性，这样，一个 Region 标识符就可以表示成"表名+开始主键+RegionID"。Zookeeper 主要实现集群管理的功能，根据当前集群中每台机器的服务状态，调整分配服务策略。在 HBase 服务器集群中，包含了一个 Master 和多个 Region 服务器，每一个 Region 服务器都需要到 Zookeeper 中进行注册，Zookeeper 会实时监控每个 Region 服务器的状态并通知给 Master，这样，

Master 就可以通过 Zookeeper 随时感知到各个 Region 服务器的工作状态。

4. HBase 数据存储过程

当 HBase 对外提供服务时，其内部存储着名为-ROOT-和. META. 的特殊目录表,. META. 表的每个条目包含两项内容，一个是 Region 标识符，另一个是 Region 服务器标识，这个条目就表示 Region 和 Region 服务器之间的对应关系，因此也称为"元数据表"。当. META. 表中的条目增加非常多时，也需要分区存储在不同的服务器上，因此,. META. 表也会分裂成多个 Region，为了定位这些 Region，需要构建一个新的映射表，记录所有元数据的具体位置，这个表就叫作-ROOT-表。-ROOT-表是不能分割的，永远只有一个 Region 用于存放-ROOT-表，Master 主服务器知道它的位置。

当客户端提出数据访问请求时，首先在 Zookeeper 集群上查找-ROOT-的位置，然后客户端通过-ROOT-查找请求所在范围所属. META. 的区域位置，接着，客户端查找. META. 区域位置来获取用户空间区域所在节点及其位置；最后，客户端即可直接与管理该区域的 Region 服务器进行交互。一旦客户端知道了数据的实际位置（某 Region 服务器位置），该 Client 会直接和这个 Region 服务器进行交互，也就是说，客户端需要通过"三级寻址"过程找到用户数据表所在的 Region 服务器，然后直接访问该 Region 服务器获得数据。

（三） NoSQL 技术

NoSQL 是一种不同于关系数据库的数据库管理系统设计方式，是对非关系型数据库的统称。NoSQL 技术引入了灵活的数据模型、水平可伸缩性和无模式数据模型。这些数据库旨在提供易于扩展和管理的大量数据。NoSQL 数据库提供一定级别的事务处理，使其适合社交网络工作、电子邮件和其他基于 Web 的应用程序。为了提高用户对数据的可访问性，数据在多个站点中分布和复制。同一站点上的复制不仅支持数据在任何损坏的情况下进行恢复，而且如果复制副本创建在不同的地理位置，也有助于提高数据的可用性。一致性是分布式存储系统的另一重要指标，保证多个副本在每个站点同步最新状态是一项非常有挑战性的任务。

NoSQL 技术典型地遵循 CAP 理论和 BASE 原则。CAP 理论可简单描述为:

一个分布式系统不能同时满足一致性（consistency）、可用性（availability）和分区容错性（partition tol-erance）这三个需求，最多只能同时满足两个。因此，大部分非关系型数据库系统都会根据自己的设计目的进行相应的选择，如Cassandra、Dynamo 满足 AP，Big Table、Mongo DB 满足 CP；而关系数据库，如Mysql 和 Postgres 满足 AC。BASE 即 Basically Available（基本可用）、Soft State（柔性状态）和 Eventually Consistent（最终一致）的缩写。Basically Available 是指可以容忍系统的短期不可用，并不强调全天候服务；Soft State 是指状态可以有一段时间不同步，存在异步的情况；Eventually Consistent 是指最终数据一致，而不是严格的时时一致。因此，目前 NoSQL 数据库大多是针对其应用场景的特点，遵循 BASE 设计原则，更加强调读写效率、数据容量以及系统可扩展性。在性能上，NoSQL 数据存储系统都具有传统关系数据库所不能满足的特性，是面向应用需求而提出的各具特色的产品。在设计上，它们都关注对数据高并发读写和对海量数据的存储等，可实现海量数据的快速访问，且对硬件的需求较低。

近些年，NoSQL 数据库发展势头非常迅猛。在短短四五年时间内就爆炸性地产生了 50~150 个新的数据库。行业中最需要的开发人员技能前十名依次是 HT-ML5、MongoDB、iOS、Android、Mobile Apps、Puppet、Hadoop、jQuery、Paas 和 Social Media。其中，MongoDB 是一种文档数据库，属于 NoSQL，它的热度甚至位于 iOS 之前，足以看出 NoSQL 的受欢迎程度。NoSQL 数据库虽然数量众多，但是归结起来，典型的 NoSQL 数据库通常包括键值数据库、列族数据库、文档数据库和图数据库。

1. 键值数据库（Key-Value Database）

键值数据库是最常见和最简单的 NoSQL 数据库，它的数据是以键值对集合的形式存储在服务器节点上，其中键作为唯一标识符。键值数据库是高度可分区的，并且允许以其他类型数据库无法实现的规模进行水平扩展。例如，如果现有分区填满了容量，并且需要更多的存储空间，键值数据库会使用一个哈希表，这个表中有一个特定的 Key 和一个指针指向特定的 Value。Key 可以用来定位数据。Value 对数据库而言是透明不可见的，不能对其进行索引和查询，只能通过 Key 进行查询。Value 的值可以是任意类型的数据，包括整型、字符型、数组、对象等。在存在大量写操作的情况下，键值数据库可以比关系数据库取得明显更好的性能。因为，关系数据库需要建立索引来加速查询，当写操作频繁时，索引会发生频繁更新，由此会产生高昂的索引维护代价。关系数据库通常很难水平扩展，但是键值数据库天生具有良好的伸缩性，理论上几乎可以实现数据量的无限扩容。键值数据库可以进一步划分为内存键值数据库和持久化（Persistent）键值数据库。内存键值数据库把数据保存在内存，如 Memcached 和 Redis 中；持久化键值数据库把数据保存在磁盘，如 BerkeleyDB、Voldmort 和 Riak 中。

2. 列族数据库（Column-Oriented Database）

列存储是按列对数据进行存储的，这种方式对数据的查询（Select）过程非常有利，与传统的关系型数据库相比，可以在查询效率上有很大的提升。列存储可以将数据存储在列族中。存储在一个列族中的数据通常是经常被一起查询的相关数据。例如，如果有一个"住院者"类，人们通常会同时查询患者的住院号、姓名和性别，而不是他们的过敏史和主治医生。这种情况下，住院号、姓名和性别就会被放入一个列族中，而过敏史和主治医生信息则不应该包含在这个列族中。在传统的关系数据库管理系统中也有基于列的存储方式，与之相比，列存储的数据模型具有支持不完整的关系数据模型、适合规模巨大的海量数据、支持分布式并发数据处理等特点。总的来讲，列存储数据库具有模式灵活、修改方便、可用性高、可扩展性强的特点。

3. 文档数据库（Document Database）

面向文档存储是 IBM 最早提出的，它是一种专门用来存储管理文档的数据库模型。文档数据库是由一系列自包含的文档组成的，这意味着相关文档的所有数据都存储在该文档中，而不是关系数据库的关系表中。事实上，面向文档的数据库中根本不存在表、行、列或关系，这意味着它们是与模式无关的，不需要在实际使用数据库之前定义严格的模式。它与传统的关系型数据库和20世纪50年代的文件系统管理数据的方式相比，都有很大的区别。

在古老的文件管理系统中，数据不具备共享性，每个文档只对应一个应用程序，即使多个不同应用程序都需要相同的数据，也必须各自建立属于自己的文件。而面向文档数据库虽然是以文档为基本单位，但是仍然属于数据库范畴，因此它支持数据的共享。这就大大减少了系统内的数据冗余，节省了存储空间，也便于数据的管理和维护。在传统关系型数据库中，数据被分割成离散的数据段，而在面向文档数据库中，文档被看作是数据处理的基本单位。所以，文档可以很长也可以很短，复杂或是简单都可以，不必受到像在关系型数据库中结构的约束。但是，这两者之间并不是相互排斥的，它们之间可以相互交换数据，从而实现相互补充和扩展。例如，如果某个文档需要添加一个新字段，那么在文档中仅需包含该字段即可，而不需要对数据库中的结构做出任何改变。也就是说，这样的操作丝毫不会影响到数据库中其他任何文档。因此，文档不必为没有值的字段存储空数据值。假如在关系数据库中，需要四张表来储存数据：一个 Person 表、一个 Company 表、一个 Contact Details 表和一个用于存储名片本身的表。这些表都有严格定义的列和键，并且使用一系列的连接（Join）组装数据。虽然这样做的优势是每段数据都有一个唯一真实的版本，但这为以后的修改带来不便。此外，也不能修改其中的记录以用于不同的情况。例如，一个人可能有手机号码，也有可能没有。当某个人没有手机号码时，那么在名片上不应该显示"手机：没有"，而是忽略任何关于手机的细节。这就是面向文档存储和传统关系型数据库在处理数据上的不同。很显然，由于没有固定模式，面向文档存储显得更加灵活。面向文档的数据库中，每个名片都存储在各自的文档中，并且每个文档都可以定义它所使用的字段。因此，对于没有手机号码的人而言，就不需要给这个属性定义具体值，而有手机号码的人，则根据他们的意愿定义该值。一定要注意，虽然面向文档数据库的操作方式在处理大数据方面优于关系数据库，但这并不意味着面向文档数据库就可以完全替代关系数据库，而是为更适合这种方式的项目提供更佳的选择，如 wikis、博客和文档管理系统。

4. 图数据库（Graph Database）

图形存储是将数据以图形的方式进行存储。在构造的图形中，实体被表示为节点，实体之间的关系则被表示为边。其中，最简单的图形就是一个节点，也就是一个拥有属性的实体，关系可以将节点连接成任意结构，那么，对数据的查询就转化成了对图的遍历。图形存储最卓越的特点就是研究实体与实体间的关系，所以图形存储中有丰富的关系表示，这在 NoSQL 成员中是独一无二的。具体情况下，可以根据算法从某个节点开始，按照节点之间的关系找到与之相关联的节点。

四、数据仓库

数据仓库，英文名为 Data Warehouse，是为企业所有级别的决策制定过程提供所有类型数据支持的战略集合。它是单个数据存储，出于分析性报告和决策指出目的而创建，为需要业务智能的企业提供业务流程改进、监视时间、成本、质量以及控制等方面的指导。数据仓库中的数据是在对原有分散的数据库数据抽取、清理的基础上，经过系统加工、汇总和整理得到的，必须消除源数据中的不一致性，以保证数据仓库内的信息是关于整个企业的一致的全局信息。

数据仓库的数据主要供企业决策分析来用，所涉及的数据操作主要是查询，一旦某个数据进入仓库之后，一般情况下将被长期保留，也就是数据仓库中一般有大量的查询操作，但修改和删除操作很少，通常只须定期地加载刷新。

（一）数据仓库的构成

一个典型的数据仓库主要包含五个层次：数据源、数据集成、数据存储和管理、数据服务、数据应用。

1. 数据源。是数据仓库的数据来源，包括了外部数据、现有业务系统和文档资料等。

2. 数据集成。完成数据的抽取、清洗、转换和加载任务，数据源中的数据采用 ETL 工具以固定周期加载到数据仓库中。

3. 数据存储和管理。这一层次主要涉及对数据的存储和管理，包括数据仓库、数据集市、数据仓库检测、运行与维护工具和元数据管理等。

4. 数据服务。为前端工具和应用提供数据服务，可以直接从数据仓库中获取数据供前端应用使用，也可以通过 OLAP 服务器为前端应用提供更加复杂的数据服务。OLAP 服务器提供了不同聚集粒度的多维数据集合，使得应用不需要直接访问数据仓库中的底层细节数据，大大减少了数据计算量，提高了查询响应速度。OLAP 服务器还支持针对多维数据集的上钻、下探、切片、切块和旋转等操作，增强了多维数据分析能力。

5. 数据应用。这一层次直接面向最终用户，包括数据查询工具、自由报表工具、数据分析工具、数据挖掘工具和各类应用系统。

（二）数据仓库工具 Hive

Hive 是一个构建在 Hadoop 上的数据仓库平台，最初由 Facebook 开发，后来转由 Apache 软件基金会继续开发，并进一步将它作为 Apache Hive 名义下的一个开源项目。其设计目标是使 Hadoop 上的数据操作与传统 SQL 结合，让熟悉 SQL 编程的开发人员能够轻松向 Hadoop 平台迁移。Hive 可以在 HDFS 上构建数据仓库来存储结构化数据，这些数据是来源于 HDFS 上的原始数据，Hive 提供了类似 SQL 的查询语言 HiveQL，可以执行查询、变换数据等操作。通过解析，HiveQL 语句在底层被转换为相应的 MapReduce 操作。它还提供了一系列的工具进行数据提取转化加载，用来存储、查询和分析存储在 Hadoop 中的大规模数据集。

1. Hive 的工作原理

Hive 本质上相当于一个 MapReduce 和 HDFS 的翻译终端。用户提交 Hive 脚本后，Hive 运行时环境会将这些脚本翻译成 MapReduce 和 HDFS 操作并向集群提交这些操作，Hive 的表其实就是 HDFS 的目录，按表名把文件夹分开，如果是分区表，则分区值是子文件夹，可以直接在 MapReduce 程序里使用这些数据。Hive 把 HiveQL 语句转换成 MapReduce 任务后，采用批处理的方式对海量数据进行处理。数据仓库存储的是静态数据，很适合采用 MapReduce 进行批处理。Hive 还提供了一系列对数据进行提取、转换、加载的工具，可以存储、查询和分析存储在 HDFS 上的数据。

2. Hive 的数据组织

Hive 的存储是建立在 Hadoop 文件系统之上的。Hive 本身没有专门的数据存储格式，它不能为数据建立索引，因此用户可以非常自由地组织 Hive 中的表，只要在创建表的时候告诉 Hive 数据中的列分隔符和行分隔符就可以解析数据了。

Hive 中主要包含四类数据模型：表（Table）、外部表（External Table）、分区（Partition）和桶（Bucket）。

（1）Database 在 HDFS 中表现为 ｛hive. metastore，warehouse. dir｝定义的目录下的一个文件夹。

（2）Table 在 HDFS 中表现为所属 database 目录下一个文件夹。在 Hive 中每个表都有一个对应的存储目录。例如，一个表 htable 在 HDFS 中的路径为/datawarehouse/htable，其中，datawarehouse 是在 hive – site. xml 配置文件中由｛hive，metastore，warehouse. dir｝指定的数据仓库的目录，所有的表数据（除了外部表）都保存在这个目录中。

（3）External Table 与 Table 类似，不过其数据存放位置可以是任意指定的 HDFS 目录路径。和 Table 的差别主要体现在，创建表的操作包含两个步骤：表创建过程和数据加载过程。在数据加载过程中，实际数据会移动到数据仓库目录中，之后的数据访问将会直接在数据仓库目录中完成。外部表的创建只有一个步骤，加载数据和创建外部表同时完成，实际数据在创建语句 Location 指定的 HDFS 路径中，并不会移动到数据仓库目录中。

（4）Partition 在 HDFS 中表现为 Table 目录下的子目录。在 Hive 中，表中的一个分区对应表下的一个目录，所有分区的数据都存储在对应的目录中。

⑤Bucket 在 HDFS 中表现为同一个表目录或者分区目录下根据某个字段的值进行哈希散列之后的多个文件。

Hive 的元数据存储在关系数据库（RDBMS）中，元数据通常包括表的名字、表的列和分区及其属性，表的属性（内部表和外部表），表的数据所在目录。除元数据外的其他所有数据都基于 HDFS 存储。默认情况下，Hive 元数据保存在内嵌的 Derby 数据库中，只能允许一个会话连接，只适合简单的测试，不适合实际的生产环境使用。为了支持多用户会话，需要一个独立的元数据库，可以使用 MySQL 作为元数据库，因为 Hive 内部对 MySQL 提供了很好的支持。

在传统数据库中，同时支持导入单条数据和批量数据，而 Hive 中仅支持批量导入数据，因为 Hive 主要用来支持大规模数据集上的数据仓库应用程序的运行，常见操作是全表扫描，所以，单条插入功能对 Hive 并不实用。更新和索引是传统数据库中很重要的特性，Hive 却不支持数据更新，因为它是一个数据仓库工具，而数据仓库中存放的是静态数据。Hive 不像传统的关系型数据库那样有键的概念，它只能提供有限的索引功能，使用户可以在某些列上创建索引，从而加速一些查询操作，Hive 中给一个表创建的索引数据，会被保存在另外的表中。因为 Hive 构建在 HDFS 与 MapReduce 之上，所以，相对于传统数据库而言，Hive 的延迟会比较高，传统数据库中的 SQL 语句的延迟一般少于 1s，而 HiveQL 语句的延迟会达到分钟级。相比于传统关系数据库很难实现横向扩展和纵向扩展，Hive 运行在 Hadoop 集群之上，因此具有较好的可扩展性。

第三章　大数据挖掘与可视化技术

第一节　大数据挖掘技术

数据挖掘是指在大量的数据中挖掘出信息，通过认真分析来揭示数据之间有意义的联系、趋势和模式。而数据挖掘技术就是指为了完成数据挖掘任务所需要的全部技术。金融、零售等企业已广泛采用数据挖掘技术，分析用户的可信度和购物偏好等。大数据研究采用数据挖掘技术，但是数据挖掘中的短期行为较多，多数是为某个具体问题研究应用技术，还无统一的理论。传统的数据挖掘技术在数据维度和规模增大时，所需资源呈现指数级增长，所以对 PB 级以上的大数据还需研究新的方法。

一、大数据挖掘概述

大数据挖掘是大数据分析的核心，数据挖掘是通过建模和构造算法来获取信息与知识。数据挖掘融合了数据库技术、人工智能、机器学习、统计学、知识工程、面向对象方法、信息检索、云计算、高性能计算以及数据可视化等最新技术的研究成果。

（一）大数据挖掘定义

数据挖掘（Data Mining）是从大量的、不完全的、有噪声的、模糊的、随机的数据中提取隐含在其中的、人们事先不知道的、但又是潜在有用的信息和知识的过程。

（二）数据挖掘对象

根据信息存储格式，用于挖掘的对象有关系数据库、面向对象数据库、数据仓库、文本数据源、多媒体数据库、空间数据库、时态数据库、异质数据库以及 Internet 等。

（三）数据挖掘流程

1. 定义问题

清晰地定义出业务问题，确定数据挖掘的目的。

2. 数据准备

数据准备包括：选择数据——在大型数据库和数据仓库目标中提取数据挖掘的目标数据集；数据预处理——进行数据再加工，包括检查数据的完整性及数据的一致性、去噪声、填补丢失的域、删除无效数据等。

3. 数据挖掘

根据数据功能的类型和数据的特点选择相应的算法，在净化和转换过的数据集上进行数据挖掘。

（四）数据挖掘分类

1. 直接数据挖掘

目标是利用可用的数据建立一个模型，这个模型对剩余的数据，对一个特定的变量（可以理解成数据库中表的属性，即列）进行描述。

2. 间接数据挖掘

目标中没有选出某一具体的变量，用模型进行描述，而是在所有的变量中建立起某种关系。

（五）数据挖掘的方法

1. 神经网络方法

神经网络由于本身良好的鲁棒性、自组织自适应性、并行处理、分布存储和高度容错等特性，非常适合解决数据挖掘的问题，因此近年来越来越受到人们的关注。

2. 遗传算法

遗传算法是一种基于生物自然选择与遗传机理的随机搜索算法，是一种仿生全局优化方法。遗传算法具有的隐含并行性，易于和其他模型结合等性质使得它在数据挖掘中被加以应用。

3. 决策树方法

决策树是一种常用于预测模型的算法，它通过将大量数据有目的地分类，从中找到一些有价值的、潜在的信息。它的主要优点是描述简单，分类速度快，特别适合大规模的数据处理。

4. 粗集方法

粗集理论是一种研究不精确、不确定知识的数学工具。粗集方法有几个优点：不需要给出额外信息；简化输入信息的表达空间；算法简单，易于操作。粗集处理的对象是类似二维关系表的信息表。

5. 覆盖正例排斥反例方法

它是利用覆盖所有正例、排斥所有反例的思想来寻找规则。首先在正例集合中任选一个种子，到反例集合中逐个比较。与字段取值构成的选择子相容则舍去，相反则保留。按此思想循环所有正例种子，将得到正例的规则（选择子的合取式）。

6. 统计分析方法

在数据库字段项之间存在两种关系：函数关系和相关关系，对它们的分析可采用统计学方法，即利用统计学原理对数据库中的信息进行分析。可进行常用统计、回归分析、相关分析、差异分析等。

7. 模糊集方法

即利用模糊集合理论对实际问题进行模糊评判、模糊决策、模糊模式识别和模糊聚类分析。系统的复杂性越高，模糊性越强，一般模糊集合理论是用隶属度来刻画模糊事物的亦此亦彼性的。

（六）数据挖掘任务

1. 关联分析

两个或两个以上变量的取值之间存在某种规律性，就称为关联。数据关联是数据库中存在一类重要的、可被发现的知识。关联分为简单关联、时序关联和因果关联。关联分析的目的是找出数据库中隐藏的关联网。可用支持度和可信度来度量关联规则的相关性。还可以引入兴趣度、相关性等参数，使得所挖掘的规则更符合需求。

2. 聚类分析

聚类是把数据按照相似性归纳成若干类别，同一类中的数据彼此相似，不同类中的数据相异。聚类分析可以建立宏观的概念，发现数据的分布模式，以及可能的数据属性之间的相互关系。

3. 分类

分类就是找出一个类别的概念描述，它代表了这类数据的整体信息，即该类的内涵描述，并用这种描述来构造模型，一般用规则或决策树模式表示。分类是利用训练数据集通过一定的算法而求得分类规则。分类可被用于规则描述和预测。

4. 预测

预测是利用历史数据找出变化规律，建立模型，并由此模型对未来数据的种类及特征进行预测。预测关心的是精度和不确定性，通常用预测方差来度量。

5. 时序模式

时序模式是指通过时间序列搜索出的重复发生概率较高的模式。与回归一样，它也是用已知的数据预测未来的值，但这些数据的区别是变量所处的时间不同。

6. 偏差分析

在偏差中包括很多有用的知识，数据库中的数据存在很多异常情况，发现数据库中数据存在的异常情况是非常重要的。偏差检验的基本方法就是寻找观察结果与参照之间的差别。

二、关联规则挖掘

在数据挖掘的知识模式中，关联规则模式是比较重要的一种。关联规则的概念由 Agrawal、Imielinski、Swami 提出，是数据中一种简单但很实用的规则。关联规则模式属于描述型模式，发现关联规则的算法属于无监督学习的方法。

（一）关联规则的定义

考察一些涉及许多物品的事务：事务 1 中出现了物品甲，事务 2 中出现了物品乙，事务 3 中则同时出现了物品甲和乙。那么，物品甲和乙在事务中的出现相互之间是否有规律可循呢？在数据库的知识发现中，关联规则就是描述这种在一个事务中物品之间同时出现的规律的知识模式。更确切地说，关联规则通过量化的数字描述物品甲的出现对物品乙的出现有多大的影响。

现实中，这样的例子很多。例如，超市利用前端收款机收集存储了大量的售货数据，这些数据是一条条的购买事务记录，每条记录存储了事务处理时间、顾客购买的物品、物品的数量及金额等。这些数据中常常隐含形式如下的关联规则：在购买铁锤的顾客当中，有 70% 的人同时购买了铁钉。这些关联规则很有价值，商场管理人员可以根据这些关联规则更好地规划商场，如把铁锤和铁钉这样的商品摆放在一起，能够促进销售。

有些数据不像售货数据那样很容易就能看出一个事务是许多物品的集合，但稍微转换一下思考角度，仍然可以像售货数据一样处理。比如，人寿保险，一份保单就是一个事务。保险公司在接受保险前，往往需要记录投保人详尽的信息，有时还要到医院做身体检查。保单上记录有投保人的年龄、性别、健康状况、工作单位、工作地址、工资水平等，这些投保人的个人信息就可以看作事务中的物品，通过分析这些数据，可以得到类似以下这样的关联规则：年龄在 40 岁以上，工作在 A 区的投保人当中，有 45% 的人曾经向保险公司索赔过。在这条规则中，"年龄在 40 岁以上"是物品甲，"工作在 A 区"是物品乙，"向保险公司索赔过"则是物品丙。可以看出，A 区可能污染比较严重，环境比较差，导致工作在该区的人健康状况不好，索赔率也相对比较高。

再如，在网上购物时，系统会主动推荐一些商品，赠送一些优惠券，并且这些推荐的商品和赠送的优惠券往往都能直抵我们的需求，诱导我们消费。这背后主要使用了关联分析技术，通过分析哪些商品经常一起购买，可以帮助商家了解用户的购买行为。从大规模数据中挖掘对象之间的隐含关系被称为关联分析

（Associate Analysis）或者关联规则学习（Associaterule learning），其可以揭示数据中隐藏的关联模式，帮助人们进行市场运作。

（二）关联规则的挖掘

在关联规则的四个属性中，支持度和可信度能够比较直接形容关联规则的性质。从关联规则定义可以看出，任意给出事务中的两个物品集，它们之间都存在关联规则，只不过属性值有所不同。如果不考虑关联规则的支持度和可信度，那么在事务数据库中可以发现无穷多的关联规则。事实上，人们一般只对满足一定的支持度和可信度的关联规则感兴趣。因此，为了发现有意义的关联规则，需要给定两个阈值：最小支持度和最小可信度，前者规定了关联规则必须满足的最小支持度，后者规定了关联规则必须满足的最小可信度。一般称满足一定要求的（如较大的支持度和可信度）的规则为强规则（Strong Rules）。

在关联规则的挖掘中要注意以下五点。

1. 充分理解数据。

2. 目标明确。

3. 数据准备工作要做好。能否做好数据准备又取决于前两点。数据准备将直接影响到问题的复杂度及目标的实现。

4. 选取恰当的最小支持度和最小可信度。这依赖于用户对目标的估计，如果取值过小，那么会发现大量无用的规则，不但影响执行效率、浪费系统资源，而且可能把目标埋没；如果取值过大，则又有可能找不到规则，与知识失之交臂。

5. 很好地理解关联规则。数据挖掘工具能够发现满足条件的关联规则，但它不能判定关联规则的实际意义。对关联规则的理解需要熟悉业务背景，丰富的业务经验对数据有足够的理解。在发现的关联规则中，可能有两个主观上认为没有多大关系的物品，它们的关联规则支持度和可信度却很高，需要根据业务知识、经验，从各个角度判断这是一个偶然现象还是有其内在的合理性；反之，可能有主观上认为关系密切的物品，结果却显示它们之间相关性不强。只有很好地理解关联规则，才能去其糟粕，取其精华，充分发挥关联规则的价值。

发现关联规则要经过以下三个步骤。

1. 连接数据，做数据准备；

2. 给定最小支持度和最小可信度，利用数据挖掘工具提供的算法发现关联规则；

3. 可视化显示、理解、评估关联规则。

（三）关联规则的分类

按照不同情况，关联规则可以分类如下。

1. 基于规则中处理的变量的类别，关联规则可以分为布尔型和数值型。布尔型关联规则处理的值都是离散的、种类化的，它显示了这些变量之间的关系；而数值型关联规则可以和多维关联或多层关联规则结合起来，对数值型字段进行处理，将其进行动态的分割，或者直接对原始的数据进行处理，当然数值型关联规则中也可以包含种类变量。

2. 基于规则中数据的抽象层次，可以分为单层关联规则和多层关联规则。在单层的关联规则中，所有的变量都没有考虑到现实的数据是具有多个不同的层次的；而在多层的关联规则中，对数据的多层性已经进行了充分的考虑。

3. 基于规则中涉及的数据的维数，关联规则可以分为单维的和多维的。在单维的关联规则中，我们只涉及数据的一个维，如用户购买的物品；而在多维的关联规则中，要处理的数据将会涉及多个维。换句话说，单维关联规则是处理单个属性中的一些关系，多维关联规则则是处理各个属性之间的某些关系。

（四）关联规则挖掘的相关算法

1. Apriori 算法

使用候选项集找频繁项集。Apriori 算法是一种最有影响的挖掘布尔关联规则频繁项集的算法，其核心是基于两阶段频集思想的递推算法。该关联规则在分类上属于单维、单层、布尔关联规则。在这里，所有支持度大于最小支持度的项集称为频繁项集，简称频集。

该算法的基本思想是：首先找出所有的频集，这些项集出现的频繁性至少和预定义的最小支持度一样。然后由频集产生强关联规则，这些规则必须满足最小支持度和最小可信度。之后使用第一步找到的频集产生期望的规则，产生只包含集合的项的所有规则，其中每一条规则的右部只有一项，这里采用的是中规则的定义。一旦这些规则被生成，那么只有那些大于用户给定的最小可信度的规则才被留下来。为了生成所有频集，使用了递推的方法。

可能产生大量的候选集，以及可能需要重复扫描数据库，是 Apriori 算法的两大缺点。

2. 基于划分的算法

这个算法先把数据库从逻辑上分成几个互不相交的块，每次单独考虑一个分块并对它生成所有的频集，然后把产生的频集合并，用来生成所有可能的频集，最后计算这些项集的支持度。这里分块的大小选择要使得每个分块可以被放入主存，每个阶段只需被扫描一次。而算法的正确性是由每一个可能的频集至少在某一个分块中是频集保证的。该算法是可以高度并行的，可以把每一分块分别分配给某一个处理器生成频集。产生频集的每一个循环结束后，处理器之间进行通信来产生全局的候选 k-项集。通常这里的通信过程是算法执行时间的主要瓶颈；另外，每个独立的处理器生成频集的时间也是一个瓶颈。

3. FP-树频集算法

采用分而治之的策略，在经过第一遍扫描之后，把数据库中的频集压缩进一棵频繁模式树（FP-tree），同时依然保留其中的关联信息，随后再将 FP-tree 分化成一些条件库，每个库和一个长度为 1 的频集相关，然后再对这些条件库分别进行挖掘。当原始数据量很大的时候，也可以结合划分的方法，使得一个 FP-tree 可以放入主存中。实验表明，FP-growth 对不同长度的规则都有很好的适应性，同时，在效率上较之 Apriori 算法有巨大的提高。

（五）关联规则挖掘技术在国内外的应用

就目前而言，关联规则挖掘技术已经被广泛应用在西方金融行业企业中，它可以成功预测银行客户需求。一旦获得了这些信息，银行就可以改善自身营销。现在银行天天都在开发新的沟通客户的方法。各银行在自己的 ATM 机上就捆绑了顾客可能感兴趣的本行产品信息，供使用本行 ATM 机的用户了解。如果数据库中显示，某个高信用限额的客户更换了地址，这个客户很有可能新近购买了一栋更大的住宅，因此会有可能需要更高信用限额、更高端的新信用卡，或者需要一笔住房改善贷款，这些产品都可以通过信用卡账单邮寄给客户。当客户打电话咨询的时候，数据库可以有力地帮助电话销售代表。销售代表的电脑屏幕上可以显示出客户的特点，同时也可以显示出客户会对什么产品感兴趣。

此外，一些知名的电子商务站点也从强大的关联规则挖掘中受益。这些电子购物网站使用关联规则挖掘，然后设置用户有意要一起购买的捆绑包。也有一些购物网站使用它们设置相应的交叉销售，也就是购买某种商品的顾客会看到相关的另外一种商品的广告。

但是目前在我国，"数据海量，信息缺乏"是商业银行在数据大集中之后普遍所面对的尴尬。目前金融业实施的大多数数据库只能实现数据的录入、查询、统计等较低层次的功能，却无法发现数据中存在的各种有用的信息，譬如对这些数据进行分析，发现其数据模式及特征，然后可能发现某个客户、消费群体或组织的金融和商业兴趣，并可观察金融市场的变化趋势。

可以说，关联规则挖掘技术在我国的研究与应用并不是很广泛深入。

由于许多应用问题往往比超市购买问题更复杂，大量研究从不同的角度对关联规则做了扩展，将更多的因素集成到关联规则挖掘方法之中，以此丰富关联规则的应用领域，拓宽支持管理决策的范围，如考虑属性之间的类别层次关系、时态关系、多表挖掘等。近年来，围绕关联规则的研究主要集中了两个方面，即扩展经典关联规则能够解决问题的范围，改善经典关联规则挖掘算法效率和规则兴趣性。

三、聚类挖掘

（一）聚类的基本概念

聚类分析是按照个体的特征将它们分类，让同一个类别内的个体之间具有较高的相似度，不同类别之间具有较大的差异性。聚类分析属于无监督学习。

数据挖掘的目的是要从大量数据中发现有用信息，因为数据量大，这些数据看起来可能是毫无联系的，但是在聚类分析的帮助下，就可以发现数据对象之间的隐藏联系。同时，聚类分析也是模式识别过程中的一个基本问题。

（二）聚类挖掘分类

聚类对象可以分为 Q 型聚类和 R 型聚类。

Q 型聚类：样本/记录聚类，以距离为相似性指标（欧氏距离、欧氏平方距离、马氏距离、明式距离等）。

R 型聚类：指标/变量聚类，以相似系数为相似性指标（皮尔逊相关系数、夹角余弦、指数相关系数等）。

（三）聚类算法过程

聚类算法一般分为四个设计阶段：

1. 数据表示。数据表示阶段已经预先确定了数据中心可以发现什么的簇，在此阶段需要对数据进行规范化，去除噪声点与冗余数据。

2. 建模。在建模阶段，产生对数据相似性与相异性度量方法。

3. 数据聚类。数据聚类的主要目标就是将相似的数据成员聚成一簇。将相异性较大的成员分配到不同的簇中，一般而言，聚类过程需要迭代多次才能得到收敛结果，并将各个数据对象划分到各个簇中去。

4. 有效性评估。在最后的有效性评估中，是将聚类结果进行量化度量。因为聚类是无监督的过程，必须要指定一些有效性标准，并且在某些聚类算法中，初始聚类数目没有给出，也需要用到有效性指标来找出合适的聚类数。

（四）常用的聚类算法

1. K-Means 划分法

（1）K 表示聚类算法中类的个数，Means 表示均值算法，K-Means 即是用均值算法把数据分成 K 个类的算法。

K-Means 算法的目标，是把 n 个样本点划分到 K 个类中，使得每个点都属于离它最近的质心（一个类内部所有样本点的均值）对应的类，以之作为聚类的标准。

（2）K-Means算法的计算步骤如下。

A. 取得 k 个初始质心。从数据中随机抽取 k 个点作为初始聚类的中心，来代表各个类。

B. 把每个点划分进相应的类。根据欧式距离最小原则，把每个点划分进距离最近的类中。

C. 重新计算质心。根据均值等方法，重新计算每个类的质心。

D. 迭代计算质心。重复第二步和第三步，迭代计算。

E. 聚类完成。聚类中心不再发生移动。

（3）基于 sklearn 包的实现。导入一份如下数据，经过各变量间的散点图和相关系数，发现工作日上班电话时长与总电话时长存在强正相关关系。

2. 层次聚类算法

（1）层次聚类算法又称为树聚类算法，它根据数据之间的距离，通过一种层次架构方式，反复将数据进行聚合，创建一个层次以分解给定的数据集。层次聚类算法常用于一维数据的自动分组。

层次聚类算法是一种很直观的聚类算法，基本思想是通过数据间的相似性，按相似性由高到低排序后重新连接各个节点，整个过程就是建立一个树结构。

（2）层次聚类算法的步骤如下。

①每个数据点单独作为一个类。

②计算各点之间的距离（相似度）。

③按照距离从小到大（相似度从强到弱）连接成对（连接后按两点的均值作为新类继续计算），得到树结构。

3. DBSCAN 密度。

（1）DBSCAN 密度的概念。中文全称：基于密度的带噪声的空间聚类应用算法。它是将簇定义为密度相关联的点的最大集合，能够把具有足够高密度的区域划分为簇，并可在噪声的空间数据集中发现任意形状的聚类。

密度：空间中任意一点的密度是以该点为圆心、以 Eps 为半径的圆区域内包含的点数目。

邻域：空间中任意一点的邻域是以该点为圆心、以 Eps 为半径的圆区域内包含的点集合。

核心点：空间中某一点的密度，如果大于某一给定阈值 MinPts，则称该点为核心点（小于 MinPts 则称边界点）。

噪声点：既不是核心点，也不是边界点的任意点。

（2）DBSCAN 算法的步骤。

①通过检查数据集中每点的 Eps 邻域来搜索簇，如果点 p 的 Eps 邻域内包含的点多于 MinPts 个，则创建一个以 p 为核心的簇。

②通过迭代聚集这些核心点 p 距离 Eps 内的点，然后合并成为新的簇（可能）。

③当没有新点添加到新的簇时，聚类完成。

（3）DBSCAN 算法的优点。

①聚类速度快且能够有效处理噪声点发现任意形状的空间聚类。

②不需要输入要划分的聚类个数。

③聚类簇的形状没有偏倚。

④可以在需要时过滤噪声。

四、分类挖掘

虽然我们人类都不喜欢被分类，被贴标签，但数据研究的基础正是给数据"贴标签"进行分类。类别分得越精准，我们得到的结果就越有价值。

分类是数据挖掘中的一项非常重要的任务，它是根据特定的关键特征对项目进行分组，从数据中提取模式，通常从数据池中选择一个具有代表性的样本，然后对其进行操作和分析以找到模式。

分类是一个有监督的学习过程，目标数据库中有哪些类别是已知的，分类过程需要做的就是把每一条记录归到对应的类别之中。由于必须事先知道各个类别的信息，并且所有待分类的数据条目都默认有对应的类别，因此分类算法也有其局限性，当上述条件无法满足时，我们就需要尝试聚类分析。

(一) 分类挖掘概念

分类挖掘利用分类技术可以从数据集中提取描述数据类的一个函数或模型（也常称为分类器），并把数据集中的每个对象归结到某个已知的对象类中。从机器学习的观点，分类技术是一种有指导的学习，即每个训练样本的数据对象已经有类标识，通过学习可以形成表达数据对象与类标识间对应的知识。从这个意义上说，数据挖掘的目标就是根据样本数据形成的类知识并对源数据进行分类，进而也可以预测未来数据的归类。分类具有广泛的应用，例如医疗诊断、信用卡的信用分级、图像模式识别。

分类是预测分析的核心。与聚类不同，分类算法是一种监督的学习，需要准备一些正确决策的样本供机器进行训练；而聚类则不需要进行训练。

(二) 分类挖掘模型

分类挖掘所获的分类模型可以采用多种形式加以描述输出。其中，主要大数据技术的表示方法有分类规则、决策树、数学公式和神经网络。另外，最近又兴起了一种新的方法——粗糙集，其知识表示采用产生式规则。

(三) 分类挖掘的过程

分类（Classification）是过程如下。

1. 学习阶段。通过某种学习算法对已知数据（训练集）进行训练建立一个分类模型。

2. 分类阶段。使用该模型对新数据进行分类。找出描述并区分数据类或概念的模型（或函数），以便能够使用模型预测标记未知的对象类。分类分析在数据挖掘中是一项比较重要的任务，目前在商业上应用最多。分类的目的是学会一个分类函数或分类模型（也常常称作分类器），该模型能把数据库中的数据项映射到给定类别中的某一个类中。

分类和回归都可用于预测，两者的目的都是从历史数据记录中自动推导出对给定数据的推广描述，从而能对未来数据进行预测。与回归不同的是，分类的输出是离散的类别值，而回归的输出是连续数值。二者常表现为决策树的形式，根据数据值从树根开始搜索，沿着数据满足的分枝往上走，走到树叶就能确定类别。

要构造分类器，需要有一个训练样本数据集作为输入。训练集由一组数据库记录或元组构成，每个元组是一个由有关字段（又称属性或特征）值组成的特征向量。此外，训练样本还有一个类别标记。

分类器的构造方法有统计方法、机器学习方法、神经网络方法等。

不同的分类器有不同的特点。有三种分类器评价或比较尺度：预测准确度、计算复杂度、模型描述的简洁度。预测准确度是用得最多的一种比较尺度，特别是对于预测型分类任务。计算复杂度依赖于具体的实现细节和硬件环境，在数据挖掘中，由于操作对象是巨量的数据，因此空间和时间的复杂度问题将是非常重要的一个环节。对于描述型的分类任务，模型描述越简洁越受欢迎。

另外要注意的是，分类的效果一般和数据的特点有关，有的数据噪声大，有的有空缺值，有的分布稀疏，有的字段或属性间相关性强，有的属性是离散的而有的是连续值或混合式的。目前，普遍认为不存在某种方法能适合于各种特点的数据。

（四）常见分类模型与算法

1. 线性判别法。

2. 距离判别法。

3. 贝叶斯分类器。

4. 决策树（Decision Tree）。

5. Knn 算法（k 近邻算法）。

6. 人工神经网络（ANN = Artificial Neural Networks）。

7. 支持向量机 SVM。

（五）距离判别法

1. 简单来说，就是预测某一个点的类别，分别计算这个点与各个样本点的距离（不是我们平常用的欧氏距离，而是马氏距离），这个点离哪个样本点最近，最近样本点是什么类别，它就是什么类别。

原理：计算待测点与各类的距离，取最短者为其所属分类。

2. 常用距离如下。

（1）绝对值距离

（2）欧氏距离

（3）闵可夫斯基距离

（4）切比雪夫距离

（5）马氏距离

（6）Lance 和 Williams 距离

（7）离散变量的距离计算

3. 各种类与类之间距离计算的方法：

（1）最短距离法

（2）最长距离法

（3）中间距离法

（4）类平均法

（5）重心法

（6）离差平方和法

（六）决策树

决策树（分类树）是一种十分常用的分类方法。它是一种监督学习。所谓监督学习就是给定一堆样本，每个样本都有一组属性和一个类别，这些类别是事先确定的，那么通过学习得到一个分类器，这个分类器能够对新出现的对象给出正确的分类。这样的机器学习就被称为监督学习。

1. 决策树概念

决策树（Decision Tree）是在已知各种情况发生概率的基础上，通过构成决策树来求取净现值的期望值大于等于零的概率，评价项目风险，判断其可行性的决策分析方法，是直观运用概率分析的一种图解法。由于这种决策分枝画成的图形很像一棵树的枝干，故称为决策树。在机器学习中，决策树是一个预测模型，代表的是对象属性与对象值之间的一种映射关系。Entropy＝系统的凌乱程度，使用算法 ID3、C4.5 和 C5.0 生成树算法使用熵。这一度量是基于信息学理论中熵的概念。

决策树是一个类似流程图的树形结构，其中每个内部节点表示在一个属性上的测试，每个分枝代表一个测试输出，而每个树叶节点代表类或类分布。树的最顶层结点是根结点。利用这棵树，可以对新记录进行分类。从根节点（年龄）开始，如果某个人的年龄为中年，就直接判断这个人会买电脑；如果是青少年，则需要进一步判断是不是学生；如果是老年，则需要进一步判断其信用等级。

假设客户甲具备以下四个属性：年龄 20、低收入、是学生、信用一般。通过决策树的根节点判断年龄，判断结果为客户甲是青少年，符合左大数据技术边分枝；再判断客户甲是不是学生，判断结果为客户甲是学生，符合右边分枝，最终客户甲落在"yes"的叶子节点上，所以预测客户甲会购买电脑。内部节点用矩形表示，而树叶节点用椭圆表示。为了对未知的样本分类，样本的属性值在决策树上测试。路径由根到存放该样本预测的叶节点。决策树容易转换成分类规则。

2. 决策树组成

（1）决策点，是对几种可能方案的选择，即最后选择的最佳方案。如果决策属于多级决策，则决策树的中间可以有多个决策点，以决策树根部的决策点为最终决策方案。通常用矩形框来表示。

（2）状态节点，代表备选方案的经济效果（期望值），通过各状态节点的经济效果的对比，按照一定的决策标准就可以选出最佳方案。由状态节点引出的分枝称为概率枝，概率枝的数目表示可能出现的自然状态数目，每个分枝上要注明该状态出现的概率。通常用圆圈来表示。

（3）结果节点，将每个方案在各种自然状态下取得的损益值标注于结果节点的右端。通常用三角形来表示。

3. 决策树算法步骤

（1）特征选择。特征选择表示从众多的特征中选择一个特征作为当前节点分裂的标准。如何选择特征有不同的量化评估方法，从而衍生出不同的决策树。

（2）决策树的生成。根据选择的特征评估标准，从上至下递归地生成子节点，直到数据集不可分则停止，决策树停止生长。这个过程实际上就是使用满足划分准则的特征，不断地将数据集划分成纯度更高、不确定性更小的子集的过程。对于当前数据集的每一次划分，都希望根据某个特征划分之后的各个子集的纯度更高，不确定性更小。

决策树的生成主要分以下两步，这两步通常通过学习已经知道分类结果的样本来实现。

①节点的分裂：一般当一个节点所代表的属性无法给出判断时，则选择将这一节点分成两个子节点（如不是二叉树的情况会分成 n 个子节点）。

②阈值的确定：选择适当的阈值使得分类错误率最小（Training Er—ror）。

③决策树的修剪。剪枝是决策树停止分枝的方法之一。剪枝分预先剪枝和后剪枝两种。预先剪枝是在树的生长过程中设定一个指标，当达到该指标时就停止生长。这样做容易产生"视界局限"，就是一旦停止分枝，使得节点 N 成为叶节点，就断绝了其后继节点进行"好"的分枝操作的任何可能性。严格地说，这些已停止的分枝会误导学习算法，导致产生的树不纯度降差最大的地方过分靠近根节点。后剪枝中树首先要充分生长，直到叶节点都有最小的不纯度值为止，因而可以克服"视界局限"。然后对所有相邻的成对叶节点考虑是否消去它们，如果消去能引起令人满意的不纯度增长，那么执行消去，并令它们的公共父节点成为新的叶节点。这种"合并"叶节点的做法和节点分枝的过程恰好相反，经过剪枝后叶节点常常会分布在很宽的层次上，树也变得非平衡。后剪枝技术的优点是克服了"视界局限"效应，而且无须保留部分样本用于交叉验证，所以可以充分利用全部训练集的信息。但后剪枝的计算量代价比预先剪枝方法大得多，特别是在大样本集中。不过对于小样本的情况，后剪枝方法还是优于预先剪枝方法的。

4. 决策树的优点

（1）决策树易于理解和实现，在学习过程中不需要使用者了解很多的背景知识，这同时是它的能够直接体现数据的特点，只要通过解释后都有能力去理解决策树所表达的意义。

（2）对于决策树，数据的准备往往是简单或者是不必要的，而且能够同时处理数据型和常规型属性，在相对短的时间内能够对大型数据源做出可行且效果良好的结果。

（3）易于通过静态测试来对模型进行评测，可以测定模型可信度；如果给定一个观察的模型，那么根据所产生的决策树很容易推出相应的逻辑表达式。

5. 决策树的缺点

（1）对连续性的字段比较难预测。

（2）对有时间顺序的数据，需要很多预处理的工作。

（3）当类别太多时，错误可能就会增加得比较快。

（4）一般的算法分类的时候，只是根据一个字段来分类。

6. 决策树的常用算法：

（1）ID3：使用信息增益作为选择特征的准则；

（2）C4.5：使用信息增益比作为选择特征的准则；

（3）CART：使用 Gini 指数作为选择特征的准则。

7. C4.5

C4.5 克服了 ID3 仅仅能够处理离散属性的问题，以及信息增益偏向选择取值较多特征的问题，使用信息增益比来选择特征。信息增益比＝信息增益/划分前熵。选择信息增益比最大的作为最优特征。

C4.5 处理连续特征是先将特征取值排序，以连续两个值中间值作为划分标准。尝试每一种划分，并计算修正后的信息增益，选择信息增益最大的分裂点作为该属性的分裂点。

通过对 ID3 的学习，可以知道 ID3 存在一个问题，那就是越细小的分割分类错误率越小，所以 ID3 会越分越细，比如以第一个属性为例：设阈值小于 70 可将样本分为两组，但是分错了一个。如果设阈值小于 70，再加上阈值等于 95，那么分错率降到了 0，但是这种分割显然只对训练数据有用，对于新的数据没有意义，这就是所说的过度学习（Overfitting）。

分割太细了，训练数据的分类可以达到 0 错误率，但是因为新的数据和训练数据不同，所以面对新的数据分错率反倒上升了。决策树是通过分析训练数据，得到数据的统计信息，而不是专为训练数据量身定做。

就比如给男人做衣服，叫来 10 个人做参考，做出一件 10 个人都能穿的衣服，然后叫来另外 5 个和前面 10 个人身高差不多的，这件衣服也能穿。但是当你为 10 个人每人做一件正好合身的衣服，那么这 10 件衣服除了那个量身定做的人，别人都穿不了。

所以为了避免分割太细，C4.5 对 ID3 进行了改进，C4.5 中，优化项要除以分割太细的代价，这个比值叫作信息增益率，显然分割太细分母增加，信息增益率会降低。除此之外，其他的原理和 ID3 相同。

8. CART

CART 与 ID3，C4.5 不同之处在于 CART 生成的树必须是二权树。也就是说，无论是回归还是分类问题，无论特征是离散的还是连续的，无论属性取值有多个还是两个，内部节点只能根据属性值进行二分。

CART 的全称是分类与回归树。从这个名字中就应该知道，CART 既可以用于分类问题，也可以用于回归问题。

在回归树中，使用平方误差最小化准则来选择特征并进行划分。每一个叶子节点给出的预测值，是划分到该叶子节点的所有样本目标值的均值，这样只是在给定划分的情况下最小化了平方误差。

要确定最优划分，还需要遍历所有属性，以及其所有的取值来分别尝试划分并计算在此种划分情况下的最小平方误差，选取最小的作为此次划分的依据。由于回归树生成使用平方误差最小化准则，所以又叫作最小二乘回归树。

分类树种，使用 Gini 指数最小化准则来选择特征并进行划分。

Gini 指数表示集合的不确定性，或者是不纯度。基尼指数越大，集合不确定性越高，不纯度也越大。这一点和熵类似。另一种理解基尼指数的思路是，基尼指数是为了最小化误分类的概率。

CART 是一个二权树，也是回归树，同时也是分类树，CART 的构成简单明了。

CART 只能将一个父节点分为两个子节点。CART 用 GINI 指数来决定如何分裂。

CART 还是一个回归树，回归解析用来决定分布是否终止。理想地说，每一个叶节点里都只有一个类别时分类应该停止，但是很多数据并不容易完全划分，或者完全划分需要很多次分裂，必然造成很长的运行时间，所以 CART 可以对每个叶节点里的数据分析其均值方差，当方差小于一定值时可以终止分裂，以换取计算成本的降低。

CART 和 ID3 一样，存在偏向细小分割，即过度学习（过度拟合的问题），为了解决这一问题，对特别长的树进行剪枝处理，直接剪掉。

以上的决策树训练的时候，一般会采取 Cross-Validation 法，比如一共有 10 组数据：

第一次，1~9 做训练数据，10 做测试数据；

第二次，2~10 做训练数据，1 做测试数据；

第三次，1、3~10 做训练数据，2 做测试数据，以此类推。

做 10 次，然后大平均错误率，这样称为 10 folds Cross-Validation。

比如，3 folds Cross-Validation 指的是数据分 3 份，2 份做训练、1 份做测试。

9. 人工神经网络

人工神经网络，简称神经网络或类神经网络，是一种模仿生物神经网络结构和功能的数学模型或计算模型，用于对函数进行估计或近似。神经网络由大量的人工神经元连接进行计算。大多数情况下，人工神经网络能在外界信息的基础上改变内部结构，是一种自适应系统。

人工神经网络由很多的层组成，最前面这一层叫输入层，最后面一层叫输出层，最中间的层叫隐层。并且每一层有很多节点，节点之间有边相连的，每条边都有一个权重。对于文本来说输入值是每一个字符，对于图片来说输入值就是每一个像素。

人工神经网络的工作流程如下。

（1）前向传播：对于一个输入值，将前一层的输出与后一层的权值进行运算，再加上后一层的偏置值得到了后一层的输出值，再将后一层的输出值作为新的输入值传到再后面一层，一层层传下去得到最终的输出值。

（2）反向传播：前向传播会得到预测值，但是这个预测值不一定是真实的值，反向传播的作用就是修正误差，通过与真实值做对比修正前向传播的权值和偏置。

人工神经网络在语音、图片、视频、游戏等各类应用场景展现出了优异的性能，但是存在需要大量的数据进行训练来提高准确性的问题。

影响精度的因素有如下。

①训练样本数量。

②隐含层数与每层节点数。层数和节点太少，不能建立复杂的映射关系，预测误差较大。但层数和节点数过多，学习时间增加，还会产生"过度拟合"的可能。预测误差随节点数呈现先减少后增加的趋势。

②激活函数的影响。

④神经网络方法的优缺点。

⑤可以用统一的模式去处理高度复杂问题。

⑥便于元器件化，形成物理机器。

⑦中间过程无法从业务角度进行解释。

⑧容易出现过度拟合问题。

第二节　大数据可视化技术

一、数据可视化概述

（一）数据可视化概念

数据可视化，是关于数据视觉表现形式的科学技术研究。可视化技术是利用计算机图形学及图像处理技术，将数据转换为图形或图像形式显示到屏幕上，并进行交互处理的理论、方法和技术。它涉及计算机视觉、图像处理、计算机辅助设计、计算机图形学等多个领域，成为一项研究数据表示、数据处理、决策分析等问题的综合技术。

数据可视化系统不是为了显示用户已知数据之间的模式，而是为了帮助用户理解数据，发现这些数据的实质。

1. 数据可视化的基本概念

（1）数据空间

由 n 维属性、m 个元素共同组成的数据集构成的多维大数据技术信息空间。

（2）数据开发

利用一定的工具及算法对数据进行定量推演及计算。

（3）数据分析

对多维数据进行切片、切块、旋转等动作剖析数据，从而可以多角度多侧面观察数据。

（4）数据可视化

将大型数据集中的数据通过图形图像方式表示，并利用数据分析和开发工具发现其中未知信息。

2. 数据可视化的标准

为实现信息的有效传达，数据可视化应兼顾美学，直观地传达出关键的特征，便于挖掘数据背后隐藏的价值。

可视化技术应用标准应该包含以下四个方面。

（1）直观化：将数据直观、形象地呈现出来。

（2）关联化：突出呈现出数据之间的关联性。

（3）艺术性：使数据的呈现更具有艺术性，更加符合审美规则。

（4）交互性：实现用户与数据的交互，方便用户控制数据。

（二）数据可视化的作用

数据可视化在数据分析中发挥着重要的作用，很多人认为数据可视化是一个比较难的技术，其实并不是这样的，数据可视化在数据分析中涉及的众多技术中算是一个比较简单的技术。

1. 动作更快

人脑对视觉信息的处理要比书面信息容易得多。使用图表来总结复杂的数据，可以确保对关系的理解要比那些混乱的报告或电子表格更快。

大数据可视化工具可以提供实时信息，使利益相关者更容易对整个企业进行评估。对市场变化更快的调整和对新机会的快速识别是每个行业的竞争优势。

2. 以建设性方式讨论结果

来自大数据可视化工具的报告能够用一些简短的图形体现复杂信息，甚至单个图形也能做到。决策者可以通过交互元素以及类似热图、fever charts 等新的可视化工具，轻松地解释各种不同的数据源。丰富但有意义的图形有助于了解问题和未决的计划。

3. 理解运营和结果之间的连接

大数据可视化的一个好处是，它允许用户去跟踪运营和整体业务性能之间的连接。在竞争环境中，找到业务功能和市场性能之间的相关性是至关重要的。

例如，一家软件公司的执行销售总监可能会立即在条形图中看到，他们的旗舰产品在西南地区的销售额下降了 8%。然后，决策者可以深入了解这些差异发生在哪里，并开始制订计划。通过这种方式，数据可视化可以让管理人员立即发现问题并采取行动。

4. 接受新兴趋势

现在已经收集到的消费者行为的数据量可以为适应性强的公司带来许多新的机遇。然而，这需要它们不断地收集和分析这些信息。通过使用大数据可视化来监控关键指标，企业领导人可以更容易发现市场变化和趋势。

5. 与数据交互

数据可视化的主要好处是它及时带来了风险变化。与静态图表不同，交互式数据可视化鼓励用户探索甚至操纵数据，以发现其他因素。这就为使用分析提供了更好的意见。

例如，大型数据可视化工具可以向船只制造商展示其大型工艺的销售下降。这可能是由一系列原因造成的。但团队成员积极探索相关问题，并将其与实际的船只销售联系起来，可以找出根源，并找到减少其影响的方法，以推动更多的销售。

6. 创建新的讨论

大数据可视化的一个优点是它提供了一种现成的方法来从数据中讲述故事。

如热图可以在多个地理区域显示产品性能的发展，使用户更容易看到性能良好或表现不佳的产品。这使得决策者可以深入特定的地点，看看哪些地方做得好，哪些做得不好。这些见解可以被用来集思广益、头脑风暴，以支持更高的销售。

大数据可视化工具提供了一种更有效的使用操作型数据的方法。对于绝大多数的商业决策者来说，实时性能和市场指标的变化更容易识别和应对。

（三）数据可视化的分类

数据可视化分为科学可视化、信息可视化、可视化分析学这三个主要分支。

1. 科学可视化（Science Visualization）

面向的领域主要是自然科学，如物理、化学、气象气候、航空航天、医学、生物学等各个学科，这些学科需要对数据和模型进行解释、操作与处理，旨在寻找其中的模式、特点、关系以及异常情况。

2. 信息可视化（information Visualization）

信息可视化处理的对象是抽象的、非结构化数据集（如文本、图表、层次结构、地图、软件、复杂系统等）。与科学可视化相比，信息可视化更关注抽象、高维数据。此类数据通常不具有空间中位置的属性，因此要根据特定数据分析的需求，决定数据元素在空间的布局。

3. 可视化分析学（Visual Analytics）

可视化分析学，被定义为一门以可视交互界面为基础的分析推理科学。综合了图形学、数据挖掘和人机交互等技术，以可视交互界面为通道，将人的感知和认知能力以可视的方式融入数据处理过程，形成人脑智能和机器智能优势互补和相互提升，建立螺旋式信息交流与知识提炼途径，完成有效的分析推理和决策。包含数据分析、交互、可视化。

（四）数据可视化的实施流程

数据可视化是大数据生命周期管理的最后一步，也是最重要的一步。大数据可视化的实施是一系列数据的转换过程。

有原始数据，通过对原始数据进行标准化、结构化的处理，把它们整理成数据表。将这些数值转换成视觉结构（包括形状、位置、尺寸、值、方向、色彩、纹理等），通过视觉的方式把它表现出来。例如，将高中低的风险转换成红黄蓝等色彩，数值转换成大小。将视觉结构进行组合，把它转换成图形传递给用户，用户通过人机交互的方式进行反向转换，去更好地了解数据背后有什么问题和规律。

从技术上来说，大数据可视化的实施步骤主要有四项：需求分析—建设数据仓库/数据集市模型—数据抽取、清洗、转换、加载（ETL）—建立可视化分析场景。

1. 需求分析

需求分析是大数据可视化开展的前提，要描述项目背景与目的、业务目标、业务范围、业务需求和功能需求等内容，明确实施单位对可视化的期望和需求。包括需要分析的主题、各主题可能查看的角度、需要发现企业各方面的规律、用户的需求等内容。

2. 建设数据仓库/数据集市模型

数据仓库/数据集市的模型是在需求分析的基础上建立起来的。数据仓库/数据集市建模除了数据库的 ER 建模和关系建模，还包括专门针对数据仓库的维度建模技术。

3. 数据抽取、清洗、转换、加载（ETL）

数据抽取是指将数据仓库/集市需要的数据从各个业务系统中抽离出来。因为每个业务系统的数据质量不同，所以要对每个数据源建立不同的抽取程序，每个数据抽取流程都需要使用接口将元数据传送到清洗和转换阶段。

数据清洗的目的是保证抽取的源数据的质量符合数据仓库/集市的要求并保持数据的一致性。

数据转换是整个 ETL 过程的核心部分，主要是对源数据进行计算和放大。数据加载是按照数据仓库/集市模型中各个实体之间的关系将数据加载到目标表中。

4. 建立可视化分析场景

建立可视化场景是对数据仓库/集市中的数据进行分析处理的成果，用户能够借此从多个角度查看企业/单位的运营状况，按照不同的主题和方式探查企业/单位业务内容的核心数据，从而做出更精准的预测和判断。

（五）数据可视化面临的挑战

伴随着大数据时代的到来，数据可视化日益受到关注，可视化技术也日益成熟。然而，数据可视化仍存在许多问题，且面临着巨大的挑战。

数据可视化面临的挑战主要指可视化分析过程中数据的呈现方式，包括可视化技术和信息可视化显示。目前，数据简约可视化研究中，高清晰显示、大屏幕显示、高可扩展数据投影、维度降解等技术都试着从不同角度解决这个难题。

可感知的交互的扩展性是大数据可视化面临的挑战之一。从大规模数据库中查询数据可能导致高延迟，使交互率降低。在大数据应用程序中，大规模数据及高维数据使数据可视化变得十分困难。

在超大规模的数据可视化分析中，我们可以构建更大、更清晰的视觉显示设备，但是人类的敏锐度制约了大屏幕显示的有效性。

由于人和机器的限制，在可预见的未来，大数据的可视化问题会是一个重要的挑战。

（六）数据可视化技术的发展方向

1. 可视化技术与数据挖掘有着紧密的联系。数据可视化可以帮助人们洞察出数据背后隐藏的潜在信息，提高了数据挖掘的效率，因此，可视化与数据挖掘紧密结合是可视化研究的一个重要发展方向。

2. 可视化技术与人机交互有着紧密的联系。实现用户与数据的交互，方便用户控制数据，更好地实现人机交互，这是我们一直追求的目标。因此，可视化与人机交互相结合是可视化研究的一个重要发展方向。

3. 可视化与大规模、高维度、非结构化数据有着紧密的联系。目前，我们身处大数据时代，大规模、高维度、非结构化数据层出不穷，要将这样的数据以可视化形式完美地展示出来，并非易事。因此，可视化与大规模、高维度、非结构化数据结合是可视化研究的一个重要发展方向。

二、大数据可视化分类展示

为什么数据可视化如此重要？数据可视化能把枯燥的数据变得有趣起来，不用在成千上万的数据面前焦头烂额。图表的作用，是帮助我们更好地看懂数据。选择什么图表，需要回答的首要问题是"我有什么数据，需要用图表做什么"，而不是"图表长成什么样"。因此，我们从数据出发，从功能角度对图表进行分类，如表 3-1 所示。

表 3-1　常用大数据可视化展示

表达内容	图表类型	描述
比较类	柱状图	可视化的方法显示值与值之间的不同和相似之处。使用图形的长度、宽度、位置、面积、角度和颜色来比较数值的大小，通常用于展示不同分类间的数值对比、不同时间点的数据对比
	双向柱状图	
	气泡图	
	子弹图	
	色块图	
	漏斗图	
	直方图	
	K 线图	
	马赛克图	
	分组柱状图	
	雷达图	
	玉玦图	
比较类	南丁格尔玫瑰图	可视化的方法显示值与值之间的不同和相似之处。使用图形的长度、宽度、位置、面积、角度和颜色来比较数值的大小，通常用于展示不同分类间的数值对比、不同时间点的数据对比
	螺旋图	
	堆叠面积图	
	堆叠柱状图	
	矩形树图	
	词云图	

续表

表达内容	图表类型	描述
分布类	箱线图	可视化的方法显示频率，数据分散在一个区间或分组。使用图形的位置、大小、颜色的渐变程度来表现数据的分布，通常用于展示连续数据上数值的分布情况
	气泡图	
	色块图	
	等高线	
	分布曲线图	
	点描法地图	
	热力图	
	直方图	
	散点图	
流程类	漏斗图	可视化的方法显示流程流转和流程流量。一般流程都会呈现出多个环节，每个环节之间会有相应的流量关系。这类图形可以很好地表示这些关系
	桑基图	
占比类	环图	可视化的方法显示同一维度上的占比关系，展示不同类目的数量在总数中所占的百分比
	马赛克图	
	饼图	
	堆叠面积图	
	堆叠柱状图	
	矩形树图	
区间类	仪表盘	可视化的方法显示同一维度上值的上限和下限之间的差异。使用图形的大小和位置表示数值的上限和下限，通常用于表示数据在某一个分类（时间点）上的最大值和最小值
	堆叠面积图	

表达内容	图表类型	描述
关联类	弧长链接图	可视化的方法显示数据之间的相互关系。使用图形的嵌套和位置表示数据之间的关系，通常用于表示数据之间的前后顺序、父子关系以及相关性
	和弦图	
	桑基图	
	矩形树图	
	韦恩图	
趋势类	面积图	可视化的方法分析数据的变化趋势。使用图形的位置表现出数据在连续区域上的分布，通常展示数据在连续区域上的大小变化的规律
	K线图	
	卡吉图	
	折线图	
	回归曲线图	
时间类	面积图	可视化的方法显示以时间为特定维度的数据。使用图形的位置表现出数据在时间上的分布，通常用于表现数据在时间维度上的趋势和变化
	K线图	
	卡吉图	
	折线图	
	螺旋图	
	堆叠面积图	
地图类	带气泡的地图	可视化的方法显示地理区域上的数据。使用地图作为背景，通过图形的位置来表现数据的地理位置，通常来展示数据在不同地理区域上的分布情况
	分级统计地图	
	点描法地图	

（一）比较类

1. 柱状图

柱状图是最常使用的图表之一，用垂直或水平的柱子表示不同分类数据的数值大小。柱状图利用柱子的高度，能够比较清晰地反映数据的差异。柱状图的局限在于它仅适用于中小规模的数据集，当数据较多时就不易分辨。通常来说，柱状图的横轴是时间维度，用户习惯性认为存在时间趋势。如果遇到横轴不是时间维度的情况，建议用颜色区分每根柱子。

2. 双向柱状图

双向柱状图（又名正负条形图），使用正向和反向的柱子显示类别之间的数值比较。其中分类轴表示需要对比的分类维度，连续轴代表相应的数值。分为两种情况，一种是正向刻度值与反向刻度值完全对称，另一种是正向刻度值与反向刻度值反向对称，即互为相反数。

3. 气泡图

气泡图是一种多变量图表，是散点图的变体，也可以认为是散点图和百分比区域图的组合。气泡图最基本的用法是使用三个值来确定每个数据序列。和散点图一样，气泡图将两个维度的数据值分别映射为笛卡儿坐标系上的坐标点，其中 X 和 Y 轴分别代表不同的两个维度的数据，但是不同于散点图的是，气泡图的每个气泡都有分类信息（它们显示在点旁边或者作为图例）。每一个气泡的面积代表第三个数值数据。另外，还可以使用不同的颜色来区分分类数据或者其他的数值数据，或者使用亮度或者透明度。表示时间维度的数据时，可以将时间维度作为直角坐标系中的一个维度，或者结合动画来表现数据随着时间的变化情况。

气泡图通过气泡的位置以及面积大小，用于比较和展示不同类别圆点（这里我们称为气泡）之间的关系。从整体上看，气泡图可用于分析数据之间的相关性。

需要注意的是，气泡图的数据大小容量有限，气泡太多会使图表难以阅读。但是可以通过增加一些交互行为弥补：隐藏一些信息，当鼠标单击或者悬浮时显示，或者添加一个选项用于重组或者过滤分组类别。

另外，气泡的大小是映射到面积而不是半径或者直径绘制的。因为如果是基于半径或者直径的话，圆的大小不仅会呈指数级变化，而且还会导致视觉误差。

4. 子弹图

子弹图的样子很像子弹射出后带出的轨道，所以称为子弹图。子弹图的发明是为了取代仪表盘上常见的那种里程表、时速表等基于圆形的信息表达方式。子弹图的特点如下。

（1）每一个单元的子弹图只能显示单一的数据信息源。

（2）通过添加合理的度量标尺可以显示更精确的阶段性数据信息。

（3）通过优化设计还能够用于表达多项同类数据的对比。

（4）可以表达一项数据与不同目标的校对结果。

子弹图无修饰的线性表达方式使我们能够在狭小的空间中表达丰富的数据信息，线性的信息表达方式与我们习以为常的文字阅读相似，相对于圆形构图的信息表达，在信息传递上有更大的效能优势。

5. 色块图

色块图，由小色块有序且紧凑地组成的图表。色块图的最大好处是，二维画布上的空间利用率非常高。理论上，小色块的大小是可以等于硬件像素的大小。想象一下，如果用每个像素直接编码数值，一块 200 px×200 px 的小屏幕，也可以最多编码40000 个子项。

所以色块图特别适合用于直接对数据量较大的、相对原始的数据进行分析。比如，生物基因科学领域，色块图常被用于微阵列数据分析。

另外，关于颜色的用法有两点需要强调一下。

（1）如果是应对展示用的场景，数据量不大、颜色分类数量小于或等于7个，可以采用分类的颜色映射。

（2）如果需求应对相关的分析，为了更有效率地使用色块图，我们建议使用连续（渐变）的颜色映射数值。由于人眼对颜色的分辨力有限，所以用于编码的颜色不宜过多，我们推荐的颜色的数量在3~11 个之间。

6. 分组柱状图

分组柱状图，又叫聚合柱状图。当使用者需要在同一个轴上显示各个分类下不同的分组时，需要用到分组柱状图。

跟柱状图类似，使用柱子的高度来映射和对比数据值。每个分组中的柱子使用不同的颜色或者相同颜色不同透明的方式区别各个分类，各个分组之间需要保持间隔。

分组柱状图经常用于不同组间数据的比较，这些组都包含了相同分类的数据。

但是仍须注意，避免分组中分类过多的情况。分类过多会导致分组中柱子过多过密，非常影响图表的可读性。

7. 雷达图

雷达图又叫戴布拉图、蜘蛛网图。传统的雷达图被认为是一种表现多维（四维以上）数据的图表。它将多个维度的数据量映射到坐标轴上，这些坐标轴起始于同一个圆心点，通常结束于圆周边缘，将同一组的点用线连接起来就成了雷达图。它可以将多维数据进行展示，但是点的相对位置和坐标轴之间的夹角是没有任何信息量的。在坐标轴设置恰当的情况下雷达图所围面积能表现出一些信息量。

每一个维度的数据都分别对应一个坐标轴，这些坐标轴具有相同的圆心，以相同的间距沿着径向排列，并且各个坐标轴的刻度相同。连接各个坐标轴的网格线通常只作为辅助元素。将各个坐标轴上的数据点用线连接起来就形成了一个多边形。坐标轴、点、线、多边形共同组成了雷达图。

要着重强调的是，虽然雷达图每个轴线都表示不同维度，但使用上为了容易理解和统一比较，使用雷达图经常会人为地将多个坐标轴都统一成一个度量，比如：统一成分数、百分比等。这样这个图就退化成一个二维图了，事实上，这种雷达图在日常生活中更常见、更常用。另外，雷达图还可以展示出数据集中各个变量的权重高低情况，非常适用于展示性能数据。

雷达图的主要缺点有以下两点：

（1）如果雷达图上多边形过多会使可读性下降，使整体图形过于混乱。特别是有颜色填充的多边形的情况，上层会遮挡覆盖下层多边形。

（2）如果变量过多，也会造成可读性下降，因为一个变量对应一个坐标轴，这样会使坐标轴过于密集，使图表给人感觉很复杂。所以，最佳实践就是尽可能控制变量的数量使雷达图保持简单清晰。

8. 玦图

玦［jué］：半环形有缺口的佩玉。

玉玦图（又名环形柱状图），是柱状图关于笛卡尔坐标系转换到极坐标系的仿射变换。其意义和用法与柱状图类似。

玉玦图有半价反馈效应。由于玉玦图中是用角度表示每个玦环数值的大小，角度是决定性因素。所以，哪怕外侧（半径大的）玦环的数值小于内侧（半径小的）玦环，外侧的每个玦环会比里面的玦环更长，这会造成视觉上的误解。

而且因为我们的视觉系统更善于比较直线，所以笛卡儿坐标系更适合于各个分类的数值比较。所以玉玦图从实用的角度去看，其更多的是一种审美上的需求。

9. 词云图

词云，又称文字云，是文本数据的视觉表示，由词汇组成类似云的彩色图形，用于展示大量文本数据。通常用于描述网站上的关键字元数据（标签），或可视化自由格式文本。每个词的重要性以字体大小或颜色显示。词云的作用：①快速感知最突出的文字。②快速定位按字母顺序排列的文字中相对突出的部分。

词云的本质是点图，是在相应坐标点绘制具有特定样式的文字的结果。

（二）分布类

1. 箱线图

箱线图又称盒须图、盒式图或箱形图，是一种用作显示一组数据分布情况的统计图。

如果一个数据集中包含了一个分类变量和一个或者多个连续变量，那么你可能会想知道连续变量会如何随着分类变量水平的变化而变化，而箱线图就可以提供这种方法，它只用了五个数字对分布进行概括，即一组数据的最大值、最小值、中位数、下四分位数及上四分位数。对于数据集中的异常值，通常会以单独的点的形式绘制。箱线图可以水平或者垂直绘制。

箱线图多用于数值统计，虽然相比于直方图和密度曲线较原始简单，但是它不需要占据过多的画布空间，空间利用率高，非常适用于比较多组数据的分布情况。

从箱线图中我们可以观察到：

（1）一组数据的关键值：中位数、最大值、最小值等；

（2）数据集中是否存在异常值，以及异常值的具体数值；

（3）数据是不是对称的；

（4）这组数据的分布是否密集、集中；

（5）数据是否扭曲，即是否有偏向性；

2. 等高线

等高线指的是地形图上高程相等的各点所连成的闭合曲线。在等高线上标注的数字为该等高线的海拔高度。等高线按其作用不同，可分为首曲线、计曲线、间曲线与助曲线四种。除地形图之外，等高线也见于俯视图、阴影图等形式。等高线是通过连接地图上的海拔高度相同的点得到的。等高线一般不相交，但有时可能会重合。在同一等高线上的各点高度相同。在等高线稀疏的地方，坡度较缓；而在等高线稠密的地方，坡度较陡。

3. 分布曲线图

分布曲线图展示的是一种概率分布，也是一种同统计学紧密结合的图表。分布曲线是一种对称的钟形曲线，具有均数等于 0、标准差等于 1 的特点，从而使标准分数在实际运用时非常有用。较常用的概率密度函数有核密度估计概率密度：核密度估计（kernel density estimation）是在概率论中用来估计未知的密度函数，属于非参数检验方法之一。由于核密度估计方法不利用有关数据分布的先验知识，对数据分布不附加任何假定，是一种从数据样本本身出发研究数据分布特征的方法，因而，在统计学理论和应用领域均受到高度的重视。

4. 热力图

热力图是非常特殊的一种图，其使用场景通常比较有限。AntV 中所定义的热力图是两个连续数据分别映射到 X、Y 轴。第三个连续数据映射到颜色，这个数据通常有两种获取途径。

（1）从原始数据里取出相应数据字段，直接输入。

（2）通过封箱和计数统计，得到区域数据密度元数据并映射到颜色。

需要注意以下三点。

（1）热力图尤其关注分布。

（2）热力图可以不需要坐标轴，其背景常常是图片或地图。

（3）热力图一般情况用其专有的色系——彩虹色系（Rainbow）。

5. 直方图

直方图，形状类似柱状图却有着与柱状图完全不同的含义。直方图牵涉统计学的概念，首先要对数据进行分组，然后统计每个分组内数据元的数量。在平面直角坐标系中，横轴标出每个组的端点，纵轴表示频数，每个矩形的高代表对应的频数，称这样的统计图为频数分布直方图。频数分布直方图需要经过频数乘以组距的计算过程才能得出每个分组的数量，同一个直方图的组距是一个固定不变的值，所以如果直接用纵轴表示数量，每个矩形的高代表对应的数据元数量，既能保持分布状态不变，又能直观地看出每个分组的数量。

相关概念如下。

（1）组数：在统计数据时，把数据按照不同的范围分成几个组，分成的组的个数称为组数。

（2）组距：每一组两个端点的差。

（3）频数：分组内的数据元的数量除以组距。

直方图的作用如下：

（1）能够显示各组频数或数量分布的情况。

（2）易于显示各组之间频数或数量的差别。

通过直方图还可以观察和估计哪些数据比较集中、异常或者孤立的数据分布在何处。

6. 散点图

散点图也叫 X–Y 图，它将所有的数据以点的形式展现在直角坐标系上，以显示变量之间的相互影响程度，点的位置由变量的数值决定。

通过观察散点图上数据点的分布情况，我们可以推断出变量间的相关性。如果变量之间不存在相互关系，那么在散点图上就会表现为随机分布的离散的点；如果存在某种相关性，那么大部分的数据点就会相对密集并以某种趋势呈现。数据的相关关系主要分为正相关（两个变量值同时增长）、负相关（一个变量值增加另一个变量值下降）、不相关、线性相关、指数相关等。那些离点集群较远的点我们称为离群点或者异常点。

散点图经常与回归线（就是最准确地贯穿所有点的线）结合使用，归纳分析现有数据以进行预测分析。

对于那些变量之间存在密切关系，但是这些关系又不像数学公式和物理公式那样能够精确表达的，散点图是一种很好的图形工具。但是在分析过程中需要注意，这两个变量之间的相关性并不等同于确定的因果关系，也可能需要考虑其他的影响因素。

（三）占比类

1. 环图

环图（又叫甜甜圈图），其本质是饼图将中间区域挖空。

虽然如此，环图还是有它一点微小的优点。饼图的整体性太强，我们会将注意力集中在比较饼图内各个扇形之间占整体比重的关系。但如果我们将两个饼图放在一起，饼图很难同时对比两个图。

环图在解决上述问题时，采用了让我们更关注长度而不是面积的做法，这样就能相对简单地对比不同的环图。

同时，环图相对于饼图空间的利用率更高，比如，可以使用它的空心区域显示文本信息，比如标题等。

2. 马赛克图

马赛克图（Mosaic Plot）又名 Marimekko Chart。标准的、非均匀的马赛克图在现实生活中使用较少，多用于统计学领域，常用于 SAS 的某些模块。均匀的马赛克图在生活中常有应用，比较经典的例子是地铁站与站之间的票价图。

需要注意的是标准的马赛克图关注的数据维度非常多，一般的用户很难直观地理解。一般情况下，只使用均匀的马赛克图。对于非均匀的马赛克图，多数情况下可以拆解成多个不同的图表。

3. 饼图

饼图广泛地应用在各个领域，用于表示不同分类的占比情况，通过弧度大小来对比各种分类。饼图通过将一个圆饼按照分类的占比划分成多个区块，整个圆饼代表数据的总量，每个区块（圆弧）表示该分类占总体的比例大小，所有区块（圆弧）的总和等于100%。

饼图可以很好地帮助用户快速了解数据的占比分配。它的主要缺点是如下。

饼图不适用于多分类的数据，原则上一张饼图不可多于九个分类，因为随着分类的增多，每个切片就会变小，最后导致大小区分不明显，每个切片看上去都差不多大小，这样对于数据的对比是没有什么意义的。所以饼图不适合用于数据量大且分类很多的场景。

相比于具备同样功能的其他图表（比如百分比柱状图、环图），饼图需要占据更大的画布空间。

很难进行多个饼图之间的数值比较。

尽管如此，在一张饼图上比较一个数据系列上各个分类的大小占比还是很方便高效的。

4. 堆叠柱状图

与并排显示分类的分组柱状图不同，堆叠柱状图将每个柱子进行分割以显示相同类型下各个数据的大小情况。它可以形象地展示一个大分类包含的每个小分类的数据，以及各个小分类的占比，显示的是单个项目与整个大数据技术体之间的关系。我们将堆叠柱状图分为两种类型。

（1）一般的堆叠柱状图：每一根柱子上的值分别代表不同的数据大小，各层的数据总和代表整根柱子的高度。非常适用于比较每个分组的数据总量。

（2）百分比的堆叠柱状图：柱子的各个层代表的是该类别数据占该分组总体数据的百分比。

堆叠柱状图的一个缺点是，当柱子上的堆叠太多时，会导致数据很难区分对比，同时很难对比不同分类下相同维度的数据，因为它们不是按照同一基准线对齐的。

5. 矩形树图

矩形树图采用矩形表示层次结构里的节点，父子节点之间的层次关系用矩形之间的相互嵌套隐喻来表达。从根节点开始，屏幕空间根据相应的子节点数目被分为多个矩形，矩形的面积大小通常对应节点的属性。每个矩形又按照相应节点的子节点递归地进行分割，直到叶子节点为止。

矩形树图的好处在于，相比起传统的树形结构图，矩形树图能更有效地利用空间，并且拥有展示占比的功能。矩形树图的缺点在于，当分类占比太小的时候文本会变得很难排布。相比起分权树图，矩形树图的树形数据结构表达得不够直观、明确。

矩形树图的布局算法非常多，而且经常被可视化工程师津津乐道。

（四）区间类

1. 仪表盘

仪表盘（Gauge）是一种拟物化的图表，刻度表示度量，指针表示维度，指针角度表示数值。仪表盘图表就像汽车的速度表一样，有一个圆形的表盘及相应的刻度，有一个指针指向当前数值。目前，很多的管理报表或报告上都使用这种图表，以直观地表现出某个指标的进度或实际情况。

仪表盘的好处在于它能跟人们的常识结合，使大家马上能理解看什么、怎么看。拟物化的方式使图标变得更友好更人性化，正确使用可以提用户体验。

仪表盘的圆形结构，可以更有效地利用空间。为了视觉上的不拥挤且符合常识，我们建议指针的数量不要超过三根。

2. 堆叠面积图

堆叠面积图和基本面积图一样，唯一的区别就是图上每一个数据集的起点不同，起点是基于前一个数据集的，用于显示每个数值所占大小随时间或类别变化的趋势线，展示的是部分与整体的关系。

堆叠面积图上的最大的面积代表了所有的数据量的总和，是一个整体。各个叠起来的面积表示各个数据量的大小，这些堆叠起来的面积图在表现大数据的总量分量的变化情况时格外有用，所以堆叠面积图不适用于表示带有负值的数据集。非常适用于对比多变量随时间变化的情况。

在堆叠面积图的基础之上，将各个面积的因变量的数据使用相加后的总量进行归一化就形成了百分比堆叠面积图。该图并不能反映总量的变化，但可以清晰反映每个数值所占百分比随时间或类别变化的趋势线，对于分析自变量是大数据、时变数据、有序数据时各个指标分量占比极为有用。

（五）关联类

1. 弧长链接图

弧长链接图是节点—链接法的一个变种，节点—链接法是指用节点表示对象，用线（或边）表示关系的节点—链接布局（Node-link）的一种可视化布局表示。弧长链接图在此概念的基础上，采用一维布局方式，即节点沿某个线性轴或环状排列，用圆弧表达节点之间的链接关系。这种方法不能像二维布局那样表达图的全局结构，但在节点良好排序后可清晰地呈现环和桥的结构。

2. 和弦图

和弦图（Chord Diagram），是一种显示矩阵中数据间相互关系的可视化方法，节点数据沿圆周径向排列，节点之间使用带权重（有宽度）的弧线连接。

3. 韦恩图

韦恩图（Venn），也叫温氏图、维恩图、范氏图，是用于显示元素集合重叠区域的图表。

韦恩图是关系型图表，通过图形之间的层叠关系，来表示集合之间的相交关系。

（六）趋势类

1. 面积图

面积图又叫区域图，它是在折线图的基础之上形成的。它将折线图中折线与自变量坐标轴之间的区域使用颜色或者纹理填充，这样一个填充区域叫作面积，颜色的填充可以更好地突出趋势信息，需要注意的是颜色要带有一定的透明度。透明度可以很好地帮助使用者观察不同序列之间的重叠关系，没有透明度的面积会导致不同序列之间相互遮盖，减少可以被观察到的信息。

和折线图一样，面积图也用于强调数量随时间而变化的程度，也可用于引起人们对总值趋势的注意。它们最常用于表现趋势和关系，而不是传达特定的值。

面积图有两种常用的类型。

（1）一般面积图：所有的数据都从相同的零轴开始。

（2）层叠面积图：每一个数据集的起点不同，都是基于前一个数据集。用于显示每个数值所占大小随时间或类别变化的趋势线，堆叠起来的面积图在表现大数据的总量分量的变化情况时格外有用。另外，还有百分比层叠面积图，用于显示每个数值所占百分比随时间或类别变化的趋势线。可强调每个系列的比例趋势线。

2. K 线图

K 线图，原名蜡烛图，又称阴阳图、棒线、红黑线或蜡烛线，常用于展示股票交易数据。K 线就是指将各种股票每日、每周、每月的开盘价、收盘价、最高价、最低价等涨跌变化状况，用图形的方式表现出来。

（1）最上方的一条细线称为上影线，中间的一条粗线为实体，下面的一条细线为下影线。

（2）当收盘价高于开盘价，也就是股价走势呈上升趋势时，我们称这种情况下的 K 线为阳线，中部的实体以空白或红色表示。反之，称为阴线，用黑色实体或绿色表示。

（3）上影线的长度表示最高价和收盘价之间的价差，实体的长短代表收盘价与开盘价之间的价差，下影线的长度则代表开盘价和最低价之间的差距。

3. 回归曲线图

回归曲线图同统计学紧密结合，属于探索型图表，通过对样本数据进行曲线回归（非线性回归）确定两个变数间数量变化的某种特定的规则或规律。我们称图中的线为回归曲线，是最准确地贯穿图中的各个点的线，分为线性回归和非线性回归。

回归曲线图用于回归分析，其主要内容是通过试验或观测数据，寻找相关变量之间的统计规律性，再利用自变量的值有效预测因变量的可能取值。

（七）时间类

1. 卡吉图

卡吉图是一系列由短水平线连接的垂直线，水平线起连接作用，垂直线的厚度和方向取决于价格运动。垂直线方向向上代表价格上升，方向向下代表价格下降，当价格运动方向反转超过阈值时绘制一条新的垂直线，在转折处用水平线相连。当价格上升超过前一个高点转折时采用粗线绘制，称为阳线；当价格下降低于前一个低点转折时采用细线绘制，称为阴线。

（1）卡吉图模拟了证券的供给与需求力量的关系，非常适用于股票短线操作。

（2）卡吉图通过阈值标记逆转，交易者可以过滤掉日常价格波动，只关注价格的显著变化。

2. 折线图

折线图用于显示数据在一个连续的时间间隔或者时间跨度上的变化，它的特点是反映事物随时间或有序类别而变化的趋势。

在折线图中，数据是递增还是递减、增减的速率、增减的规律（周期性、螺旋性等）、峰值等特征都可以清晰地反映出来。所以，折线图常用来分析数据随时间的变化趋势，也可用来分析多组数据随时间变化的相互作用和相互影响。例如，可用来分析某类商品或是某几类相关的商品随时间变化的销售情况，从而进一步预测未来的销售情况。在折线图中，一般水平轴（X 轴）用来表示时间的推移，并且间隔相同；而垂直轴（Y 轴）代表不同时刻的数据的大小。

3. 螺旋图

螺旋图，基于阿基米德螺旋坐标系，常用于绘制随时间变化的数据，从螺旋的中心开始向外绘制。

螺旋图有两大好处。

（1）绘制大量数据：螺旋图节省空间，可用于显示大时间段数据的变化趋势。

（2）绘制周期性数据：螺旋图每一圈的刻度差相同，当每一圈的刻度差是数据周期的倍数时，能够直观表达数据的周期性。

（八）地图类

1. 带气泡的地图

带气泡的地图（Bubble Map），其实就是气泡图和地图的结合。以地图为背景，在上面绘制气泡，将圆（气泡）展示在一个指定的地理区域内，气泡的面积代表了这个数据的大小。

Bubble Map 比分级统计图更适用于比较带地理信息的数据的大小。它的主要缺点是当地图上的气泡过多过大时，气泡间会相互遮盖而影响数据展示，所以在绘制时需要考虑这点。

2. 分级统计地图

分级统计地图是一种在地图分区上使用视觉符号（通常是颜色、阴影或者不同疏密的晕线）来表示一个范围值的分布情况的地图。在整个制图区域的若干个小的区划单元内（行政区划或者其他区划单位），根据各分区的数量（相对）指标进行分级，并用相应色级或不同疏密的晕线，反映各区现象的集中程度或发展水平的分布差别。最常见于选举和人口普查数据的可视化，这些数据以省、市等地理区域为单位。

此法因常用色级表示，所以也叫色级统计图法。地图上每个分区的数量使用不同的色级表示，较典型的方法有：

（1）一个颜色到另一个颜色混合渐变；

（2）单一的色调渐变；

（3）透明到不透明；

（4）明到暗；

（5）用一个完整的色谱变化。

分级统计地图依靠颜色等来表现数据内在的模式，因此选择合适的颜色非常重要，当数据的值域大或者数据的类型多样时，选择合适的颜色映射相当有挑战性。

分级统计地图最大的问题在于数据分布和地理区域大小的不对称。通常大量数据集中于人口密集的区域，而人口稀疏的地区却占有大多数的屏幕空间。用大量的屏幕空间来表示小部分数据的做法对空间的利用非常不经济。这种不对称还常常会造成用户对数据的错误理解，不能很好地帮助用户准确地区分和比较地图上各个分区的数据值。

3. 点描法地图

点描法地图也叫点分布地图、点密度地图，是一种通过在地理背景上绘制相同大小的点来表示数据在地理空间上分布的方法。

点描法地图主要有两种。

（1）一对一，即一个点只代表一个数据或者对象，因为点的位置对应只有一个数据，因此必须保证点位于正确的空间地理位置。

（2）一对多，即一个点代表的是一个特殊的单元，这个时候需要注意不能将点理解为实际的位置，这里的点代表聚合数据，往往是任意放置在地图上的。

点描法地图是观察对象在地理空间上分布情况的理想方法，借助在地图上形成的点集群可以显示一些数据模式。借助点描法地图，可以很方便地掌握数据的总体分布情况，但是当需要观察单个具体的数据的时候，它是不太适合的。

综上所述，数据可视化可能会成为任何演示文稿的宝贵补充，也是理解数据的最快途径。此外，可视化数据的过程既令人愉快又充满挑战。但是，利用许多可用的技术，很容易最终使用错误的工具来呈现信息。要选择最合适的可视化技术，需要了解数据的类型和组成、要传达给观众的信息以及观看者如何处理视觉信息。有时，简单的线图可以节省使用高级大数据技术绘制数据时所花费的时间和精力。

第四章 大数据治理

第一节 大数据治理框架与架构

一、大数据治理概述

（一）大数据的基本特征

当前，业界较为统一的认识是"大数据"具有四个基本特征：大量（Volume）、多样（Variety）、时效（Velocity）、价值（Value），即"4V"特征。

上述特征使"大数据"区别于超大规模数据（Very Large Data）、海量数据（Massive Data）等传统数据概念，后者只强调数据规模，而前者不仅用来描述大量的数据，还具有类型多样、速度极快、价值巨大等特征，以及通过数据分析、挖掘等专业化处理提供不断创新的应用服务并创造价值的能力。一般来说，超大规模数据是指 GB 级的数据，海量数据是指 TB 级的数据，而大数据则是指 PB 及其以上级（EB/ZB/YB）的数据。

1. 大量——规模巨大

"数据规模巨大"是大数据的最基本特征，数据量一般要达到 PB 及其以上级（EB/ZB/YB）才能称为大数据。

2. 多样——类型多样

大数据的数据类型复杂多样，通常可分为三类：结构化数据（Structured Data）、半结构化数据（Semi-Structured Data）和非结构化数据（Unstructured Data）。

（1）结构化数据是指属性固定并能严格用二维表（关系模型）刻画的数据，

一般存放在关系数据库中。它的每个属性一般不能再进一步分解，具有明确的定义。例如，超市的商品可以被表示成商品名称、商品价格、商品产地、保质期等。

（2）半结构化数据就是介于完全结构化数据（如关系数据库中的数据）和完全非结构化数据（如图像、声音文件等）之间的数据。它一般是自描述的，数据的结构和内容混合在一起，没有明显的区分。HTML、XML 文档就是典型的半结构化数据。

（3）相对于结构化数据和半结构化数据而言，不方便用二维表或自描述语言来表现的数据统称为非结构化数据。它本质上是异构和可变的，可同时具有多种格式，主要包括办公文档、网页、微博、电子邮件、地理定位数据、网络日志、图像、音频和视频等。

3. 时效——生成和处理速度极快

在移动互联网、电子商务、物联网高速发展的今天，数据的采集和传输变得如此便捷，以至于网络中产生了大规模的传统软件无法实时处理的数据流。注意，该数据流不是 TB 级，而是 PB 级的，将来还可能是 ZB 级甚至更高，而且其价值会随时间的推移而迅速降低。

4. 价值——价值巨大但密度很低

大数据之所以成为当前的热点和发展趋势，就在于其中蕴含着巨大的商业和社会价值。通过对大数据的分析和挖掘，能够提供以决策支持、知识发现为代表的不断创新的高质量增值服务，发现新的收入增长点，并为核心业务创造直接的价值。

（二）大数据治理的基本概念

1. 数据治理的定义

虽然以规范的方式来管理数据资产的理念已经被广泛接受和认可，但是光有理念是不够的，还需要组织架构、原则、过程和规则，以确保数据管理的各项职能得到正确的履行。

以企业财务管理为例，会计负责管理企业的金融资产，并接受财务总监的领导和审计员的监督；财务总监负责管理企业的会计、报表和预算工作；审计员负责检查会计账目和报告。数据治理扮演的角色与财务总监、审计员类似，其作用就是确保企业的数据资产得到正确有效的管理。

由于切入视角和侧重点不同，业界给出的数据治理定义已有几十种，到目前为止还未形成一个统一标准的定义。其中，DMBOK、COBIT5、DGI 和 IBM 数据治理委员会等权威研究机构提出的定义最具代表性，并被广泛接受和认可。

需要特别说明的是，COBIT5 中给出的不是数据治理定义，而是信息治理。因为这两个术语实际上是同义词，就像数据管理与信息管理一样，所以采用 CO-BIT5 的信息治理定义作为数据治理定义。

2. 大数据治理与数据治理的辩证关系

（1）服务创新

大数据的核心价值是不断发展创新的数据服务，通过架构、质量、安全等要素的提升，为企事业单位、政府和国家及社会创造更大的业务价值，而对大数据进行治理，又能够显著推动大数据的服务创新。因此，服务创新是大数据治理和数据治理最本质的区别。

（2）隐私

与数据治理相比，由于大数据的规模庞大、类型多样、生成和处理速度极快，隐私保护在大数据治理中的地位和作用越来越重要。大数据治理中的隐私保护应着重于以下五点：第一，制定可接受的敏感数据使用政策，制定适用于不同大数据类型、行业和国家的规则；第二，制定政策，监控特权用户对敏感大数据的访问，建立有效机制，确保政策的落实；第三，识别敏感大数据；第四，在业务词库和元数据中标记敏感大数据；第五，对元数据中敏感的大数据进行适当的分类。

（3）组织

数据治理组织需要将大数据纳入到整体框架的开发和设计中，以改进和提升组织结构。这涉及以下四方面：一是当现有角色不足以承担大数据责任时，设立新的大数据角色；二是明确新大数据角色的岗位职责，并与现有角色的岗位职责互补；三是组织中应包括对大数据有独特看法的新成员（如大数据专家），并给予适当的角色和职位；四是关注大数据存储、质量、安全和服务对组织和角色的影响。

（4）大数据质量

由于大数据存在的特殊性，大数据的质量管理与传统意义上的大数据治理中的数据质量管理，在其本质上存在着较大的差别。为了能够有效地解决大数据质量问题，大数据治理应该采取以下的措施：首先，建立大数据的质量维度；其次，创建大数据质量管理的理论框架；再次，指派大数据管理的负责人员，并且同时开发质量管理需求的矩阵，矩阵的主要内容有关键数据元素、数据质量的问题以及大数据治理的业务规则；最后，利用大数据的结构化资源和非结构化资源来提高稀疏结构化数据的质量。

5. 元数据

大数据与现有元数据库的集成是大数据治理成败的关键因素之一。为了解决集成的问题，在大数据治理过程中应该采用以下方法：第一，扩展现有的元数据角色，将大数据纳入其中；第二，建立一个包括大数据术语的业务词库，并将其集成到元数据库中；第三，将 Hadoop 数据流和数据仓库中的技术元数据纳入元数据库中。

二、大数据治理的框架

（一）大数据治理框架的定义

大数据治理框架从全局的角度出发描述了大数据治理的主要内容，从原则维度、范围维度、实施和评价维度三个方面展现了大数据治理的总体图景。

1. 原则维度提供了大数据治理应遵循的主要和基本指导原则，即战略一致性、风险控制、运营合规性和绩效改进。

2. 范围维度描述了大数据治理的关键域，这些领域是大数据治理决策者应该做出决策的关键域。这个维度包含七个关键域：战略、组织、大数据质量、大数据安全、隐私和合规、大数据服务创新、大数据生命周期和大数据架构。这七个关键域是大数据治理的主要决策域。

3. 实施和评估维度描述了大数据治理实施和评估过程中需要重点关注的关键问题。该维度包括四个部分：支持因素、实现过程、成熟度评估和审计。

根据原则维度的四项指导原则，组织能够持续稳定地推进范围层面七个重点域的大数据治理工作，并在实施和评估层面按照方法论推进。

（二）大数据治理的原则

1. 战略一致

在大数据治理的整个的发展过程中，为了能够满足大数据组织持续发展的战略需要，大数据应该与组织保持战略一致的策略。

为了能够保证大数据治理的战略的一致性，组织的领导者应该关注以下问题。

（1）制定大数据治理的相关的政策目标及策略方针，便于大数据治理能够应对其遇到的机会和挑战，同时也能够符合大数据治理的组织目标。

（2）充分了解大数据治理的过程，以确保大数据治理能够达到预期的目标。

（3）对大数据治理的过程进行全面的评估，用以确保大数据治理的目标在不断变化的过程中一直与组织的战略目标相一致。

2. 风险可控

为了能够实现大数据治理的风险可控，组织在大数据治理的过程中应该采取如下措施。

（1）制定相关的风险防范政策及策略，以便将大数据治理的风险降低到可承受的范围内。

（2）对于关键性的风险进行严密的监控和管理，以便降低风险对组织的影响。

（3）以风险管理制度以及政策来对大数据产生的风险进行相应的审查。

3. 运营合规

为了使大数据治理的过程中满足运营合规的要求，其组织应采取如下措施。

（1）为了了解大数据治理的相关要求，应建立长期的机制、制定相应的沟通政策，并向所有的相关人员传达运营合规的相关要求。

（2）基于评估、审计等通用方式，对大数据生命周期的相关内容进行合规性的监控，如生命周期的运行环境、隐私等内容。

（3）在能够保证符合相关的法律法规的前提下，在大数据治理的过程中合理融入合规性评估。

4. 绩效提升

为了能够在大数据治理过程中能够实现绩效的提升，组织应采取如下措施：

（1）为了使大数据能够符合组织战略发展的需要，应该对资源进行合理性分配，如按照业务的优先等级划分资源。

（2）以组织发展为基础，加强对大数据业务的支持并对资源进行合理化分配，使大数据能够满足业务发展的要求。

（3）为了保证在大数据治理活动的整个过程中充分实现组织的绩效目标，应该对大数据治理的过程及结果进行充分的评估。

（三）大数据治理的范围

大数据治理范围包括：战略，组织，大数据质量，大数据安全、隐私与合规，大数据生命周期和大数据架构。

1. 大数据治理的活动与范围

大数据治理的六大重点领域不仅是大数据管理活动的实施领域，也是大数据治理的重点领域。大数据治理通过对这六个关键领域的管理活动进行有效的评估、指导和监督，用以确保管理活动达到治理要求。因此，大数据治理与大数据管理具有相同的适用范围。

2. 战略

在大数据时代，大数据战略在组织战略的规划中占有的地位和比重越来越重要，大数据时代的到来为组织的战略转型带来的不只是挑战还有机遇。因此，组织在制定大数据战略时，其制定的最终的目标就是服务的创新和价值的创造，并且能够根据开展业务的模式、组织的框架、文化信息的发展程度等相关因素及时地对战略规划进行有效的调整。

在大数据的环境下，大数据战略的含义与传统意称上的数据战略有着很大的区别。大数据战略的治理活动主要包括以下内容。

（1）培养大数据环境下的战略思维和价值驱动文化。

（2）对大数据的治理能力进行全面的评估，其评估的内容主要是基于大数据当前和未来的能力要求是否建立了相应的业务战略目标。从资源和技术的角度进行有效的分析，分析大数据的能力是否能够对大数据的战略转型起支撑作用。对大数据专家以及专家团队的价值和能力进行全面的评估。

（3）指导和确定组织制定与大数据治理的总体目标和总体战略相一致的大数据战略。

（4）对大数据管理层和执行层进行监督，以确保其能够充分落实大数据的战略目标。同时，确保和监督业务战略中是否充分考虑了符合当前和未来发展趋势的大数据战略目标和业务的需求。

3. 组织

在大数据的环境下，战略能够通过不同的途径影响组织的架构，如授权、决策权以及控制等因素，其中控制是通过监督员工完成组织的战略目标为依据的，而授权和决策权则是直接对组织的架构进行影响的。组织为了实现大数据治理的目标以及提高组织内部的协调性，应该在组织建立之初就明确其治理的组织框架。

大数据治理组织的确立应根据不同的情况采取不同的措施，主要包括以下的活动内容。

（1）根据组织内部业务开展的不同情况，明确组织内部的职责分配模型（RA-CI），简而言之，就是组织内部明确自己的责任制度，要明确划分组织的结构框架、相关的职责以及负责的人员等，如负责人员、审批人员、咨询人员和通知人员等。

（2）对传统的数据处理的适用范围以及相关的章程进行合理的扩充，使大数据治理的相关人员和职责能够更加明确。

（3）将大数据的利益相关人员和大数据治理的专家人员共同纳入大数据治理组织委员会，以扩充组织委员会的成员组成和明确相应的职责。

（4）对 IT 治理行业以及传统的数据治理行业的角色进行适当的扩充，增加大数据治理的职责和角色。

4. 大数据质量

大数据质量管理是大数据治理变革过程中的一项关键性的流程支撑。随着大数据技术的发展，其业务的侧重点也在发生着转变，整体的战略布局也在进行着适当的调整，因此在变化的同时也对大数据治理的能力提出了更高的要求。

大数据的质量管理是一个持续的、不断变化的过程，它以大数据的质量标准来制定相应规格参数以及业务需求，同时确保大数据质量能够遵守这些标准。而传统的质量管理与大数据质量管理存在较大的差异，前者主要侧重点是对风险的控制，其根据的是传统数据自身的数据质量标准进行的数据的标准化以及数据的清洗和整合的过程，但是由于数据的一些其他因素的影响，其在数据的来源、数据的处理频率、数据的多样化、数据的可信程度、数据的位置分析、数据的清洗时间等因素上存在着较大的差异。因此，大数据管理的侧重点是数据清洗后的整合过程、分析过程以及利益的利用过程等。

大数据质量管理主要包括以下内容：一是大数据质量的分析，二是大数据质量问题跟踪，三是大数据合规性的监控。组织可以通过大数据的自动化过程以及人工合成的手段来实现对大数据质量问题的分析与问题的跟踪，通过业务的需求方式、业务规则数据的识别异常进而排除异常数据而实现的。对于大数据质量的合规管理则是通过已经定义完成的大数据质量的规则进行的合规性的检查和监控，例如，针对大数据质量服务的水平进行的合规性的检查和监督等。

随着大数据的发展，组织对大数据质量的管理活动也在发生适应性的改变，其主要内容包括以下两个方面。

（1）对大数据质量服务的等级进行合理性的评估，同时，将大数据质量服务内容及相关人员纳入大数据管理的流程。

（2）明确大数据质量管理策略的指导内容以及评估方式、范围和所需要的资源；确定大数据质量分析的维度标准、分析的规则以及关键绩效度量指标的规则，以便为大数据质量分析提供适应的标准以及参考的依据。

5. 大数据安全、隐私与合规

大数据的大规模、高速和多样性极大地放大了传统数据的安全性、隐私性和合规性问题,给大数据带来了前所未有的安全性、隐私性和合规性挑战。大数据安全、隐私和合规管理是指对大数据安全规范和政策的规划、制定和实施进行相应程度的管理,其目的是确保大数据资产在使用过程中有适当的认证、授权、访问和审计等控制措施。

建立有效的大数据安全政策和流程,确保正确的人以正确的方式使用和更新数据,并限制所有不符合要求或未经授权的访问和更新,以满足大数据利益相关者的隐私要求和合规要求。大数据使用的安全可靠程度,将直接影响客户、供应商、监管机构和组织内其他相关使用人员的信任。

在大数据时代,随着数据量的不断增长,企业面临着数据被盗、滥用或未经授权泄露的严峻挑战。因此,组织需要采取控制措施,防止未经授权使用顾客的个人信息,并满足相关的合规要求。

(1)组织可以采取以下的措施来保护其有效的机密数据资产。

①可以采取对大数据生命周期进行分级别和分类别的有效数据保护政策。

②为有效地降低未经授权的访问以及机密数据的错误使用等,可以采取有效控制风险评估的措施。

(2)组织可以采取以下措施来帮助组织实施风险评估和安全识别的保护措施。

①创建大数据安全风险分析防控范围。

②创建大数据安全威胁模型。

③分析大数据安全风险的防范措施。

④采取正确的大数据风险防护措施。

⑤对现有安全控制措施的有效性进行有效评估。

(3)上述所采取的措施为大数据保护的基础防范措施,除此之外,组织还应采取其他相应的处理措施,具体措施如下。

①对大数据的安全、隐私以及合格规范的要求进行有效的指导和适当的评估,也就是要根据大数据的服务业务需求、大数据技术的基础措施、大数据的合规要求等方面进行大数据安全、隐私,以及合规流程和规范的具体明确和要求。

②以大数据的安全、隐私、合规要求为基础措施,对大数据的安全策略、防

控标准以及技术规范进行有效的指导和评估。

③对大数据的安全、隐私、合规管理的具体细节进行有效的指导和数据评估。具体细节主要包括大数据定义、适用范围、的组织结构，大数据的职责、权限和角色等。

④对大数据用户的具体认证、授权、访问以及审计的活动进行严格的监督和检查，尤其是要对特殊用户的机密信息及文件进行访问和使用的控制和监督。

⑤对大数据的认证、授权、访问的权利进行审计，特别是对涉及用户隐私方面数据的监管和保护等方面的监督管理。

6. 大数据架构

大数据的架构就是从系统设计实现的视角下，以查看的数据资源和数据流为表现层对大数据进行的系统描述以及软件架构的系统描述等。数据架构对信息系统中的主要内容进行适当的定义和诠释，如数据的表示与描述、数据的存储、数据分析的方法以及过程、数据的交换机制以及数据的接口等。

（1）大数据的架构主要是由大数据基础资源层、大数据的管理与分析层、大数据的应用与服务层三个方面组成的。

①所谓大数据基础资源层是大数据构架的基础，其位置是在大数据架构的最底层，主要包括的内容是大数据的基础设施的资源、文件的分布系统，以及非关系型数据和数据资源的管理等。

②大数据的管理与分层是大数据的核心内容，其位置位于大数据的中间层结构中，其主要包括的内容是数据仓库、元数据、主数据与大数据的分析系统等。

③大数据的应用和服务层是使用大数据具体价值的体现，它主要包括大数据接口技术、大数据的可视化技术、大数据的交易与共享、基于开放交易平台的数据的应用以及大数据的可用工具的描述等。

（2）相对于传统的数据架构，大数据架构在以下两个方面存在不同。

①从技术的视角看，大数据架构不仅关注数据处理和管理过程中的元数据、主数据、数据仓库、数据接口技术等，更关注数据采集、存储、分析和应用过程中的基础设施的虚拟化技术、分布式文件、非关系型数据库、数据资源管理技术，以及面向数据挖掘、预测、决策的大数据分析和可视化技术等。

②从应用的视角看，大数据架构会涉及更多维度和因素，更关注大数据应用模式、服务流程管理、数据安全和质量等方面。

（3）大数据环境下产生了不同的数据架构治理活动，主要包括以下几种。

①指导大数据架构管理，如明确组织的大数据需求、分类、术语规则和模型（包括技术模型和应用模型）等。

②评估大数据架构管理，根据大数据的需求、术语和规则定义，评估技术和应用模型在定义、逻辑、物理等方面的一致性，评估与组织业务架构的一致性。

③监督大数据架构管理的有效性，确保其按照既定的组织架构规范执行，从而指导大数据的技术与业务整合，使大数据资产发挥价值。

大数据的核心价值就在于能够持续不断地开发出以"决策预测"为代表的各种不断创新的大数据服务，进而为企业、机构、政府和国家创造商业和社会价值。

可以通过以下途径来实现大数据的服务创新。

（1）从解决问题的角度来看，利用大数据技术可以实现创新服务。大数据技术提供了一种分析和解决问题的方法。当组织在发展过程中遇到问题时，可以考虑利用大数据技术进行系统全面的分析，找到问题的症结所在，妥善解决问题。在解决问题的过程中，可以获得基于大数据的服务创新。

（2）从数据集成的角度来看，利用大数据技术可以实现服务创新。大数据技术的目的就是从多个数据源的海量、多样的数据中迅速获得所需要的信息。通过引入和开发数据挖掘和分析工具，实现数据资源的加强和整合，为组织提供创新的大数据服务。

（3）使用大数据技术从深入洞察的角度进行服务创新。通过大数据可以深入洞察业务领域的微妙变化，发现特色资源，进而利用大数据技术挖掘个性化服务价值。

（4）从大数据安全、个人隐私的角度进行服务创新。在数据共享、数据公开的大趋势下，数据安全和个人隐私成为服务创新的发力点，如数据的物理安全、容灾备份、访问授权、加解密、防窃取等都需要新的服务来保证。

（四）大数据治理的实施与评估

1. 促成因素

大数据治理促成因素（Enabling Factors）是指对大数据治理的成功实施起到关键促进作用的因素，主要包括三个方面：环境与文化、技术与工具、流程与活动。

（1）环境与文化

环境主要包括大数据环境、大数据技术环境、大数据技能与知识环境、大数据组织与文化环境以及大数据的战略环境等。外部环境与法规遵循、涉众需求等因素密切相关。为了能够满足大数据的合规要求，要求组织必须遵守相关的法律、法规以及行业间的行为规范。因为合规是大数据进行发展的必须驱动力，因此，大数据要能够满足管理合规的基本要求。

（2）技术与工具

大数据治理的技术与工具是大数据对其进行评估的有效依据和治理的基础保障。优秀的大数据治理技术与工具也能够提高大数据治理的速率，同时还能够降低大数据治理所产生的费用以及成本。对于大数据治理的技术与工具，组织应该关注以下内容。

①系统的识别技术和访问控制技术可以提高系统终端信息的保护程度，以防止个人信息被非法访问，其内容包括一些设计的授权机制来对访问的信息进行检验，通过访问技术检验的结果来识别用户的访问权限的合法性等相关信息。

②大数据保护技术的全面实施。在组织中全面共享的大数据的机密文件需要组织给予最严格的保护措施，以防止被非法的、未经授权的和第三方用户进行窃听和拦截等。组织要在大数据的整个生命周期中对大数据的相应部分进行不同级别的系统安全配置，主要包括数据库、文档的管理系统等。

③审计技术与报告工具的整体应用。组织使用审计技术与报告工具进行合理控制的主要目的就是既能够遵守大数据治理的规范，同时又能够满足用户的基本需求。大数据系统通过审计技术和报告工具控制被访问的状态，通过对可疑活动的操作，来减轻系统的负担，同时也能够提高问题的处理策略。

（3）流程与活动

流程是对组织完成的战略目标同时产生期望结果的实践和活动的具体的描述。流程会对组织的实践活动进行有效的影响，而对业务流程的优化则会大大提高用户与大数据之间的沟通效率。治理目标、促进风险管控、服务创新以及价值的创造是治理流程关注的主要目标。

组织可参照通用的流程模型来设计大数据治理流程，其中的概念具体描述如下。

①定义主要发挥的是对流程概述的描述。

②目标是对流程的目的的主要描述。

③实践的主要内容是大数据治理的有关元素。

④活动是大数据实践的重要组成部分，一个有效的实践活动主要包括多个活动。其大致可以分为计划活动、开发活动、控制活动、运营活动四种类型。

⑤输入与输出包括的主要内容有大数据所扮演的角色、责任、RACI 映射表等相关的因素。

⑥技术与工具是大数据能够正常运行的基础保障和有效措施。

⑦绩效监控通过指标来监测流程是否按照设计正常运行。

2. 实施过程

实施大数据治理的目标是能够为组织创造价值，其具体的表现形式主要包括收益的获取、风险的管控以及资源的优化等。但是能够影响大数据治理合理实施的因素还有很多，其中最为重要的三个因素分别是大数据治理过程中所需要解决的关键问题、解决每个问题时所需要的关键步骤和过程、解决问题的过程中所重点关注的要素。

（1）问题是推动大数据治理实施的关键力量，大数据治理的每个过程中都需要解决相应特定的问题。因此，大数据治理实施的框架结构应当说明定义的每个过程中需要解决的问题，而问题的解决也是衡量该阶段是否成功的主要标志。

（2）大数据治理框架的实施要对大数据治理的生命周期进行明确的描述，需要让参与者能够清晰地认识到大数据治理是一个闭环的并且在不断优化的过程。

（3）大数据治理框架的有效实施要明确在大数据治理的过程中各个阶段的重点工作，从而使大数据治理实施的参与者将抽象化的工作内容转变成为可以具体落实的工作。

3. 成熟度评估

这里介绍大数据治理成熟度评估的模型、内容和方法，通过成熟度评估可以了解组织大数据治理的当前状态和差距，为大数据治理领导层提供决策依据。

（1）评估模型

成熟度模型可以帮助组织了解大数据治理的现状和水平，识别大数据治理的改进路径。组织沿着指定的改进路径改进可以促进大数据治理向高成熟度转变，改进路径包括五个阶段：

①初始阶段。组织为大数据质量和大数据整合定义了部分规则和策略，但仍存在大量冗余和劣质数据，容易造成决策错误，进而丧失市场机会。

②提升阶段。组织开始进行大数据治理，但治理过程中存在很多不一致的、错误的、不可信的数据，而且大数据治理的实践经验只在部门内得到积累。

③优化阶段。从第二阶段向第三阶段转换是个转折点，组织开始认识和理解大数据治理的价值，从全局角度推进大数据治理的进程，并建立起自己的大数据治理文化。

④成熟阶段。组织建立了明确的大数据治理战略和架构，制定了统一的大数据标准。大数据治理意识和文化得到显著提升，员工开始接受"大数据是组织重要资产"的观点。在这个阶段，识别和理解当前的运营状态是重要的开始，组织开始系统地推进大数据治理相关工作，并运用大数据治理成熟度模型来帮助提高大数据治理的成熟度。

⑤改进阶段。通过推行统一的大数据标准，将组织内的流程、职责、技术和文化逐步融合在一起，建立起自适应的改进过程，利用大数据治理的驱动因素，改进大数据治理的运行机制，并与组织的战略目标保持一致。

（2）评估内容

大数据治理成熟度的评估内容主要集中在以下八方面。

①大数据隐私。大数据包含了大量的各种类型的隐私信息，它为组织带来机

遇的同时，也正在侵犯个人或社区的隐私权，所以必须对组织的大数据隐私保护状况进行评估，并提出全面系统的改进方案。

②大数据的准确性。大数据是由不同系统生成或整合而来的，所以必须制定并遵守大数据质量标准。因某一特殊目的而采集的大数据很可能与其他大数据集不兼容，这可能会导致误差及一系列的错误结论。

③大数据的可获取性。组织需要建立获取大数据的技术手段和管理流程，从而最大限度地获取有价值的数据，为组织的战略决策提供依据。

④大数据的归档和保存。组织需要为大数据建立归档流程，提供物理存储空间，并制定相关的管理制度来约束访问权限。

⑤大数据监管。未经授权的披露数据会为组织带来极大的影响，所以组织需要监管大数据的整个生命周期。

⑥可持续的大数据战略。大数据治理不是一蹴而就的，需要经过长期的实践积累。因此，组织需要建立长期、可持续的大数据治理战略，从组织和战略层面上保障大数据治理的连贯性。

⑦大数据标准的建立。组织在使用大数据的过程中需要建立统一的元数据标准。大数据的采集、整合、存储和发布都必须采用标准化的数据格式，只有这样才能实现大数据的共享和再利用。

⑧大数据共享机制。由于数据在不同系统和部门之间实时传递，所以需要建立大数据共享和互操作框架。通过协作分析技术，对大数据采集和汇报系统进行无缝隙整合。

（3）评估方法

①定义评估范围。在评估启动前，需要定义评估的范围。组织可从某一特定业务部门来启动大数据治理的成熟度评估。

②定义时间范围。制定合理的时间表是成熟度评估前的重要任务，时间太短不能达成预期的目标，太长又会因为没有具体的成果而失去目标。

③定义评估类别。根据组织的大数据治理偏好，可以从大数据治理成熟度模型分类的子集开始，这样可降低评估的难度。例如，可以首先关注某一个部门，这样安全和隐私能力就不在评估范围内（因为这两项能力需要在组织范围内考

虑）；也可以只关注结构化数据，其他非结构化的内容就不用关注了。

④建立评估工作组并引入业务和 IT 部门的参与者。业务和 IT 部门的配合是进行大数据治理成熟度评估的前提条件。合适的参与者可以确保同时满足多方的需求，最大化大数据治理的成果。IT 参与者应该包括数据管理团队、商业智能和数据仓库领导、大数据专家、文档管理团队、安全和隐私专家等。业务参与者应该包括销售、财务、市场、风险和其他依赖大数据的职能部门。评估工作组的主要工作是建立策略、执行分析、产生报告、开发模型和设计业务流程。

⑤定义指标。建立关键绩效指标来测量和监控大数据治理的绩效。在建立指标的过程中需要考虑组织的人员、流程和大数据等相关内容。在监控过程中要定期对监控结果进行测量，然后向大数据治理委员会和管理层汇报。每三个月要对业务驱动的关键绩效指标进行测量，每年要对大数据治理成熟度进行评估。具体过程包括：

A. 从业务角度理解关键绩效指标；

B. 为大数据治理定义业务驱动的关键绩效指标；

C. 定义大数据治理技术关键绩效指标；

D. 建立大数据治理成熟度评估仪表盘；

E. 组织大数据治理成熟度研讨会。

⑥与利益相关者沟通评估结果。在完成大数据治理成熟度评估后，需要将结果汇报给 IT 和业务的利益相关者，这样可以在组织内对关键问题建立共识，进而与管理者讨论后期计划。

⑦总结大数据治理成熟度成果。完成评估后，应该对每个评估类别进行状态分析，形成最终的评估总结。一是对当前状态的评估，二是对期望状态的评估，三是对当前与期望状态的差距的评估。

总之，大数据治理审计工作意义重大，它能够全面评价组织的大数据治理情况，客观评价大数据治理生命周期管理水平，从而提高组织大数据治理风险控制能力，满足社会和行业监管的需要。大数据治理审计的实施具有重要的社会价值和经济意义，符合审计工作未来的发展趋势。

三、大数据架构概述

（一）大数据架构的基本概念

1. 架构与架构设计

架构是一个很广泛的话题，既可上升到管理与变革层面，也可沉淀到具体领域的应用和技术中，因为架构不仅仅是一种理念，更是一种实践的产物。

架构是在理解和分析业务模型的基础上，从不同视角和层次去认识、分析和描述业务需求的过程。通过架构研究，能实现复杂领域知识的模型化，确定功能和非功能的要求，为不同的参与者提供交流、研发和实现的基础，每一类参与者都会结合架构的参考模型，形成各自的架构视图。

（1）分层原则

这里的层是指逻辑上的层次，并非物理上的层次。目前，大部分的应用系统都分为三层，即表现层、业务层和数据层。在层次设计过程中，每一层都要相对独立，层与层之间的耦合度要低，每一层横向要具有开放性。

（2）模块化原则

分层原则确定了纵向之间的划分，模块化确定了每一层不同功能间的逻辑关系，避免不同层模块的嵌套，以及同层模块间的过度依赖。

（3）设计模式和框架的应用

在不同的应用环境、开发平台、开发语言体系中，设计模式和框架是解决某一类问题的经验总结，设计模式和框架的应用在架构设计中能达到事半功倍的效果，是软件工程复用思想的重要体现。

2. 数据和数据架构

数据是客观事实经过获取、存储和表达后得到的结果，通常以文本、数字、图形、图像、声音和视频等表现形式存在。一般来说，数据架构主要包括以下三类规范。

（1）数据模型，数据架构的核心框架模型。

（2）数据的价值链分析，与业务流程及相关组件相一致的价值分析过程。

（3）数据交付和实现架构，包括数据库架构、数据仓库、文档和内容架构，以及元数据架构。

由此可见，数据架构不仅是关于数据的，更是关于设计和实现层次的描述，它定义了组织在信息系统规划设计、需求分析、设计开发和运营维护中的数据标准，对企业基础信息资源的完善和应用系统的研发至关重要。

3. 从数据架构到大数据架构

相对数据架构，大数据架构在以下两个方面存在不同。

①从技术的视角看，大数据架构不仅仅关注数据处理和管理过程中的元数据、主数据、数据仓库、数据接口技术等，更多的是关注数据采集、存储、分析和应用过程中的基础设施的虚拟化技术，分布式文件、非关系型数据库、数据资源管理技术，以及面向数据挖掘、预测、决策的大数据分析和可视化技术等。

②从应用的视角看，架构设计会涉及更多维度和因素，更多地关注大数据应用模式、服务流程管理、数据安全和质量等方面。

因此，如何结合分层、模块化的原则，以及相关设计模式和框架的应用，聚焦业务需求的本质，建立核心的大数据架构参考模型，明确基础大数据技术架构的系统实现方式、分析基于大数据应用的价值链实现，从而构建完整的大数据交付和实现架构，是大数据架构研究和实现的重点。

（二）大数据架构参考模型

1. 大数据基础资源层

（1）大数据基础设施

大数据基础设计层面包括的内容主要是大数据的计算、大数据的存储以及大数据的网络资源。从大数据的定义可以知道，大数据的基本特征之一就是数据的量是巨大的，因此，为了能够支撑大数据巨量资源的优先管理、分析、应用以及服务等方面，要求大数据能够进行大规模的计算、存储，以及管理与其相适应的网络基础设施资源。

大数据一体机是当前主要的发展方向。通过预装、预优化的软件，将硬件资源根据软件需求做特定设计，使得软件最大限度地发挥硬件能力。

　　与大数据一体机对应的是软件定义的兴起，代表了大数据基础设施未来重要的发展方向。从本质上讲，软件定义是希望把原来一体化的硬件设施拆散，变成若干个部件，为这些基础的部件建立一个虚拟化的软件层。软件层对整个硬件系统进行更为灵活、开放和智能的管理与控制，实现硬件软件化、专业化和定制化。同时，为应用提供统一、完备的 API，暴露硬件的可操控成分，实现硬件的按需管理。

　　软件定义基础设施主要包括硬件的三个层次：网络、存储和计算。

　　①软件定义网络。强调控制平面和数据平面的分离，在软件层面支持了比传统硬件更强的控制转发能力，实现数据中心内部或跨数据中心链路的高效利用。

　　②软件定义存储。同样将存储系统的数据层和控制层分开，能够在多存储介质、多租户存储环境中实现最佳的服务质量。

　　③软件定义计算。将负载信息从硬件抽象到软件层，在异构数据中心的 IT 设备集合中实现资源共享和自适应的优化计算。

　　（2）分布式文件系统

　　所谓分布式文件系统就是指的文件的管理系统的物理存储模式与存储节点的连接方式，一是直接连接在本地的节点上，二是能够通过计算机的网络系统与节点进行的连接。分布式文件系统的基础设计理论主要是客户机/服务器的服务模式。网络典型的特征就是一个网络可能包含多个用户能够使用的服务器，同时也能够允许一些系统充当客户机或是服务器的双重角色。

　　当前，大数据的文件系统主要采用分布式文件系统（DFS）。随着存储技术的发展，数据中心发生了巨大的变化。一方面，文件系统朝着统一管理调度、分布式存储集群的方向发展，存储系统的容量上限、空间效率、访问控制和数据安全有了更高的要求。另一方面，用户对存储系统的使用模式发生了很大的变化，主要表现在两个方面：一是从周期性的批式应用，向交互性的查询和实时的流式应用发展；二是多引擎综合的交叉分析需要更高性能的数据共享。

　　2. 大数据管理与分析层

　　大数据管理与分析层的基础是元数据管理进行的主数据分析，以达到大数据的潜在信息和发掘大数据的实际价值。包括的主要内容有元数据、主数据以及大数据分析等。

（1）元数据

通常来说，元数据就是数据中的数据，它是有关数据的组织信息、数据域及其相关联的信息。它在数据组织方面有着重要的作用，通常概括起来主要包括信息描述、信息定位、信息搜索、信息评估以及信息的选择等五个方面的作用。

目前，元数据标准的两种主要类型：行业标准和国际标准。行业元数据标准有 OMG 规范、万维网协会（W3C）规范、都柏林核心规范、非结构化数据的元数据标准、空间地理标准、面向领域元数据标准等。

（2）主数据

所谓的主数据（Master Data，MD）就是指整个计算机系统中所有的共享数据，包括与客户的数据、与供应商的数据、账户及组织相关的数据信息等。主数据在传统的数据管理中主要是基于各个计算机的独立系统进行工作的，相对来说比较分散，而分散的数据容易产生数据的冗余、数据的编码以及表达方式不一致、各个数据不能同步、影响产品研发的进度等缺点。因此，针对以上的问题需要对传统数据进行适当的改革和管理，以使整个计算机系统中主数据保持一致性、完整性和可控性。

（3）大数据分析

大数据能够获得有用信息的基础就是其能够对数据进行很多智能的、深入的分析。由于大数据的数量特征、速度特征以及多样性的特征都呈现出迅速且持续的增长复杂性，因此基于大数据分析的分析方法就显得尤为重要了，大数据的分析方式是决定数据资源是否有价值的决定性因素。

大数据分析的核心基础就是大数据的挖掘，数据挖掘可以根据数据的不同类型和不同格式选择不同类型的数据挖掘方法，通过数据挖掘后的数据能够呈现出数据本身的最基本的特点，正是由于有如此多样且精准的数据挖掘的方法才能达到对数据的内部进行深度发掘，也能更好地发掘数据的价值。

智能领域是大数据分析结果的主要应用领域，智能决策分析系统（Decision Support System，DSS）通过人工智能、智能专家系统和智能分析引擎对决策性问题的知识、决策过程中的过程性知识以及求解问题时的推理性知识进行分析和描述,以此解决智能决策领域内的复杂的问题。

3. 大数据应用与服务层

大数据不仅促进了基础设施和大数据分析技术的发展,更为面向行业和领域的应用和服务带来巨大的机遇。大数据应用与服务层的主要内容包括:大数据可视化、大数据交易与共享、大数据应用接口,以及基于大数据的应用服务等。

在传统的数据可视化的过程中,其操作过程基本都是在程序的后处理中进行的,而超级计算机在进行完数据模拟的操作过程后,其输出的超大量数据以及数据处理的结果保存在相应的磁盘当中,当对这些数据进行可视化的处理时,需要从数据所在的磁盘中进行数据的传输,而输出和输入的瓶颈的限制以及速度问题增加了磁盘数据可视化的难度,从而降低了数据可视化以及数据模拟的效率。在当今的大数据时代,由于大数据传出的数据的量使这个问题更加突出,尤其是大数据时代的数据信息时常包含一些时序特征的大数据可视化和展示。

(三) 大数据架构的实现

1. 不同视角下的架构分析

当前,无论是电信、电力、石化、金融、社保、房地产、医疗、政务、交通、物流、征信体系等传统行业,还是互联网等新兴行业,都积累了大量数据,如何在相关技术的支撑下,结合数据交易和共享、数据应用接口、数据应用工具等需求,建立并实现大数据架构,是当前研究的重要方向。

大数据架构的研究和实现主要是在领域分析和建模的基础上,从技术和应用两个角度来考虑,具体来说,分为技术架构和应用架构两个视角。

(1) 技术架构是指系统的技术实现、系统部署和技术环境等。在企业系统和软件的设计开发过程中,一般根据企业的未来业务发展需求、技术水平、研发人员、资金投入等方面来选择适合的技术,确定系统的开发语言、开发平台及数据库等,从而构建适合企业发展要求的技术架构。

(2) 应用架构是从应用的视角看,大数据架构主要关注大数据交易和共享应用、基于开放平台的数据应用 (API) 和基于大数据的工具应用 (APP)。

由大数据架构的分析和应用可知,技术和应用的落地是相辅相成的。在具体架构的落地过程中，可结合具体应用需求和服务模式，构建功能模块和业务流程，并结合具体的开发框架、开发平台和开发语言，从而实现架构的落地。

2. 大数据技术架构

大数据技术作为信息化时代的一项新兴技术，技术体系处在快速发展阶段，涉及数据的处理、管理、应用等多个方面。具体来说，技术架构是从技术视角研究和分析大数据的获取、管理、分布式处理和应用等。大数据的技术架构与具体实现的技术平台和框架息息相关，不同的技术平台决定了不同的技术架构和实现。

大数据技术架构主要包含大数据获取技术层、分布式数据处理技术层和大数据管理技术层，以及大数据应用和服务技术层。

（1）大数据获取技术

目前，大数据获取的研究主要集中在数据采集、整合和清洗三个方面。数据采集技术实现数据源的获取，然后通过整合和清理技术保证数据质量。

数据采集技术主要是通过分布式爬取、分布式高速高可靠性数据采集、高速全网数据映像技术，从网站上获取数据信息。除了网络中包含的内容之外，对于网络流量的采集可以使用 DPI 或 DFI 等带宽管理技术进行处理。

（2）分布式数据处理技术

分布式计算是随着分布式系统的发展而兴起的，其核心是将任务分解成许多小的部分，分配给多台计算机进行处理，通过并行工作的机制，达到节约整体计算时间、提高计算效率的目的。

（3）大数据管理技术

大数据管理技术主要集中在大数据存储、大数据协同和安全隐私等方面。

①大数据存储技术主要有三个方面：第一，采用 MPP 架构的新型数据库集群，通过列存储、粗粒度索引等多项大数据处理技术和高效的分布式计算模式，实现大数据存储；第二，围绕 Hadoop 衍生出相关的大数据技术，应对传统关系型数据库较难处理的数据和场景，通过扩展和封装 Hadoop 来实现对大数据存储、分析的支撑；第三，基于集成的服务器、存储设备、操作系统、数据库管理系统，实现具有良好的稳定性、扩展性的大数据一体机。

②多数据中心的协同管理技术是大数据研究的另一个重要方向。通过分布式工作流引擎实现工作流调度、负载均衡，整合多个数据中心的存储和计算资源，从而为构建大数据服务平台提供支撑。

③大数据隐私性技术的研究，主要集中于新型数据发布技术，尝试在尽可能少损失数据信息的同时最大化地隐藏用户隐私。但是，数据信息量和隐私之间是有矛盾的，因此尚未出现非常好的解决办法。

（4）大数据应用和服务技术

大数据应用和服务技术主要包含分析应用技术和可视化技术。

①大数据分析应用主要是面向业务的分析应用。在分布式海量数据分析和挖掘的基础上，大数据分析应用技术以业务需求为驱动，面向不同类型的业务需求开展专题数据分析，为用户提供高可用、高易用的数据分析服务。

②可视化通过交互式视觉表现的方式来帮助人们探索和理解复杂的数据。大数据的可视化技术主要集中在文本可视化技术、网络可视化技术、时空数据可视化技术、多维数据可视化技术和交互可视化技术等方面。在技术方面，主要关注原位交互分析（Insitu Interactive Analysis）、数据表示、不确定性量化和面向领域的可视化工具库。

3. 大数据应用架构

大数据应用是其价值的最终体现，当前，大数据应用主要集中在业务创新、决策预测和服务能力提升等方面。从大数据应用的具体过程来看，基于数据的业务系统方案优化、实施执行、运营维护和创新应用是当前的热点和重点。

大数据应用架构描述了主流的大数据应用系统和模式所具备的功能，以及这些功能之间的关系，主要体现在围绕数据共享和交易、基于开放平台的数据应用和基于大数据工具应用，以及为支撑相关应用所必需的数据仓库、数据分析和挖掘、大数据可视化技术等方面。

大数据应用架构以大数据资源存储基础设施、数据仓库、大数据分析与挖掘等为基础，结合大数据可视化技术，实现大数据交易和共享、基于开放平台的大数据应用和基于大数据的工具应用。

大数据交易和共享，让数据资源能够流通和变现，实现大数据的基础价值。

大数据共享和交易应用是在大数据采集、存储管理的基础上，通过直接的大数据共享和交易、基于数据仓库的大数据共享和交易、基于数据分析挖掘的大数据共享和交易三种方式和流程实现。

基于开放平台的大数据应用以大数据服务接口为载体，使数据服务的获取更加便捷，主要为应用开发者提供特定数据应用服务，包括应用接入、数据发布、数据定制等。数据开发者在数据源采集的基础上，基于数据仓库和数据分析挖掘，获得各个层次应用的数据结果。

大数据工具应用主要集中在智慧决策、精准营销、业务创新等产品工具方面，是大数据价值体现的重要方面。结合具体的应用需要，用户可以结合相关产品和工具的研发，对外提供相应的服务。

第二节　大数据战略与组织

一、企业制定大数据战略的要点

大数据已经成为企业战略转型的新机遇，如何实现大数据背景下的成功转型，成为企业决策者和管理者面临的现实问题。人力、物力、财力、技术和数据是否足以支撑企业成功实现大数据战略转型？这些因素当然重要，但如果想把大数据的价值完全释放出来，企业必须深入地思考以下三个关键点。

（一）融合业务需求

大数据的应用一定是问题和需求驱动的。我们的企业或政府面临哪些需要迫切解答的业务或社会问题，但采用现有的分析方法或专家的经验还是难以找到合适的解决方案，在这种情形下，如果应用大数据能够解决问题，那么大数据与业务融合的需求就出现了。

（二）建立大数据价值实现的蓝图

大数据价值实现的过程不是一个有时间节点的工作。若要真正把大数据的价值完全释放出来，企业必须在这个过程中有规划地分阶段实施大数据项目。大数据价值实现过程分成以下四个阶段：业务监控和探查、业务优化、数据货币化及驱动业务转型。

第一阶段是业务监控和探查。整合企业内部数据，并让企业各个级别的员工都能运用数据帮助他们在业务和运营上更有效地决策及工作。招商银行在建立大数据应用体系的过程中，始终围绕着平台建设、数据获取和应用创新这三个基本点开展工作，不在乎数据量的大小，而在乎数据的实用性。

第二阶段是业务优化。通过整合企业的内部和外部数据，并建立预测模型，企业可以找出最有价值的市场、客户、产品及人力资源，让有限的企业资源能被配置到回报最大的地方。

第三阶段是数据货币化。除了优化企业现有业务外，第一及第二阶段累积下来的数据可以进一步整合及释放它们的价值。例如，销售商品的电子商务企业可以分析哪类人群最有可能购买保险，然后把这些人员名单推荐给保险公司，获取利润。

第四阶段是驱动业务转型。第一到第三阶段累积下来的数据再进一步被整合和利用，产生一种新的商业模式，或者形成一个新的行业。

要开始贯彻执行一个大数据价值的实现过程，必须规划好以上四个阶段，才能真正把大数据的价值完全释放出来。

（三）融合企业组织和战略

大数据项目失败的原因有很多，但组织、文化及大数据治理是最大的挑战。开始执行一个大数据价值实现过程时，企业必须有策略、有步骤地展开。例如，大数据项目由哪个部门负责？企业领导及各个层级的员工有多了解和支持大数据项目？如何处理公司政治及权力斗争对大数据项目的影响？数据由哪个部门拥有及制定有关的数据安全与隐私？解决这些问题需要一个与企业战略一致的大数据战略，把大数据的价值与企业的使命联系在一起，让员工都能看得到这个关联性。

培养数据驱动的企业及信任数据的文化也是重要的。成立跨部门委员会是管理企业大数据价值实现过程最有效的方法。跨部门委员会能统筹及整合企业资源，将大数据资源配置到那些最重要的需求部门。跨部门委员会的另一个重要责任是配合公司治理，制定大数据治理政策、流程、员工培训及问责机制。

二、大数据战略对组织的影响

（一）组织架构设计要素

"架构必须服从于战略"这句话表明了战略和组织架构的关系。企业战略的演变必然要求适时调整组织架构，而所有组织架构的调整都是为了提高企业战略的实现程度。组织架构决定了企业内部人员的划分方式，组织架构的设计既要鼓励不同部门和不同团队保持独特性以完成不同任务，还要能够将这些部门和团队整合起来为实现企业的整体目标而合作。组织架构的设计就是将权利和义务进行分配和确定，并采用适当的控制机制实现企业的战略。

（二）大数据战略对组织架构设计的影响

企业总体战略和大数据战略之间保持对应，而战略与组织架构也存在联系。近年来，随着大数据治理问题得到越来越多的重视，企业有必要考虑大数据战略，由此衍生出相应的组织架构，因此形成了业务战略和大数据战略对组织架构的影响，这种影响包括对组织业务流程，以及与大数据治理相关的组织架构的影响。

战略对组织架构的影响是通过组织架构设计的三大要素（决策权力、控制和授权）发生作用的。从治理的角度理解大数据，本质是大数据成为企业的一项重要资产，需要进行相应的管理和开发，而这项工作的顺利完成，需要设置相应的决策权、控制和授权。

1. 决策权

一旦涉及企业治理结构，会与股东会、董事会、监事会和经理阶层的权力分配模式产生联系。大数据治理带来的组织架构的影响，也体现在责权的分配方面，最典型的问题是大数据治理工作的责任及其相关权力的划分。

2. 控制

控制最直接的表述，就是做到有奖有罚，主要是指绩效评估和激励。

绩效评估是指运用一定的评价方法、量化指标及评价标准，对某一部门实现其职能及预算的执行结果进行的综合性评价。大数据治理的绩效评估就是对大数据相关责权方的工作成果进行评估。在开展大数据治理的背景下，绩效评估需要把和大数据治理相关的工作内容纳入绩效评估的体系中。以某大型能源企业集团为例，为了促进主数据建立工作，他们把主数据的质量作为一项重要的考核指标纳入信息与数据治理部的治理小组工作人员主要绩效指标考核中，对主数据的建立工作发挥了重要的推动作用。

激励是指激发人的行为的心理过程。激励这个概念用于大数据治理，是指激发员工开展大数据治理的工作动机，也就是说，用各种有效的方法去调动员工的积极性和创造性，使员工努力去完成大数据治理的组织任务，实现企业在大数据治理方面的目标。激励不但需要采取物质奖励，还应该不断培养员工，满足他们学习和成长等方面的需求。

3. 授权

如果说决策权强调权力的分配，那么授权强调的是权力分配的过程。在授权的过程中，决策者要权衡利弊，做出相对满意的决策。授权的过程需要着重考虑的因素包括管理者管理幅度、业务的丰富程度、管理者获取大数据治理详细信息的难易程度、大数据治理授权可能引起的代理成本、大数据治理采用集权方式所带来的挑战、现有资源对大数据治理的支持程度等。例如，当前大部分公司对大数据治理的相关工作还处于探索阶段，因此往往把大数据及大数据治理的业务授权给 IT 部门。包括太平洋保险集团等多家公司，建立了隶属 IT 部门的数据洞察部，负责数据和大数据的开发和应用，这种授权方式与大数据的业务丰富程度有关，也就是说当前企业的业务和资源还不足以建立一个完整的数据管理和治理的部门。

在大数据时代，企业的组织架构越来越突出地表现为以下的趋势：企业出现了越来越多的中心，即去中心化；组织架构设计中，自下而上的沟通受到越来越多的重视；沟通方式越来越扁平化。

去中心化并不是不需要中心，而是出现越来越多的中心。中心化（Centralization）和去中心化（Decentralization）是集权与分权的表现形式。在互联网上，就是指从我说你听的广播模式向人人都有话语权的广播模式转变。

在大数据治理的环境下，与传统的自上而下的沟通方式相比，自下而上的沟通方式越来越重要。传统的组织架构中侧重上级信息的向下传达，而大数据背景下，普通用户的话语权得到了极大的提高，他们的声音也受到了前所未有的重视。因此，自下而上的信息沟通变得越来越普遍，成为企业信息沟通的重要形式。

在大数据时代，企业内部的沟通方式发生了根本性的变化，电子邮件、微博、微信、即时通信工具等方式成为企业内部沟通的重要方式和工具。运用这些方式和工具，企业内部成员之间充分和高效地沟通，沟通方式变得越来越扁平化。

第三节　大数据安全、隐私与管理

一、大数据安全防护

大数据的安全性直接关系到大数据业务能否全面地推广。大数据安全防护的目标是保障大数据平台以及其中数据的安全性，组织在积极应用大数据优势的基础上，应明确自身大数据环境所面临的安全威胁，由技术层面到管理层面应用多种策略加强安全防护能力，提升大数据本身及其平台的安全性。

CSA 针对大数据安全与隐私给出了 100 条最佳实践，可以为大数据的安全防护实践提供一定的指导和参考，其中前十条简述如下。

第一，通过预定义的安全策略对文件的访问进行授权。

第二，通过加密手段保护大数据安全。

第三，尽量用加密系统实现安全策略。

第四，在终端使用防病毒系统和恶意软件防护系统。

第五，采用大数据分析技术检测对集群的异常访问。

第六，实现基于隐私保护的分析机制。

第七，考虑部分使用同态加密方案。

第八，实现细粒度的访问控制。

第九，提供及时的访问审计信息。

第十，提供基础设施的认证机制。

大数据技术作为 IT 领域的新兴技术，面临新的安全挑战：一方面，其安全防护需要新的管理和技术手段；另一方面，大数据技术也给安全防护技术领域带来了新方法。

（一）大数据安全防护关键技术

大数据安全已经成为计算机领域的热点之一，目前大数据安全防护关键技术主要包括以下四个方面。

（1）大数据加密技术。

（2）访问控制技术。

（3）安全威胁的预测分析技术。

（4）大数据稽核和审计技术。

（二）大数据分析技术带来安全智能

大数据时代的信息安全管理必须基于连续监测和数据分析，对态势感知要频繁到分钟时刻，并且要实现快速数据驱动的安全决策。这意味着大型机构已经进入了大数据安全分析的时代。

1. 安全管理成熟度提升面临的难题

（1）新威胁的数量指数级增加

由于日复一日的网络威胁以指数级速度继续增加，首席信息安全官（CISO）最关注的是有针对性和先进的恶意攻击，如高级持续安全威胁（APT）。

（2）IT 快速变化

基于风险的安全取决于对每个部署在网络上的 IT 资产的理解程度。这种类型的理解非常困难，尤其是当前 IT 一直在推出新的举措，如服务器/终端的虚拟化、云计算、移动设备支持和 BYOD 方案。更糟糕的是许多新的 IT 计划是基于不够成熟的技术，容易出现安全漏洞，可能与现有的安全策略、控制或监视工具不配合。例如，智能手机和平板电脑等移动设备，在策略实施、安全管理、发现/管理敏感数据和恶意软件/威胁管理上面临一系列的挑战。不断采用新的技术会将不确定性和复杂性引入安全管理中。

2. 传统的安全监测和分析工具已逐渐成为瓶颈

除了技能以外，误报和手动流程也值得注意。随着时间的推移，这种修补式的安全防护机制导致安全基础设施由许多间断的、以点为基础的事件检测/响应工具构成。

战术驱动的企业 IT 安全始终效率低下，但即使这样，它还是对如通用恶意软件、垃圾邮件和业余黑客等威胁提供了相当充足的保护。不幸的是，现有的安全系统往往是外围和基于签名的，不能应对当前的潜在威胁。

（1）安全分析工具跟不上今天的数据采集和处理的需要

这些趋势将继续，安全驱动的企业分析、调查和建模需要定期采集、处理和分析在线的 PB 级安全数据。传统的安全信息和事件管理（SIEM）平台往往基于现成的 SQL 数据库或专用的数据存储，而不能对海量的数据进行处理。安全分析技术的不足拖慢了事件检测/响应的效能，并增加了 IT 风险。

（2）组织缺乏安全全景视图

安全分析工具往往对明确的威胁类型（如网络威胁、恶意软件威胁、应用层威胁等）或特定的 IT 基础设施的地点（数据中心、校园网、远程办公室、主机等）提供监测和调查功能，这迫使 CISO 们通过众多的安全工具、报告和个别安全人员去拼凑一个企业的安全全景视图。这种方法很麻烦和很费力，而且不能准确地提供风险信息，也不能实现跨越网络、服务器、操作系统、应用程序、数据库、存储和分散在整个企业端点设备的事件检测/响应。

（3）现有的安全分析工具过分依赖定制和人力智能

企业安全分析是复杂的，需要具备专业的技能和丰富经验的信息安全人员。因为许多安全分析系统需要高级信息安全人员，他们需要不断细调和定制这些工具。然而这样的人才供不应求，因此不堪重负的安全专业人员迫切需要的是能提供更多智能而不是更多定制工作的安全工具。

（4）事件响应分析没有实现自动化

在大多数情况下，安全分析工具仍然独立于安全处置系统。这通常意味着如果没有安全处置自动化，就无法快速或可靠地解决安全事件。因此，在分析师检测到问题时，他还必须手动与其他安全或 IT 操作人员协调，以修复活动和关联的工作流。这增加了操作开销，也增加事件响应所需的时间。如果事件处置工作还需要包括非 IT 组织，如法律、人力资源和业务所有者，响应时间只会更加糟糕。

3. 进入大数据安全分析时代

随着网络犯罪和针对性攻击不断发展，社交工程、隐蔽性恶意软件和应用程序漏洞利用等攻击方式的能力不断提高，企业只能采取新的安全策略和防御措施。

在未来几年内，这些新的问题将会导致安全技术转型。组织将继续使用预防性的策略，如在防火墙后面部署服务器，删除不必要的服务和通用的管理员账户，利用签名扫描已知的恶意软件和修补软件漏洞。但单独使用这些防御技术是不够的，为了增强安全能力，组织将采用新的安全分析工具，执行不断监测、调查、风险管理和事件检测/响应工作。

在存储、处理和分析大数据方面的技术进步包括：

（1）近年来，迅速减少了存储和 CPU 电源的成本；

（2）数据中心和云计算的弹性计算实现了良好的成本效益；

（3）类似 Hadoop 的新框架允许用户通过灵活的分布式并行处理系统计算和存储海量数据。

这些进展导致了传统数据分析和大数据分析之间的一些明显差异。大数据安全分析不是大数据技术的简单合并（如事件、日志和网络流量）。大数据安全需要收集和处理许多内部和外部的安全数据源，并快速分析这些数据，以获得整个组织的实时安全态势。一旦分析了这些安全数据，下一步就是使用这种新的智能作为基线，调整安全战略、战术和系统。

大数据分析技术可用来改进信息安全和态势感知能力。例如，可以使用大数据来分析金融交易、日志文件和网络流量，以识别异常和可疑活动，并将多个来源的信息关联到一个全景视图。

4. 大数据安全分析技术变革

大数据安全分析的目的是提供一个全面和实时的 IT 活动视图，以便安全分析师和高管都可以做出及时的基于数据驱动的决策。从技术角度看，这需要新的安全系统具备以下特性：

（1）大规模处理

安全分析和取证引擎需要有效地收集、处理、查询和解析 TB 至 PB 级数据，包括日志、网络数据包，威胁情报、资产信息、敏感数据、已知的漏洞、应用活动以及用户行为。这就是类似 Hadoop 的大数据核心技术很适合新兴的安全分析要求的原因。此外，大数据安全分析可能会部署在分布式体系中，因此底层技术必须能够实现大量分布式数据的分析。

（2）高级智能

最好的大数据安全分析工具将成为智能顾问，利用正常行为的模型，适应新的威胁/漏洞。为此，大数据安全分析将提供组合的模板、启发式扫描，以及统计和行为模型、关联规则、威胁情报等。

（3）紧密集成

为了适应不断变化的安全威胁，大数据安全分析必须与 IT 资产进行互操作，并利用自动化实现安全智能。除此之外，大数据安全分析还应与安全控制策略紧密集成并实现自动化。在安全分析时，来自移动设备的网络流量异常也应提供安全检测。理想情况下，安全分析系统可用于自动执行事件处置活动，以作为紧急情况下的一种主动防御形式。

一个全面实时的安全态势感知、大数据安全分析系统将成为应对风险管理和事件检测/响应的重要手段，如法规遵从性、安全调查、控制跟踪/报告和安全性能指标。

5. 大数据分析的挑战

（1）数据溯源用于分析数据的真实性和完整性。大数据可以追溯它使用的数据源，每个数据源的可信度都需要验证。

（2）保护大数据存储。一方面是大数据存储环境的安全，另一方面是大数据本身的安全。

（3）人机交互。大数据可能有助于各种数据源的分析，但相比用于高效计算和存储开发的技术机制，大数据的人机交互没有受到重视，这是个需要增强的领域。使用可视化工具帮助分析师了解他们的系统是一个良好的开端。

6. 以大数据安全分析获得安全智能

数据驱动的信息安全可以回溯到银行欺诈检测和基于异常的入侵检测系统。欺诈检测是最明显的大数据分析应用。信用卡公司几十年来一直在进行欺诈检测，然而采用专门定制的基础设施实现大数据欺诈检测是不经济的。现成的大数据工具和技术关注医疗和保险等领域的欺诈检测分析。

在入侵检测的数据分析背景下，出现了以下演化过程。

第一代：入侵检测系统。安全架构师实现了分层安全的需要，因为具有100%安全保护的系统是不可能的。

第二代：安全信息和事件管理（SIEM）。管理来自不同入侵检测传感器的警报和规则是企业配置的一个重大挑战。SIEM系统聚合和过滤多个来源的警报，并向信息分析师提出可操作的信息。

第三代：大数据安全分析（第二代SIEM）。大数据工具的一个重大进展是有潜力提供切实可行的安全智能，减少相关的时间、整合和背景多样化的安全事件的信息，也为取证目的提供相关的长期历史数据。分析日志、网络数据包、系统事件一直是一个重大问题，然而传统技术不能提供可以长期和大规模分析的工具，原因如下。

（1）存储和保留大量的数据在经济上不可行。因此，在一个固定的保留期之后（如60天），大多数会有删除事件日志和记录的其他计算机活动。

（2）在大型结构化数据集上执行分析和复杂查询的效率是很低的，因为传统的工具没有利用大数据的技术。

（3）传统的工具没有设计分析和管理非结构化数据。因此，传统的工具有刚性的定义架构，而大数据工具（如Pig Latin脚本和正则表达式）可以查询灵活的格式中的数据。

④大数据系统使用集群化的计算基础设施，因此系统更加可靠和可用。新的大数据技术，如与 Hadoop 生态系统处理有关的数据库，使大型异构数据集的存储和分析以空前的规模和速度发展，这些技术将改变以下安全分析：从许多企业内部来源和外部来源（如漏洞数据库）大规模地采集数据，对数据进行深入分析，提供一个与安全相关的整合的信息全景视图，实现数据流的实时分析。

值得注意的是，即便有了大数据工具，仍然需要系统架构师和分析师们很了解他们的系统，以便适当配置大数据分析工具。

发现和应对威胁所花的时间越多，违约的风险也就越大。安全智能的主要目标是在正确的时间和适当的范围内为客户提供正确的信息，以显著减少检测和响应破坏网络威胁的所需时间。衡量一个组织的安全智能有效性的两个关键指标是平均检测时间和平均响应时间。平均检测时间（Mean Time To Detect，MTTD）是指平均花费在识别威胁，需要进一步分析和应对工作的时间；平均响应时间（Mean Time To Response，MTTR）是指平均花费在响应，并最终解决事件的时间。

二、大数据合规管理

大数据的存储和应用发生了新的变化。随着国内外监管要求的不断深入，大数据合规管理面临着更加严峻的挑战。

（1）有许多大数据法规遵从性要求。目前的合规要求包括公安部对信息系统安全等级保护的要求、国际标准 ISO 27001 对信息安全管理体系的要求、工业和信息化部对客户信息安全保护的要求、网络信息办公室对即时通信工具服务的要求等。

（2）大数据合规管理需要采取更加规范和严谨的方法。如上所述，大数据的安全风险是巨大的。为了保证大数据的合规性，需要更全面、更细致地梳理企业对大数据合规性的要求，采用有效的技术手段和系统平台支持大数据的合规管理，确保大数据的持续合规。

对于大数据企业来说，合规管理一旦出现问题，可能会影响企业的正常经营活动，甚至给企业带来灾难性的后果。

（3）不同主权国家的合规要求不同。在大数据时代，数据跨地区甚至国界流动成为常态。数据合规管理作为数字资产的核心，面临着跨境监管的要求，问题十分突出，但尤为重要。针对科技发展带来的隐私问题，近年来，欧盟、美国等加快调整隐私保护理念，寻求建立新的隐私与合规管理规则。

第四节　大数据服务

一、大数据的服务创新

（一）大数据的服务创新途径

大数据需要和创新方法进行融合，才能在组织的业务创新中体现出来，这就需要能够清晰地认识到大数据与业务服务的关系。

互联网特别是移动互联网的发展，加快了信息化向社会经济各方面、大众日常生活的渗透，人们在互联网以及物理空间上的行为轨迹、检索阅读、言论交流、购物经历等都可能被捕捉并形成大数据，这些大数据宝藏的开发与应用存在巨大的挑战与机遇。

恰恰是大数据应用的挑战给大数据企业带来了巨大的服务创新机遇。企业需要将大数据与业务融合，通过创新的方式发现新的模式、新的产品、新的服务。将大数据应用于企业内部时，用大数据解决企业遇到的问题、提升产品的质量、整合企业内外部数据为企业的战略决策提供依据。将大数据应用于企业外部时，发挥企业自身优势，为其他企业提供创新服务，帮助其他企业解决问题与困难，增加企业收益。

大数据不仅是一种海量的数据存储和相应的数据处理技术，更是一种思维方式、一项重要的基础设施、一场由技术变革推动的社会变革。大数据技术可运用于各行各业，如在制造行业，企业可以分析产品质量情况、市场销售状况及如何提升产品质量；在服务行业，企业可以分析客户满意度，然后对服务过程进行改进，也可用大数据分析客户的需求，创造新的服务模式，增加客户黏度或者提升品牌口碑。大数据服务创新应以用户需求为中心，在大数据中蕴藏的巨大价值引发了用户对于数据处理、分析、挖掘的巨大需求。大数据服务创新可通过以下四个途径实现。

（1）使用大数据技术从解决问题的角度进行服务创新。

（2）使用大数据技术从整合数据的角度进行服务创新。

（3）使用大数据技术从深入洞察的角度进行服务创新。

（4）从纯大数据技术的角度进行服务创新。

（二）大数据服务的商业价值

大数据商业价值转化可分为两大类：一类是业务视角，通过大数据与市场、行业等融合实现商业价值的转换，典型的应用包括战略决策、数据整合、精准营销、提升品质等；另一类是技术视角，也就是从大数据本身的处理加工实现商业价值，内容包含数据、技术、处理、应用等。

1. 业务视角

大数据商业价值实现的业务视角实质上是大数据与市场、行业融合，通过大数据技术整合企业内外部数据，加之快速处理分析能力，为企业的高层提供分析报表以制定正确的战略决策，并帮助企业提升产品质量、服务满意度；通过大数据技术还可对顾客的特征进行分析与洞察，针对不同的顾客采用不同的营销手段，推销不同的产品和服务，让顾客感受贴心服务，增强客户黏度，从而提升成单率，实现企业增收。根据 IDC 和麦肯锡对大数据研究的总结，大数据主要从四个方面体现巨大的商业价值：一是运用大数据预测市场趋势，科学制定战略决策，发掘新的需求和提高投资回报率；二是运用大数据整合与集成业务数据，联通数据孤岛，促进大数据成果共享，提高整个管理链条和产业链条的投资回报率；三是通过大数据实现精准营销，对顾客细分，然后针对每个顾客群体采取独特的营销策略；四是企业实施大数据促进商业模式、产品和服务的质量提升与创新。

（1）运用大数据预测市场趋势，科学制定战略决策。大数据分析技术使得企业可以在成本较低、效率较高的情况下，实时地把数据连同交易行为的信息进行储存和分析，获取准确的市场趋势走向，并将这些数据整合起来进行数据挖掘，通过模型模拟来判断何种方案投入回报最高，企业据此可做出合理的战略决策，从而使企业在市场竞争中处于有利位置。通常而言，买家在采购商品前，会对比多家供应商的产品，反映到阿里巴巴网站统计数据中，是查询点击的数量和购买点击的数量会保持一个相对的数值，综合各个维度的数据可建立用户行为模型。因为数据样本巨大，用户行为模型具有极高的准确性，当询盘数据下降，自然导致买盘的下降。

（2）运用大数据整合与集成业务数据，联通数据孤岛，促进大数据成果共享，提高整个管理链条和产业链条的投资回报率。通过大数据技术整合企业内外部数据，分析企业在市场竞争中的优势，预测市场存在的风险，合理规避风险，为企业健康稳健发展提供大数据依据。大数据具有能够处理多种类型数据的能力，集成多个数据源，联通数据孤岛，使一盘散沙的各色数据形成合力，为企业的战略决策、精细化管理提供数字依据。

（3）通过大数据实现精准营销，对顾客细分，然后针对每个顾客群体采取独特的营销策略。通过大数据深入洞察客户需求，精准营销产品，提供更为贴心的服务，提升客户黏性，增加企业销售额，获取更多的利润。瞄准特定的顾客群体进行营销和服务是商家一直以来的追求，大数据可以将顾客依据行为特征进行分组，同一组的顾客具有相同的行业喜好，这组顾客就会对同样的产品有需求。

（4）企业实施大数据促进商业模式、产品和服务的质量提升与创新。互联网企业具有形成大数据的网络条件和用户基础，因此大数据在互联网行业应用的商业价值已经凸显，互联网行业也成为大数据商业模式创新、产品创新、服务创新的领跑者，如电商平台的小额信贷服务、搜索引擎的关键字销售、社交网络的广告服务等。因此，互联网行业也成为金融、电信、实体零售等行业追学赶超的对象。

电商平台通过分析用户的历史交易记录，评估用户的信用等级，计算信用额度，为用户提供无抵押的贷款服务，并且将贷款审批时间缩短为几分钟，还支持随时还款，为用户解决了交易中资金不足的燃眉之急，电商平台因提供小额信贷服务也获得了丰厚利息回报。同样，搜索引擎企业通过卖关键词排名获取高额利润，社交网络通过投放广告实现巨额利润，如微博、微信朋友圈等广告。

企业通过实施大数据，实现精细化管理，从而提升产品质量，提升服务满意度，提高投资回报率。

2. 技术视角

从大数据商业价值的技术视角看，大数据本身就蕴藏着商业价值，可以从数据、技术、处理、应用四个方面挖掘大数据的商业价值。如通过数据交易实现收益；有些企业因有大量数据但缺乏大数据技术而购买大数据挖掘工具，弥补大数据实施的不足，典型代表如金融企业；还有一些企业有大数据，也有大数据技术，但缺少满足市场需求的应用解决方案，如数字营销、战略决策、精细化管理等，因此围绕大数据周边的咨询、培训等解决方案供应商如雨后春笋般大量涌现。

二、大数据的服务内容

互联网技术的发展，同时促进了其他产业的升级与改造，典型的代表是智能手机的出现及迅速普及，人们可以随时随地上网，获取信息、发布信息，导致信息的爆炸式增长，导致企业的传统流程或工具无法处理或分析信息，超出企业的正常处理能力，迫使企业必须采用非传统处理的方法。大量的信息对企业的 IT 运行环境、网络带宽、数据能力等都提出新的要求。人们称这样的大量信息、大量数据为"大数据"。

伴随着大数据技术的出现，由于大数据技术是具有复杂度的新兴技术，使用上有一定的难度，在各个行业还缺少成功的经验与参考的模式下，各大行业还在摸索大数据行业应用经验。

企业有了大数据，有了大数据技术，更重要的是发挥大数据的价值，为企业增加营收、带来利润，而非成为企业的负资产。通过大数据技术在企业中的应用，可以解决企业决策难、企业管理疏漏等问题，降低企业成本，促进企业科学化、数据化决策，并且及时准确把握市场走向，为企业的市场竞争保驾护航。

大数据的数据量大，需要 PB 级别的存储，并且为保证数据的安全性、可靠性、易维护性，常采用多份副本机制，并且大数据存储采用商用 x86 服务器，实现大数据实时在线，方便检索与快速访问，因此需要管理成百上千台，甚至上万台的服务器。如此之多的商用服务器会产生两方面的问题：一是这些服务器放在哪里的问题，企业是自建数据中心还是租用机房；二是如何管理这些服务器的问题，是人工管理还是自动化管理。为此，云计算必然成为大数据的底层支撑，并已经为以上的问题提供了解决方案。

云计算为大数据提供了基础设施，以及基础设施的运维与管理；大数据技术为大量数据提供了大存储、大处理、大数据分析等能力；大数据又为企业的精细化管理、战略决策、互联网营销、物联网、互联网金融等提供了商业支撑，以便企业高层管理者在做决策时有据可依，通过大数据敏锐地洞察市场趋势、企业经营状况等细微变化，为企业做出正确、有前瞻性的决策提供数据依据。

在价值互联网营销精细化管理商业模式中，互联网金融的核心是数据，数据的规模、有效性和运用分析数据的能力是决定互联网金融成功与否的关键，并且数据的真实性关乎互联网金融下所有衍生商业模式的风险。在互联网金融发展的过程中，必须将数据列为互联网金融的核心竞争力，以数据转化为信用来评价人或者产业的价值，降低金融行业经营风险、扩大金融服务受众。

通过采用大数据技术，企业可以在以下方面获益：数据集成、精细化管理、战略决策、互联网营销等。

（一）面向业务的大数据服务

1. 战略决策

在传统的企业经营活动中，企业管理者依据独立的内部信息和对外部世界的简单直觉制定企业战略决策，而科学地预测市场并制定战略决策是极为困难的事情。随着互联网时代的到来，尤其是社交网络、电子商务与移动互联的快速发展，导致传统的决策方式受到极大的挑战，甚至已经无法做出正确的判断。

企业通过合作，可以组建信息供应链，获取可执行的信息，从而促进创新和战略转变，获得竞争优势。可执行的信息包括公司、环境、竞争对手和客户的整体数据,使决策者能够对动态的竞争环境做出快速反应。

战略决策的制定并不是一成不变的。因市场竞争激烈,瞬息万变,需要有敏锐的洞察力,随着市场的变化及时调整企业战略目标和战略布局。机遇转瞬即逝,风险随时存在,要利用大数据的敏锐洞察力,先知先觉,采取有效方案,发挥优势,避开风险,使企业在市场竞争的大潮中,乘风破浪,茁壮成长,永续经营。同样,只注重市场而不注重企业自身特点,或者只注重企业自身特点而不注重市场,企业战略决策将会失去平衡。因此,制定企业战略目标的前提是收集大量的数据,综合分析业务,企业内部管理、企业外部市场要全面考虑。不难想象,如此宏大的数据,数据安全存储和及时分析都是传统 IT 解决方案无法满足的,但这正是大数据的优势,大数据为企业战略决策提供了可行的解决方案。

大数据给企业战略决策提供了新思路和新方法,为企业战略决策提供了大量、全面的数据支持,帮助企业准确、快速预测市场趋势,制定战略决策,调整企业战略布局,发挥企业优势,使企业处于有利的地位,为企业制定合理、成功、理智的战略决策提供了保证。

2. 精细化管理

随着世界经济的快速发展,市场竞争越来越激烈,人们意识到早些年的粗放式发展方式已经不再适应当今激烈竞争的市场环境,随着物质资源变得稀缺,人力成本提升,企业需要通过严格精准的业务流程、产品质量、服务模式,充分发挥物质资源、人力资源的价值,减少不必要的消耗与浪费。

科学化管理有三个层次:第一个层次是规范化,第二层次是精细化,第三个层次是个性化。精细化管理是建立在常规管理的基础上,是社会分工精细化、服务质量精细化的管理理念,是一种以最大限度地减少管理所占用的资源和降低管理成本为主要目标的管理方式,并将常规管理引向深入的基本思想和管理模式。

随着企业对精细化管理的应用,管理专家总结了企业精细化管理实施方案。

实施方案分为以下六个步骤:

(1)利用平衡记分卡方法实现企业战略目标管理;

(2)目标的 SMART 原则;

(3)流程优化和管理的目视化;

（4）有效的业绩管理机制；

（5）学习型组织的建立；

（6）员工参与和持续改进文化。

没有大数据支撑的精细化管理是一个伪命题。大多数企业实施了精细化管理，但是企业还是原来的状态与能力，没有得到质的飞跃，在企业中已经实施了先进的管理理念和管理体系，只能解决表面上的某些问题，而不能将绩效、业绩进行本质的提升，甚至有些业务采用了精细化管理反而导致工作效率的降低。跟踪业务流程，分析各个环节，发现企业战略被层层分解，分解为员工的事务性工作，员工完成工作后提交，领导大多数会看一下，主观地给出是否完成的结论，而不是依据工作完成的质量数据或者验收数据为基础做出判断。而在系统整合集成时或者投入市场后出现各种问题，市场无法接受低品质的产品与服务，导致企业绩效、业绩无法提升。造成以上问题的主要原因有两个：一是 20 世纪 50 年代提出的精细化管理是一种理念，是理想的状态，在理想与现实之间存在鸿沟，而这个鸿沟持续多年均未找到有效的解决方案；二是管理者意识到能够准确地判断事务性工作的质量，并给出合理的判断与评价，需要参考历史成功的案例，而因历史原因这些数据并未得到有效的收集与管理，在需要时无法及时获取，管理者只能通过主观或者凭借经验给出结论。更多的时候，在没有历史数据参考的情况下，很难给出验收标准，并且碍于同事之间的感情，人为的感情因素占据上风，甚至给出错误的验收结果，给公司、企业的整个战略实现埋下了隐患。

如何弥补鸿沟和提升工作质量呢？解决问题的方式就是充分利用企业多年积累的数据。收集业务数据，并且通过分析与挖掘，找到成功的或者优化的解决方案，形成标准，形成经验库，为将来的准确控制提供数据依据，如验收标准、整合标准、战略分解经验库等。在做战略分解时，直接使用经过多年使用已经完善的分解方案，提升工作效率，提升战略达成率；尤其对政府和企事业单位经常更换领导，可避免乱指挥的现象，形成政府管理经验积累。

大数据为精细化管理提供了收集数据、管理数据的优秀解决方案。企业在实施精细化管理时，很想收集业务数据信息，这些数据量很大，并且还包含半结构化、非结构化数据，在当时无法分析与处理，并且占用昂贵的存储空间，因技术限制与成本问题，企业都没有收集。大数据技术的出现与发展，为企业收集大量的数据提供了条件，无论数据类型，无论数据多少，大数据都可以低成本地收集与存储，并且提供高效的分析处理与挖掘技术，为企业的精细管理提供 IT 技术保障，弥补精细化管理理念与战略实现之间的鸿沟。

3. 精准营销

收集用户行为日志，互联网具有天生优势：广泛互联网接入，用户群广泛，接入方式多样，如 PC、智能终端、移动设备等；用户行为数据容易捕捉，如点击操作、查看操作、聊天内容、询盘记录、交易记录、文件存储、搜索内容等。而其他的行业却难以做到用户行为信息收集，如金融行业等，原因在于双方达成协议之后，发生金融交易时，才会进行账务交易，金融行业收到的只是结果，甚至双方交易的原因也是无法获取的，而大部分交易是通过现金完成的，金融行业是无法捕捉这部分信息的，而这部分信息恰恰占有很大的比重。相对于金融行业来讲，电信行业更有优势，通过通话记录、短信记录、信令机制、流量数据等可以了解用户的行为，如通过信令机制可以知道用户的行动轨迹、开关机时间等，流量数据可以知道用户常用的软件等。不过这些对于单个用户来讲是用户隐私，在做数据采集与分析时，要保证用户的隐私安全，防止信息泄露，对业务造成影响，导致客户流失。

大数据时代的来临，为互联网精准营销提供了技术基础。商业信息积累得越多，价值也越大，大数据战略不仅要掌握庞大的数据量，而且还要对有价值的数据进行专业化处理。大型互联网企业通过收集用户操作日志进行分析处理、大数据挖掘，从而获取用户的个人偏好，建立用户网络肖像，将推荐结果与个人网络肖像相结合生成个性化推荐结果，因此所有的推荐结果都是客户最想要的，为客户节约大量的时间，客户的体验更好，会更喜欢访问网站，进而提升客户留存率。其中，大数据应用最好的大型互联网企业典型的代表有电商平台、搜索引擎、社交网络等。

（1）大数据电商

电商平台的大数据技术应用最为成功、最为深入。电商平台通过使用大数据，能够做到精准营销，提升转化率，预测市场趋势，提高流量为商家提供客源等。充分利用电商平台的海量数据，可以支持商家营销，使卖家准确找到自己的买家，管理自己的客户，直接提升营销效果。

用户在使用电商平台的过程中，搜索了什么产品、点击了什么产品，看了什么产品、在产品页面上停留了多少时间、最终购买了什么产品，这些数据都会被系统记录。电商平台也会利用用户的从众心理，推荐当前热销的产品，从而增加成交机会，提升转化率。

（2）大数据搜索

第一批将大数据技术实现并应用于生产环节的代表是搜索引擎企业。最早的应用公司是谷歌公司，谷歌最初想建立万维网的索引，因此通过网络爬虫捕捉网页内容，并将这些大量的网页内容进行存储。谷歌不仅存储了网页内容，还储存了人们搜索关键词的行为，精准地记录下搜索的时间、内容和方式。这些数据能够让谷歌优化广告排序，并将搜索流量转化为盈利模式。谷歌不仅能追踪人们的搜索行为，而且还能够预测出搜索者下一步将要做什么。换言之，谷歌能在用户意识到自己要找什么之前预测出用户的意图。抓取、存储并对海量人机数据进行分析和预测的能力，就是大数据最初在搜索引擎行业的应用。

传统的搜索引擎将广告内容简单排列，而如今通过大数据技术，搜索引擎已经转变为更懂人性和生活的科技营销平台。

（3）大数据社交网络

随着移动互联网时代的到来，社交网络（Social Network）已经普及，并对人们的生产生活产生重大影响，人们可以随时随地在网络上分享内容，获取新资讯，由此产生了海量的用户数据。社交网络的海量数据中蕴含着很多实用价值，需要采用大数据对其进行有效的挖掘。

大数据与社交网络的结合与深入应用，将会为企业带来更多的收益，为企业和社会带来更大价值。

4. 信息服务

（1）信用及信用体系服务

对信息提供资源性整合、提取、分类、分析出售是信息经济时代一个新型的商业模式。在大数据技术的驱动下，电商公司擅长数据挖掘分析技术，利用数据挖掘技术帮助客户开拓精准营销，公司业务收入来自客户增值部分的分成。

（2）社交网络信息服务

所谓社交网络是一种在信息网络上由社会个体集合及个体之间的联结关系构成的社会性结构。社交网络的诞生使得人类使用互联网的方式从简单的信息搜索和网页浏览转向网上社会关系的构建与维护，以及基于社会关系的信息创造、交流与共享。它不但丰富了人与人的通信交流方式，也为社会群体的形成与发展方式带来了深刻的变革。

5. 产品创新

产品创新是指开发创造某种产品或服务，或者对这些产品和服务功能或内容进行的创新。产品和服务往往是一个组织对外业务核心的交付物，常常关系着组织的战略或商业的成败。产品和服务的开发，当面对外部复杂的市场和生存环境时，会变成一件非常高风险的事，服务和产品的失败案例比比皆是。服务和产品创新离不开对客户和服务对象精准的需求满足，按照需求研制，以期提高成功概率。

大数据应用于服务和产品的创新主要呈现以下两种形态。

（1）现有服务赋予产品新含义

大多数组织都有自己的客户服务及产品管理系统，如客户关系管理（CRM）或企业关系管理（ERM）系统，这些系统为组织积累了大量已经发生和正在发生的客户数据，这些往往是组织优化产品和服务创新的基础数据。

当产品和服务在市场上出现波动时，就需求去整合分析客户满意度及需求的变化，实施产品功能优化或服务内容优化等。许多组织有大量的内部数据（现在基本上没有利用起来），可用来指导创新。

呼叫中心是组织服务的窗口，常常也是一个重要的大数据资源。许多组织能够有效利用跟客户之间服务过程的对话内容，搜寻可能表明需要推出新产品或改进旧产品的常见词，从而满足未得到满足的客户需求。

（2）大数据应用于服务与产品生命周期

将大数据应用于产品与服务的创新比较复杂，需要组织选择合适的数据。许多人没有认识到，大数据的关键不是使用海量数据，而是深入分析数据流，解读这些海量数据，从中推断出正确的结论。与此同时，还需要内部协调达到较高的水平。例如，客户服务和市场营销部门的数据，因为这些部门的数据常常出现标准不一和维度差异等现象，这就需要依托大数据技术实现异构数据的挖掘与整合。

（二）面向技术的大数据服务

通过对大数据服务价值的分析，可以看到大数据无论在新兴的互联网行业，还是在传统的生产制造行业，都有重要的实际价值，甚至大数据是各行各业成长的催化剂。对于企业来说，谁先掌握大数据，谁将在竞争中处于有利位置，在同行业中脱颖而出，成为领跑者。

大数据是近几年新兴的技术，是一套与传统 IT 研发完全不同的技术，而当企业管理者还没有做好思想准备迎接大数据时代时，大数据时代却已经迅速到来。当管理者要应用大数据时，发现大数据存在着众多技术和前提，如分布式存储技术，分布式计算技术、应用大数据的前提是企业需要有海量数据，也要有足够的经济实力等，这时才发现企业没有数据积累，没有经济实力，更没有技术积累。

那么，在各种条件不具备的情况下，企业就不做大数据实施了吗？看着同行业者超越自己蓬勃发展，而自己的企业在市场竞争中处于不利的位置吗？应如何应对大数据给企业带来的机遇和挑战呢？结合企业的自身优势，在大数据的不同层面、不同角度提供服务，帮助企业应对大数据的机遇与挑战。企业可通过整合外部服务，将自身的弱势与风险转嫁给专业的大数据服务公司，实现合作共赢。

目前，在大数据产业链上有三种大数据公司。

第一种，基于数据本身的公司（数据拥有者）：拥有数据，不具有数据分析的能力。第二种，基于技术的公司（技术提供者）：技术供应商或者数据分析公司等。第三种，基于思维的公司（服务提供者）：挖掘数据价值的大数据应用公司。

不同的产业链角色有不同的盈利模式。按照以上的三种角色，对大数据的商业模式做了梳理和细分。

大数据还在发展中,大数据技术、大数据服务还在变化的过程中,暂时还未出现通用的大数据平台或者工具,但是各大 IT 厂商正在探讨与研发中。专业的大数据服务公司从以下五个角度提供面向技术的大数据服务。

1. 大数据存储服务

选择大数据存储时需要考虑应用特点和使用模式。传统数据存储是以结构化数据和数据文件为主,对数据的存储为了安全采用 RAID 或者高端存储设备,或者人工手动备份的方式。数据的存储设备和运维成本都很高,但是存储的数据在需要时不能及时地处理与分析,数据无法发挥价值,尤其文件数据更是无法使用。

大数据是海量、高增长率和多样化的信息资产,需要使用新的处理模式才能发挥更强的决策力、洞察力。大数据通常以每年 50% 的速度快速增长,尤其是非结构化数据。随着科技的进步,有越来越多的传感器、移动设备、社交网络、多媒体等采集大数据,大数据需要非常高性能、高吞吐率、大容量的基础设备。

大数据通过采用大量廉价的商用 x86 服务器或者存储单元,多个连接在一起的存储节点构的集群,而且存储容量和处理能力会随着节点的增加而提升,支持横向线性扩展,支持 PB 级存储的分布式文件系统。数据存储采用多个副本机制,提升数据安全,如果一部分节点遇到故障,失败的任务将会交给另一个备份节点,保证数据的高可用。典型的大数据分布式文件系统如 HDFS、GFS 等。

2. 大数据计算服务

大数据计算就是海量数据的高效处理,数据处理层要与数据分布式存储结构相适应,满足海量数据存储处理上的时效性要求,这些都是数据处理层要解决的问题。MapReduce 分布式计算的框架实现了真正的分布式处理,该框架让普通程序员可以编写复杂度高、难于实现的分布式计算程序,得到 IT 产业界的认可与重视。MapReduce 最终目标是简单,支持分布式计算下的时效性要求,提升实时交互式的查询效率和分析能力。正如 Google 论文中说道:动一下鼠标就可以在秒级操作 PB 级别的数据。

大数据计算的最终目标是从大数据中发现价值。大数据的价值由分析层实现,根据数据需求和目标建立相应的数据模型和数据分析指标体系,对数据进行分析，产生价值。分析层是真正挖掘大数据的价值所在，而价值的挖掘核心又在于数据分析和挖掘，传统的 BI 分析内容在大数据分析层仍然可用，包括数据的维度分析、数据切片、数据上钻和下钻、数据立方体等。传统的 BI 分析通过大量的 ETL 数据抽取和集中化，形成一个完整的数据仓库，而基于大数据的 BI 分析，可能并没有形成数据仓库，而每次分析都是读取原始数据，通过大数据的强大计算能力实现快速分析，这是人们常说的无限维立方体，满足 BI 的灵活大数据分析需求。BI 分析的基本方法和思路并没有变化，但是落地到执行的数据存储和数据处理方法却发生了很大变化。

大数据分析工具很多，如 Hive、Pig 等，企业可以依据自身的具体情况进行选择；或者有技术实力可基于 Hadoop MapReduce 框架进行编程，对企业数据进行分析处理。

3. 大数据集成服务

有效地解决数据孤岛问题，整合数据。不同的软件系统管理不同的数据，如财务系统管理财务数据，CRM 系统管理客户数据，销售系统管理销售数据，ERP 系统管理生产数据。同一个企业不同的系统由不同的供应商开发，采用不同的语言平台，采用不同的数据库，导致企业的数据整合、系统之间的业务对接十分困难，出现软件系统之间的数据孤岛；并且拥有大数据的企业常常有多个业务部门，而且不同业务部门的数据往往孤立，导致同一企业的用户各种行为和兴趣爱好数据散落在不同部门，出现部门间的数据孤岛。耗费大量的人力、财力维护无法兼容的数据孤岛，然而并不能从本质上解决问题，导致企业的数据资产不能很好地整合，发挥数据价值。

如何从本质上解决数据孤岛问题呢？可通过采用大数据技术，将系统间的数据和部门间的数据整合在一起，形成数据仓库或者数据集市，然后利用大数据的分析挖掘能力解决数据孤岛问题，从企业的大数据中发现新知识、新模式，为企业带来收益。

当然实施大数据解决数据孤岛的问题，需要企业高层重视，有意识强有力地推动实施大数据技术，整合大数据，解决数据孤岛问题，为商业智能、大数据挖掘提供管理上的支持。随着企业越来越关注潜伏在大数据中的价值信息，越来越多的公司开始设立数据治理委员会，由业务干系人所组成，这些部门关注数据源、技术方向、数据质量、数据保留度、数据整合、数据安全性和信息隐私，尤其企业 CIO 也要说服企业高层提供多方面的支持，如人才、技术、流程等方面，或者培训员工大数据技能，或者招聘数据科学家、分析师和架构师等。

随着大数据的普及，数据孤岛问题逐渐消失。当然这需要企业内部有自己的 IT 治理部门，对企业的信息化做出全局规划，逐步实施。如果企业对 IT 治理、信息化全局规划、实施路线没有独立完成能力，可以采用外包的形式，让专业的服务公司提供完善的建设方案，现在市场已经有多家公司围绕着大数据方案、大数据实施、大数据存储、大数据挖掘、大数据可视化、大数据销毁等提供解决方案。

在信息化高速发展和新兴业务不断出现的今天，许多企业或机构中，都已经存在各种业务系统，而且往往不止一个业务系统。例如，ERP 系统、CRM 系统、HR 人力资源系统、电子商务系统、OA 办公系统等。虽然各个系统都有着自己的数据，以及查询、分析、报表等功能，但是想要集中地对数据进行整合和管理，进行查询、分析会非常困难，因这些系统采用的技术平台各不相同，或者因项目由不同公司承接，为了利益人为设置系统间隔离，所以这些软件系统之间几乎都是独立隔离的，没有业务对接接口，数据也是独立存储的，并且存储的数据格式各不相同。历史原因导致企业内部形成数据孤岛，数据零散存储，分散在不同的软件系统中，企业数据之间有着密切的关联，因软件系统之间的壁垒导致这些数据无法发挥应有的价值。随着应用中数据库数目的增多，如何整合数据，让散落的数据可以访问变得日益重要。在这种情况下，很多企业和机构都有着强烈的对数据进行采集和整合的需求，将不同业务系统的数据进行统一的整合和管理，从而能够进行综合查询、分析。

另外，随着互联网的快速普及，互联网上的数据信息爆炸式增长，这些大量的信息蕴含着巨大的商机与价值，谷歌公司通过建立互联网搜索引擎，掌握互联网的搜索入口，成为世界上的顶级 IT 公司，并且获得了丰厚的收益。现在人们都已经意识到互联网数据的价值，因此有些公司通过互联网对外提供数据服务以获取收益，如地图服务、市场调研报表等。因此，抓取互联网上的公开数据，集成专业公司提供的数据服务，并对数据进行存储与分析挖掘，获取数据信息中蕴含的价值为企业的战略决策、市场规划所用。可见，这些数据的集成与利用已经成为企业发展、精准营销等的必然趋势。

大数据正在改变着商业游戏规则，为企业解决传统业务问题带来变革的机遇。通过大数据技术实现数据集成，可低成本存储所有类型和规模的数据。大数据开源实现 Hadoop，采用商用 x86 服务器集群存储和分析数据，可存储各种类型的数据，实现低成本存储和计算，并支持存储容量和计算能力横向扩展。因此，大数据技术为大规模数据集成提供了底层支撑。

市场是动态的，生成的数据是一直变化的，从这些原始数据可以获取全新的洞察力。存储来自组织外部和内部的所有数据——结构化数据、半结构化数据、非结构化数据和流数据。允许公司用户借助工具分析数据，获取深入的洞察力，以便可以通过大数据的解决方案在更短的时间内做出更明智的决策。

随着一些平台和服务商的数据共享和开放，为精准网络营销提供了极大的便利。大数据集成服务可以整合共享和开放的数据，解决了数据分散化的问题，营销行为可以更加精准地锁定一个人，在综合数据分析的基础上，可以发现一些普通的无法发现的营销秘密：营销主要人群分布在哪儿，年纪多大，都买什么东西，这些人群在不同平台有哪些不同偏好，变化是怎样的。结果是使个性化定向投放更加精准。

数据集成是分析挖掘数据的前提。ETL 从多种异构的数据库中抽取数据，把数据迁移至数据仓库或数据集市，迁移时可考虑优化方案，如数据网格、数据缓存、数据批量及增量复制等。进而支持各种商业应用，挖掘数据中蕴含的商业价值，为企业制订战略计划提供依据，为企业发明创新提供源泉和动力。总结多年的数据管理经验，在数据集成方面可以参考如下两个方面解决数据集成中遇到的问题。

（1）元数据集成

在传统数据集成实施时，难点在于相同数据信息在不同的数据源中都存在，数据格式各异并且没有对应关系，因此，不规范的数据格式对数据集成造成了巨大困难。在这种情况下，数据集成的前提是制定数据规范，正是所谓的元数据定义。通过定义元数据标准，约束各个数据源在 ETL 过程提供符合规范的数据，将不同数据源的相关数据整合到一起，并且可以去除冗余数据，为后续的数据分析挖掘做好准备。采用元数据定义方案，企业要对现在有的软件系统进行统计分析，抽取数据共性，制定元数据规范。该规范要有一定的包容能力和扩展能力，如某个字段的最大长度设计，如果某个字段在制定规范时没有考虑进来，后续如何增加进来。

通过采用元数据定义数据集成解决方案，帮助企业灵活可靠地获取数据，并对企业的各类需求快速做出反应，降低数据集成的总体成本。

通过元数据定义可以帮助企业在数据集成时扫除大部分障碍，但是元数据定义的数据集成方案存在着固有的缺陷，ETL 过程会依据规范化过滤数据信息，导致数据信息丢失，而恰恰是这些异常的数据内容蕴含了市场的变化信息。如果这些信息丢失，必然导致对市场变化的洞察力下降，无法捕捉市场趋势。那么，如何解决传统数据集成存在的问题呢？针对这种情况，大数据却做得很好，通过采用大数据技术实现数据集成。因为大数据的存储规模足够大，计算能力强，处理的是全量数据，不用担心数据冗余的问题，可以将所有系统的原始数据都导入至大数据集群中，每次分析全量数据，也消除了数据仓库中维的限制，企业可以从不同的角度、不同层面对数据进行分析与挖掘，数据细微的变化可以洞察市场的趋势，对市场做出准确预测。

（2）异构数据集成

在传统数据集成方案中，包括现在知名的数据仓库软件系统，都是针对关系型数据库的，如前面介绍的元数据集成方案。而随着互联网的快速发展和智能设备的普及，非关系型数据的数据量呈爆发式增长。据不完全统计，非关系型数据的数据量已达世界数据总量的 85%，非关系型数据包含半结构化数据、非结构化数据。

因此，必然要对非关系型数据进行存储、分析、挖掘，那么传统的数据仓库、数据集市对此却无能为力，而大数据在设计初期就考虑到了结构化数据、半结构化数据、非结构化数据的存储与分析，所以大数据技术对处理各种异构数据的存储、集成、分析、挖掘都能胜任。

通过大数据技术处理异构数据集成，在各行业已经有深入应用。例如，某公司会对大量的语音文件进行识别，并且与相关的客户信息进行关联，分析营销效果，然后再做聚类分析，挖掘客户喜好进行产品推荐。

4. 大数据挖掘服务

数据挖掘是将隐含的、尚不为人知的同时又是潜在有用的信息从数据中提取出来，信息是记录在事实数据中所隐藏的一系列模式。大数据中蕴藏了大量具有潜在重要性的信息，这些信息尚未被发现和利用，大数据挖掘的任务就是将这些数据释放出来。为此，大数据挖掘专家需要编写计算机程序，在数据库中自动筛选有用的规律或模式。假如能发现一些明显的模式，则可以将其归纳出来，以对未来的数据进行准确预测。在大数据挖掘实践中，用以发现和描述数据中的结构模式而采用的有机器学习算法和技术。机器学习为数据挖掘提供了技术基础，可将信息从大数据的原始数据中提取出来，以可以理解的形式表达，并可用作多种用途。机器学习包含常用算法，如决策树、关联规则、分类算法、预测算法、聚类算法等。大数据挖掘洞察隐匿于大数据的结构模式中，有效指导商业运行，着眼于解决实际问题。机器学习算法以足够的健壮性应付不完美的数据，并能提取出不精确但有用的规律。

大数据挖掘对挖掘人员技能要求较高，如要求挖掘人员具有高等数学知识、是业务专家、具有编程能力、会机器学习算法等，企业内部培养大数据挖掘专家成本很高，甚至可能是无法做到的，企业可以与行业专家合作或者购买专业的大数据挖掘企业的服务，实现企业的数据挖掘目标。

5. 大数据可视化服务

大数据可视化可帮助人们洞察数据规律和理解数据中蕴含的大量信息。数据可视化旨在借助于图形化手段，清晰有效地传达与沟通信息。大数据可视化可展示为传统的图表、热图等。为了有效地传达思想观念，美学形式与表达内容需要双重并重，通过直观传达关键的方面与特征，从而实现对于相当稀疏而又复杂的数据集的深入洞察，方便相关干系人理解业务信息。大数据可视化工具简单易用，为企业业务人员分析大数据提供了可能。

第五章 大数据应用的模式、价值与策略

第一节 大数据应用的模式和价值

一、大数据应用的一般模式

数据处理的流程包括产生数据，收集、存储和管理数据，分析数据，利用数据等阶段。大数据应用的业务流程也是一样的，包括产生数据、聚集数据、分析数据和利用数据四个阶段，只是这一业务流程是在大数据平台和系统上执行的。

（一）产生数据

在组织经营、管理和服务的业务流程运行中，企业内部业务和管理信息系统产生了大量存储于数据库中的数据，这些数据库对应着每一个应用系统且相互独立，比如 ERP 数据库、财务数据库、CRM 数据库、人力资源数据库等。在企业内部的信息化应用中，也产生了非结构化文档、交易日志、网页日志、视频监控文件、各种传感器数据等非结构化数据，这是在大数据应用中可以被发现潜在价值的企业内部数据。企业建立的外部电子商务交易平台、电子采购平台、客户服务系统等帮助企业产生了大量外部的结构化数据。企业的外部门户、移动 APP 应用、企业博客、企业微博、企业视频分享、外部传感器等系统帮助企业产生了大量外部的非结构化数据。

（二）聚集数据

企业架构（EA）的三个核心要素是业务、应用和数据，业务架构描述业务流程和功能结构，应用架构描述处理工具的结构，数据架构描述企业核心的数据

内容的组织。企业内外部已经产生了大量的结构化数据、非结构化数据，需要将这些数据组织和聚集起来，建立企业级的数据架构，有组织地对数据进行采集、存储和管理。首先实现的是不同应用数据库之间的整合，这需要建立企业级的统一数据模型，实现企业主数据管理。所谓主数据是指企业的产品、客户、人员、组织、资金、资产等关键数据，通过这些主数据的属性及它们之间的相互关系能够建立企业级数据架构和模型。在统一模型的基础上，利用提取、转换和加载（ETL）技术，将不同应用数据库中的数据聚集到企业级的数据仓库（DW），进而实现企业内部结构化数据的集成，这为企业商业智能分析奠定了一个很好的基础。面对企业内外部的非结构化数据，借助数据库和数据仓库的聚集，效果并不好。文档管理和知识管理是对非结构化文档进行处理的一个阶段，仅限于对文档层面的保存、归类和基于元数据的管理。更多非结构化文档的集聚，需要引入新的大数据的平台和技术，比如分布式文件系统、分布式计算框架、非 SQL 数据、流计算技术等，通过这些技术来加强非结构数据的处理和集聚。内外部结构化、非结构化数据的统一集成则需要实现两种数据（结构化、非结构化）、两种技术平台（关系型数据库、大数据平台）的进一步整合。

（三）分析数据

集成起来的企业各种数据是大容量、多种类的大数据，分析数据是提取信息、发现知识、预测未来的关键步骤。分析只是手段，并不是目的。企业内外部数据分析的目的是发现数据所反映的组织业务运行的规律，是创造业务价值。对于企业来说，可能基于这些数据进行客户行为分析、产品需求分析、市场营销效果分析、品牌满意度分析、工程可靠性分析、企业业务绩效分析、企业全面风险分析、企业文化归属度分析等；对于政府和其他事业机构，可以进行公众行为模式分析、经济预测分析、公共安全风险分析等。

（四）利用数据

数据分析的结果，不是仅仅呈现给专业做数据分析的数据科学家，而是需要呈现给更多非专业人员才能真正发挥它的价值，客户、业务人员、高管、股东、社会公众、合作伙伴、媒体、政府监管机构等都是大数据分析结果的使用者。因此，大数据分析结果应当以不同专业角色、不同地位人员对数据表现的不同需求提供给他们，或许是上报的报表、提交的报告、可视化的图表、详细的可视化分析或者简单的微博信息、视频信息。数据被重复利用的次数越多，它所能发挥的价值就越大。

二、大数据应用的业务价值

(一) 发现大数据的潜在价值

在大数据应用的背景下，企业开始关注过去不重视、丢弃或者无能力处理的数据，从中分析潜在的信息和知识，用于以客户为中心的客户拓展、市场营销等。例如，企业在进行新客户开发、新订单交易和新产品研发的过程中，产生了很多用户浏览的日志、呼叫中心的投诉和反馈，这些数据过去一直被企业所忽视，通过大数据的分析和利用，这些数据能够为企业的客户关怀、产品创新和市场策略提供非常有价值的信息。

(二) 发现动态行为数据的价值

通常以往的数据分析只是针对流程结果、属性描述等静态数据，在大数据应用背景下，企业有能力对业务流程中的各类行为数据进行采集、获取和分析，包括客户行为、公众行为、企业行为、城市行为、空间行为、社会行为等。这些行为数据的获得，是根据互联网、物联网、移动互联网等信息基础设施所建立起来的对客观对象行为的跟踪和记录。这就使得大数据应用可能具备还原"历史"和预测未来的能力。

(三) 实现大数据整合创新的价值

在互联网和移动互联网时代，企业收集了来自网站、电子商务、移动应用、呼叫中心、企业微博等不同渠道的客户访问、交易和反馈数据，把这些数据整合起来，形成关于客户的全方位信息，这将有助于企业给客户提供更有针对性、更贴心的产品和服务。随着技术的发展，更多场景下的数据被连接起来了。连接，让数据产生了网络效应；互动，让数据的关系被激活，带来了更大的业务价值。无论是互联网和移动互联网数据的连接，内部数据和社交媒体数据的连接，线上服务和线下服务数据的连接，还是网络、社交和空间数据的连接等，不同数据源的连接和互动，使得人类有能力更加全方位、深入地还原和洞察真实的曾经复杂的"现实"。

大数据已成为全球商业界一项优先级很高的战略任务，因为它能够对全球新经济时代的商务产生深远的影响。大数据在各行各业都有应用，尤其在公共服务领域具有广阔的应用前景，如政府、金融、零售、医疗等行业。

（四）互联网与电子商务行业

互联网和电子商务领域是大数据应用的主要领域，主要需求是互联网访问用户信息记录、用户行为分析，并基于这些行为分析实现推荐系统、广告追踪等应用。

1. 用户信息记录

在 Web3.0 和电子商务时代，互联网、移动互联网和电子商务上的用户，大部分是注册用户，通过简单的注册，用户拥有了自己的账户，互联网企业则拥有了用户的基本资料信息，网站具有用户名、密码、性别、年龄、移动电话、电子邮件等基本信息，社交媒体的用户信息内容更多，比如，新浪微博中用户可以填写自己的昵称、头像、真实姓名、所在地、性别、生日、自我介绍、用户标签、教育信息、职业信息等信息，在微信或者 QQ 客户端上可以填写头像、昵称、个性签名、姓名、性别、英文名、生日、血型、生肖、故乡、所在地、邮编、电话、学历、职业、语言、手机等。移动互联网用户的信息与手机绑定，可以获得手机号、手机通信录等用户信息。由于互联网用户在上网期间会留下更多的个人信息，如朋友圈中记录关于家庭、妻子、儿女、个人爱好、同学、同事等信息，在互联网企业的用户数据库中的用户信息会越来越完整。

2. 用户行为分析

用户访问行为的分析是互联网和电子商务领域大数据应用的重点。用户行为分析可以从行为载体和行为的效果两个维度进行分类。从用户行为的产生方式和载体来分析用户行为主要包括如下三点。

（1）鼠标点击和移动行为分析

在移动互联网之前，互联网上最多的用户行为基本是通过鼠标来完成的，分析鼠标点击和移动轨迹是用户行为分析的重要部分。

（2）移动终端的触摸和点击行为

随着新兴的多点触控技术在智能手机上的广泛应用，触摸和点击行为能够产生更加复杂的用户行为，对此类行为进行记录和分析就变得尤为重要。

（3）键盘等其他设备的输入行为

此类设备主要是为了满足不能通过简单点击等进行输入的场景，如大量内容输入。键盘的输入行为不是用户行为分析的重点，但键盘产生的内容却是大数据应用中内容分析的重点。

3. 基于大数据相关性分析的推荐系统

推荐系统的基础是用户购买行为数据，处理数据的基本算法在学术领域被称为"客户队列群体的发现"，队列群体在逻辑和图形上用链接表示，队列群体的分析很多都涉及特殊的链接分析算法。推荐系统分析的维度是多样的，例如，可以根据客户的购物喜好为其推荐相关商品，也可以根据社交网络关系进行推荐。如果利用传统的分析方法，需要先选取客户样本，把客户与其他客户进行对比，找到相似性，但是推荐系统的准确率较低。采取大数据分析技术极大提高了分析的准确率。

4. 网络营销分析

电子商务网站一般都记录包括每次用户会话中每个页面事件的海量数据。这样就可以在很短的时间内完成一次广告位置、颜色、大小、用词和其他特征的试验。当试验表明广告中的这种特征更改促成了更好的点击行为，这个更改和优化就可以实时实施。从用户的行为分析中，可以获得用户偏好，为广告投放选择时机。比如，通过微博用户分析，获悉用户在每天的四个时间点最为活跃：早起去上班的路上、午饭时间、晚饭时间、睡觉前。掌握了这些用户行为，企业就可以在对应的时间段做某些有针对性的内容投放和推广等。病毒式营销是互联网上的用户口碑传播，这种传播通过社交网络像病毒一样迅速蔓延传播，使得它成为一种高效的信息传播方式。对于病毒式营销的效果分析是非常重要的，不仅可以及时掌握营销信息传播所带来的反应（例如对于网站访问量的增长），也可以从中发现这项病毒式营销计划可能存在的问题，以及可能的改进思路，积累这些经验为下一次病毒式营销计划提供参考。

5. 网络运营分析

电子商务网站，通过对用户的消费行为和贡献行为产生的数据进行分析，可以量化很多指标服务于产品各个生产和营销环节，如转化率、客单价、购买频率、平均毛利率、用户满意度等指标，进而为产品客户群定位或市场细分提供科学依据。

6. 社交网络分析

社交网络系统（SNS）通常有三种社交关系：一是强关系，即我们关注的人；二是弱关系，即我们被松散连接的人，类似朋友的朋友；三是临时关系，即我们不认识但与之临时产生互动的人。临时关系是人们没有承认的关系，但是会临时性联系的，比如我们在 SNS 中临时评论的回复等。基于大数据分析，能够分析社交网络的复杂行为，能够帮助互联网企业建立起用户的强关系、弱关系甚至临时关系图谱。

7. 基于位置的数据分析和服务

很多互联网应用加入了精确的全球定位系统（GPS）位置追踪，精确位置追踪为 GPS 测定点附近其他位置的海量相关数据的采集、处理和分析提供了手段，进而丰富了基于位置的应用和服务。

（五）交通业

1. 交通流量分析与预测

大数据技术能提高交通运营效率、道路网的通行能力、设施效率和调控交通需求分析。大数据的实时性，使处于静态闲置的数据被处理和需要利用时，即可被智能化利用，使交通运行更加合理。大数据技术具有较高的预测能力，可降低误报和漏报的概率，随时针对交通的动态性给予实时监控。因此，在驾驶者无法预知交通的拥堵可能性时，大数据也可帮助用户预先了解。

2. 交通安全水平分析与预测

大数据技术的实时性和可预测性则有助于提高交通安全系统的数据处理能力。在驾驶员自动检测方面，驾驶员疲劳视频检测、酒精检测器等车载装置将实时检测驾车者是否处于警觉状态，行为、身体与精神状态是否正常。同时，联合路边探测器检查车辆运行轨迹，大数据技术快速整合各个传感器数据，构建安全模型后综合分析车辆行驶安全性，从而可以有效降低交通事故的可能性。在应急救援方面，大数据以其快速的反应时间和综合的决策模型，为应急决策指挥提供辅助，提高应急救援能力，减少人员伤亡和财产损失。

3. 道路环境监测与分析

大数据技术在减轻道路交通堵塞、降低汽车运输对环境的影响等方面有重要的作用。通过建立区域交通排放的监测及预测模型，共享交通运行与环境数据，建立交通运行与环境数据共享试验系统，大数据技术可有效分析交通对环境的影响。同时，分析历史数据，大数据技术能提供降低交通延误和减少排放的交通信号智能化控制的决策依据，建立低排放交通信号控制原型系统与车辆排放环境影响仿真系统。

三、大数据应用的共性需求

随着互联网技术的不断深入，大数据在各个行业领域中的应用都将趋于复杂化，人们亟待从这些大数据中挖掘到有价值的信息，然而大数据在这些行业中应用的一些共性需求特征，能够帮助我们更清晰、更有效地利用大数据。大数据在企业中应用的共性需求主要有业务分析、客户分析、风险分析等。

（一）业务分析

企业业务绩效分析是企业大数据应用的重要内容之一。企业从内部 ERP 系统、业务系统、生产系统等中获取企业内部运营数据，从财务系统或者上市公司年报中获取财务等有利用价值的数据，通过这些数据分析企业业务和管理绩效，为企业运营提供全面的洞察力。

企业最重要的业务是产品设计，产品是企业的核心竞争力，而产品设计需求必须紧跟市场，这也是大数据应用的重要内容。企业利用行业相关分析、市场调查甚至社交网络等信息渠道的相关数据，利用大数据技术分析产品需求趋势，使得产品设计紧跟市场需求。此外，企业大数据应用在产品的营销环节、供应链环节以及售后环节均有涉及，帮助企业产品更加有效地进入市场，为消费者所接受。通过对企业内外部数据的采集和分析，并利用大数据技术进行处理，能够较为准确地反映企业业务运营的现状、差距，并对未来企业目标的实现进行预测和分析。

（二）客户分析

在各个行业中，大数据应用需求大部分是用于满足客户需求，企业希望大数据技术能够更好地帮助企业了解和预测客户行为，并改善客户体验。客户分析的重点是分析客户的偏好以及需求，达到精准营销的目的，并且通过个性化的客户关怀维持客户的忠诚度。

1. 全面的客户数据分析

全面的客户数据是指建立统一的客户信息号和客户信息模型，通过客户信息号，可以查询客户各种相关信息，包括相关业务交易数据和服务信息。客户可以分为个人客户和企业客户，客户不同，其基本信息也不同。比如，个人客户登记姓名、年龄、家庭地址等个人信息，企业客户登记公司名称、公司注册地、公司法人等信息。同时，个人和企业客户的共同特点有客户基本信息和衍生信息，基本信息包括客户号、客户类型、客户信用度等，衍生信息不是直接得到的数据，而是由基本信息衍生分析出来的数据，如客户满意度、贡献度、风险性等。

2. 全生命周期的客户行为数据分析

全生命周期的客户行为数据是指对处于不同生命周期阶段的客户的体验进行统一采集、整理和挖掘，分析客户行为特征，挖掘客户的价值。客户处于不同生命周期阶段对企业的价值需求有所不同，需要采取不同的管理策略，将客户的价值最大化。客户全生命周期分为客户获取、客户提升、客户成熟、客户衰退和客户流失五个阶段。在每个阶段，客户需求和行为特征都不同，对客户数据的关注度也不相同，对这些数据的掌握，有助于企业在不同阶段选择差异化的客户服务。

在客户获取阶段，客户的需求特征表现得比较模糊，客户的行为模式表现为摸索、了解和尝试。在这个阶段，企业需要发现客户的潜在需求，努力通过有效渠道提供合适的价值定位来获取客户。在客户提升阶段，客户的行为模式表现为比较产品性价比、询问产品安装指南、评论产品使用情况以及寻求产品的增值服务等。这个阶段企业要采取的对策是把客户培养成为高质量客户，通过不同的产品组合来刺激客户的消费。在客户成熟阶段，客户的行为模式表现为反复购买、与服务部门的信息交流，向朋友推荐自己所使用的产品。这个阶段企业要培养客户忠诚度和新鲜度并进行交叉营销，给客户更加差异化的服务。在客户衰退阶段，客户的行为模式是较长时间的沉默，对客户服务进行抱怨，了解竞争对手的产品信息等。这个阶段企业需要思考如何延长客户生命周期，建立客户流失预警，设法挽留住高质量客户。在客户流失阶段，客户的行为模式是放弃企业产品，开始在社交网络给予企业产品负面评价。这个阶段企业需要关注客户情绪数据，思考如何采取客户关怀和让利挽回客户。

3. 全面的客户需求数据分析

全面的客户需求数据分析是指通过收集客户关于产品和服务的需求数据，让客户参与产品和服务的设计，进而促进企业服务的改进和创新。客户对产品的需求是产品设计的开始，也是产品改进和产品创新的原动力。收集和分析客户对产品需求的数据，包括外观需求、功能需求、性能需求、结构需求、价格需求等。这些数据可能是模糊的、非结构化的，然而对于产品设计和创新而言却是十分宝贵的信息。

（三）风险分析

企业关于风险的大数据应用主要是指对安全隐患的提前发现、市场以及企业内部风险提前预警等。首先，企业要对内部各个部门、各个机构的系统、网络以及移动终端的操作内容进行风险监控和数据采集，针对具有专门互联网和移动互联网业务的部门，也要对其操作内容和行为进行专门的数据采集。数据采集需要解决的问题有：企业的经营活动，各经营活动中存在的风险，记录或采集风险数据的方法，风险产生的原因，每个风险的重要性。其次，要实时关注有关市场风险、信用风险和法律风险等外部风险数值，获得这些内外部数据之后，要对风险进行评估和分析，关注风险发生的概率大小、风险概率情况等。通过大数据技术对风险分析之后，就需要对风险进行减小、转移、规避等策略，选择最佳方案，最终将风险最小化。

第二节　大数据应用的基本策略

一、大数据的商业应用架构

（一）理念共识

实施大数据商业应用，首先管理层要认识到大数据的价值，达成理念共识。管理层需要达成共识的理念包括：①公司战略。定位未来发展目标，明确未来战略发展方向。世界上一些成功的公司将其成功部分归因于其所制定的创新战略，即获取、管理并利用筛选出来的数据以确定发展机遇、做出更佳的商业决策以及交付个性化的客户体验。②确定初步的数据支持需求，制订数据采集存储计划与预算。③组建大数据技术团队，建立各部门协同机制；大数据战略的目标是把大数据和其他数据整合到一个处理流程中，使用大数据并不是一个孤立的工作，而是一门真正改变行业规则的技术，需要多部门的协同以发现真正需要解决的复杂问题，并获得以前未想到过的洞察。④管理层对大数据应用成果给予高度关注，并颁发大数据应用奖励等。

（二）组织协同

在大数据时代，我们往往需要 SOA 系统架构以适应不断变换的需求。

面向服务的体系结构（Service-Oriented Architecture，SOA）是一个组件模型，它将应用程序的不同功能单元（称为服务）通过这些服务之间定义良好的接口和契约联系起来。接口是采用中立的方式进行定义的，它应该独立于实现服务的硬件平台、操作系统和编程语言。这使得构建在各种这样的系统中的服务可以以一种统一和通用的方式进行交互。

对 SOA 的需要来源于使用 IT 系统后，业务变得更加灵活。通过允许强定义的关系和依然灵活的特定实现，IT 系统既可以利用现有系统的功能，又可以准备在以后做一些改变来满足它们之间交互的需要。

一家企业在发展的过程中会做很多整合。由于一开始信息化的时候，有很多企业没有想得那么多，后来整合的时候，如果大家用的标准不一样的话，那这个成本就会非常高。而且做完整合以后，还要做维护，这个维护费用可能也会很高。此外，在考虑未来发展的时候，有一个新的版本出来，很多系统要升级的时候，那考虑要用的时间和成本相对也比较高。而 SOA 这个架构其实是一个标准，不管你做什么，如果大家都用 SOA 共同的标准、共同的语言的话，那上文提到的几个问题就会很好解决。

关于 SOA，还有很多的企业业务系统的应用，有的是从标准的角度，即 SOA 服务的标准。例如，在我们做自己的业务系统部署的时候，先上什么系统，后上什么系统、系统之间的关联是什么，也应该遵循 SOA 的理念。我们怎么去面向我们的应用，面向我们的实践，这里面可能要把一个纯技术的东西当作一个企业自身的问题去面对，而不仅仅是 SOA 技术。

(三) 技术储备

大数据应用主要需要四种技术的支持：分析技术、存储数据库、NoSQL 数据库、分布式计算技术等。

1. 存储数据库（In-Memory Databases）让信息快速流通

大数据分析经常会用到存储数据库来快速处理大量记录的数据流通。比如，用存储数据库来对某个全国性的连锁店某天的销售记录进行分析，得出某些特征，进而根据某种规则及时为消费者提供奖励回馈。

2. NoSQL 数据库是一种建立在云平台的新型数据处理模式

NoSQL 在很多情况下又叫作云数据库。由于其处理数据的模式完全是分布于各种低成本服务器和存储磁盘，因此，它可以帮助网页和各种交互性应用快速处理过程中的海量数据。它为 Zynga、AOL、Cisco 以及其他一些企业提供网页应用支持。正常的数据库需要将数据进行归类组织，类似于姓名和账号这些数据需要进行结构化和标签化。然而 NoSQL 数据库则完全不关心这些，它能处理各种类型的文档。

3. 分布式计算结合了 NoSQL 与实时分析技术

如果想要同时处理实时分析与 NoSQL 数据功能，那么就需要分布式计算技术。分布式计算技术结合了一系列技术，可以对海量数据进行实时分析。更重要的是，它所使用的硬件非常便宜，因此让这种技术的普及变成可能。

通过对那些看起来没什么关联和组织的数据进行分析，我们可以获得很多有价值的结果。比如说，可以发现一些新的模式或者新的行为。运用分布式计算技术，银行可以从消费者的一些消费行为和模式中识别网上交易的欺诈行为。

很多前沿领域都在发生技术创新，以帮助企业管理不断涌现的海量数据并提高数据利用效率。一些创新是基于传统的关系型数据库技术，以利用成熟解决方案的丰富功能。其他一些创新则利用新数据库模式以满足更加极端的要求。基于这些技术进步，它们能够管理庞大的数据并向企业交付实时或接近实时的洞察力，可以交付新的数据库和分析解决方案。几种解决方案简述如下。

（1）开源大数据解决方案

开源社区针对大数据提出了新的解决办法。通常来说，这些解决方案旨在解决的挑战与新兴 RDB MS 创新针对的目标相同。然而，它们对于数据一致性和数据耐用性的要求更低，适用于很多大数据应用场景。潜力最大的开源大数据解决方案是分布式 RDBMS 和 NoSQL 解决方案，两者都采用分布式文件系统（DFS）将数据与分析操作分散在横向可扩展的服务器与存储架构中。这一分布式的解决办法能够通过大规模并行处理以提高复杂分析的性能。它还支持通过增加服务器与存储节点来逐步扩展数据库的容量和性能。

一方面，这些分布式解决方案（包括图形导向型趋势分析）能够独立运行；另一方面，它们也可以集成至传统 RDBMS 系统以协调数据管理与分析。需要处理大数据的企业应当了解各种方案的优势和不足，部署解决方案时也应当满足企业的政策、一致性、管理与服务级别要求。其首要步骤是评估关键数据类型与数据需求并判断每个应用领域希望获取的洞察性信息。

（2）高级数据交付与数据管理功能

所有分析解决方案都在进行软件创新以交付更高的功能、安全性和价值。其关键进步包括：①更好地支持安全、合规的数据转换与传输；②增强的分析算法提供更佳、更快的分析并更加高效地操作大型数据集；③定制的可视化帮助各种类型的用户更加快速、清晰地了解分析结果；④更紧密的数据压缩率，以提升存储利用率。

（3）预封装的分析解决方案

访问、管理与分析海量数据在很多级别上来说都是艰巨挑战，多数公司都缺乏专家，无法从底层开始构建高价值的解决方案。因此，供应商们就以各种形式来填补空缺。

①优化的分析设备

众多厂商正在开发专用的分析设备，其设计用于支持大批量数据的快速分析。这些优化的设备能够快速部署并降低风险。它们交付的显著优势体现在集成性、高性能、可扩展性以及易用性方面。

②行业解决方案

很多厂商正在开发面向医疗、能源、制造与零售等特定行业需求的数据与分析解决方案。其专门打造的硬件与软件有助于解决特定的行业挑战，同时，消除或大大降低客户方面的开发成本与复杂度。

③数据与分析即服务

最具转化力的价值可能最终来自为客户提供数据与分析即服务的厂商。价值交付方式很多，包括识别、聚合、验证、存储及交付原始数据，针对特定的企业或个人，或者企业内流程的需求提供定制的分析。这并不是新出现的想法。多年前企业就将数据密集型的任务交给合格的服务提供商托管。然而，我们正在进入数据交换的新时代，我们有望看到这些交易的规模、复杂度和价值出现爆炸式增长。云计算模式将加速这一趋势，给数据访问和分析共享带来更高的灵活性和效率。

二、大数据应用的前期准备

(一) 制定大数据应用目标

大数据屡屡显示其威力，已经渗透进每一个领域。企业需要结合发展战略，明确大数据应用的阶段目标。一些典型的应用目标举例如下。

1. 气象领域

在气象领域，越来越多的人意识到，天气不再仅仅是影响人们生活和出行的信息，如果加以利用，天气将成为巨大价值的来源。

商业用户获取分析之后的气象信息，能更好地进行商业活动。比如，保险公司通过雨水的累计模型了解雨后汽车保险的索赔情况，医药公司通过气象地图了解各区域病人呼吸困难的原因。

日用消费品公司、物流企业、餐厅、铁路、游乐园、金融服务等都需要气象信息。一些公司通过分析天气如何影响客户行为，从中探索出接下来的营销策略。此外，有一些公司对未来天气进行预测，预见未来价值风险，尽量找出竞争对手不能预见的潜在问题。天气其实是最基本的大数据问题。

分析技术的进步和丰富的气象数据，使得保险公司的分析创造力和判断正确性都得到显著提高。

2. 汽车保险业

通过分析车载信息服务数据，可以进行客户风险分析、投保行为分析、客户价值分析和欺诈识别。在为保险业提高利润的同时，减小了欺诈带来的损失。

3. 文本数据的应用目标

文本是最大的也是最常见的大数据源之一。我们身边的文本信息有电子邮件、短信、微博、社交媒体网站的帖子、即时通信、实时会议及可以转换成文本的录音信息。一种目前很流行的文本分析应用是情感分析。情感分析是从大量人群中挖掘出总体观点，并提供市场对某个公司的评价、看法或感受等相关信息。情感分析通常使用社会化媒体网站的数据。如果公司可以掌握每一个客户的情感信息，就能了解客户的意图和态度。与使用网络数据推断客户意图的方法类似，了解客户对某种产品的总体情感是正面情感还是负面情感也是很有价值的信息。如果这名客户此时还没有购买该产品,那价值就更大了。情感分析提供的信息可以让我们知道要说服这名客户购买该产品的难易程度。

文本数据的另一个用途是模式识别。我们对客户的投诉、维修记录和其他的评价进行排序,期望在问题表达之前,能够更快地识别和修正问题。

欺诈检测也是文本数据的重要应用之一。在健康险或伤残保险的投诉事件中,使用文本分析技术可以解析出客户的评论和理由。一方面,文本分析可以将欺诈模式识别出来,标记出风险的高低。面对高风险的投诉,需要更仔细地检查。另一方面,投诉在某种程度上还能自动地执行。如果系统发现了投诉模式、词汇和短语没有问题,就可以认定这些投诉是低风险的,并可以加速处理,同时将更多的资源投入高风险的投诉中。

法律事务也会从文本分析中受益。根据惯例,任何法律案件在上诉前都会索取相应的电子邮件和其他通信历史记录。这些通信文本会被批量地检查,识别出与本案相关的那些语句(电子侦察)。

4. 时间数据与位置数据的应用

随着全球定位系统(GPS)、个人 GPS 设备及手机的应用,时间和位置的信息一直在增加。通过采集每个人在某个时间点的位置,和分析司机、行人当前位置的数据,为司机及时提供反馈信息,可以为司机提供就近餐馆、住宿、加油、购物等信息。

如果能识别出哪些人大约在同一时间同一地点出现,就能识别出有哪些彼此不认识或者在一个社交圈子里的人,然而他们都有很多共同的爱好。婚介服务能用这样的信息鼓励人们建立联系,给他们提供符合个人身份或团体身份的产品推荐,帮助人们找到自己的合适伴侣。

5. RFID 数据的价值

无线射频标签,即 RFID(Radio Frequency Identification)标签,是安装在装运托盘或产品外包装上的一种微型标签。RFID 读卡器发出信号,RFID 标签返回响应信息。如果多个标签都在读卡器读取范围内,它们同样会对同一查询做出响应,这样辨识大量物品就会变得比较容易。

　　RFID 应用之一：自动收费标签，有了它，司机通过高速公路收费站的时候就不需要再停车了。

　　RFID 数据的另一个重要应用是资产跟踪。例如，一家公司把其拥有的每一个 PC、桌椅、电视等资产都贴上标签。这些标签可以很好地帮助我们进行库存跟踪。

　　RFID 最大的应用之一是制造业的托盘跟踪和零售业的物品跟踪。例如，制造商发往零售商的每一个托盘上都有标签，这样可以很方便地记录哪些货物在某个配送中心或者商店。

　　RFID 的一种增值应用是识别零售商货架上有没有相应的商品。

　　RFID 还能很好地帮助我们跟踪物品（商品），物品流通情况，能反映其销售或展示情况。

　　RFID 如果和其他数据组合起来，就能发挥更大的威力。如果公司可以收集配送中心里的温度数据，当出现掉电或者其他极端事件时，我们就能跟踪到商品的损坏程度。

　　RFID 有一种非常有趣的未来应用是跟踪商店购物活动，就像跟踪 Web 购物行为一样。如果把 RFID 读卡器植入购物车中，我们就能准确地知道哪些客户把什么东西放进了购物车，也能准确地知道他们放入的顺序。

　　RFID 的最后一种应用是识别欺诈犯罪活动，归还偷盗物品。

　　6. 智能电网数据的应用

　　不仅可以使电力公司按时间和需求量的变化定价，利用新的定价程序来影响客户的行为，减少高峰时段的用电量。而且可以解决为了应对高峰时段的用电量，另建发电站带来的高成本支出，以减少建发电站的费用和对环境造成的影响。

　　7. 工业发动机和设备传感器数据的应用

　　飞机发动机和坦克等各种机器也开始使用嵌入式传感器，目标是以秒或毫秒为单位来监控设备的状态。发动机的结构很复杂，有很多移动部件必须在高温下运转，会经历各种各样的运转状况，因为成本较高，因此用户期望寿命越长越好，稳定的可预测的性能变得异常重要。通过提取和分析详细的发动机运转数据，我们可以精确地定位那些导致立即失效的某些模式。然后我们就能识别出会降低发动机寿命的时间分段模式，从而减少维修次数。

8. 视频游戏遥测数据的应用

许多游戏都是通过订阅模式挣钱，因此维持刷新率对这些游戏非常重要，通过挖掘玩家的游戏模式，我们就可以了解到哪些游戏行为是与刷新率相关的、哪些是无关的。

（二）大数据采集

结合大数据应用目标，准备服务器、云存储等硬件设施，设计大数据采集模式，实施大数据采集战略。数据包括企业内部数据、供应链上下游合作伙伴的数据、政府公开数据、网上公开的数据等。常见的数据采集途径包括：①网络连接的传感器节点：根据麦肯锡全球研究所的报告，网络连接的传感器节点已经超过3000万，而这一数字还在以超过30%的年增长速度不断增加。②文本数据：电子邮件、短信、微博、社交媒体网站的帖子、即时通信、实时会议及可以转换为文本的录音文件。③对于汽车保险业，数据采集点为在交通工具上安装的车载信息服务装置。④智能电网：用遍布于智能电网中的传感器收集数据。⑤工业发动机和设备：数据采集点、发动机传感器可以收集到从温度到每分钟转数、燃料摄入率再到油压级别等信息，数据可以根据预先设定的频率获取。⑥通过网络日志、session 信息等，搜集分析用户网上的行为数据。⑦数据库系统，从各类管理信息系统中采集日常交易数据、状态信息数据等。

（三）已有信息系统的优化

大数据应用对已有的信息系统提出了更高要求，从硬件上考虑，提高系统处理能力，这也是我们在做系统集成方案时所需要考虑的，从硬件上应主要从以下六方面去考虑：①主机选型；②运算能力；③存储系统与存储空间；④数据存储容量；⑤内存大小；⑥网络传输速率。

软件上应主要从以下四个方面去考虑：①升级数据备份策略；②开发适应大数据分析的数据仓库与数据挖掘方法，如开发并行数据挖掘工具；③开发分析大数据的商业智能系统平台：a 能处理大规模实时动态的数据；b. 有能容纳巨量数据的数据库、数据仓库；c. 高效实时的处理系统；c. 能分析大数据的数据挖掘工具；e. 优化现有的搜索引擎系统、综合查询系统等。

（四）多系统、多结构数据的规范化

多系统数据规范化最好的方式是建立数据仓库，让分散的数据统一存储。对于多系统数据的规范化，可以建立一个标准格式的数据转化平台，不同系统的数据经过这个数据转化平台的转化，转为统一格式的数据文件。可以使用 ETL 工具，如 OWB（Oracle Warehouse Builder）、ODI（Oracle Data Integrator）、Informatic PowerCenter、AICloudETL、DataStage、Repository Explorer、Beeload、Kettle、DataSpider 等将分散的、异构数据源中的数据（如关系数据、平面数据文件等）抽取到临时中间层后进行清洗、转换、集成，最后加载到数据仓库或数据集市中，成为联机分析处理、数据挖掘的基础。

对于大多数反馈时间要求不是那么严苛的应用，比如离线统计分析、机器学习、搜索引擎的反向索引计算、推荐引擎的计算等，它是采用离线分析的方式，通过数据采集工具将日志数据导入专用的分析平台。然而面对海量数据，传统的 ETL 工具往往彻底失效，主要原因是数据格式转换的开销太大，在性能上无法满足海量数据的采集需求。互联网企业的海量数据采集工具，有 Facebook 开源的 Scribe、LinkedIn 开源的 Kafka、淘宝开源的 Timetunnel、Hadoop 的 Chukwa 等，均可以满足每秒数百 MB 的日志数据采集和传输需求，并将这些数据上传到 Hadoop 中央系统上。

对多结构的数据，可以通过关键词提取、归纳、统计等方法，基于可拓学理论建立统一格式的基元库。基元理论认为，构成大千世界的万事万物可分为物、事、关系三大类，构成自然界的是物，物与物的互相作用就是事，物与物、物与事、事与事存在各种关系，物、事和关系形成了千变万化的大自然和人类社会。描述物的是物元，描述事的是事元，描述关系的是关系元。物元、事元和关系元通称基元，基元以｛对象，特征，量值｝的三元组表示，构成了描述问题的逻辑细胞。利用可拓学理论和方法，可以收集信息建立统一的形式化信息库。

（五）大数据收集中的开拓创新方法

1. 关于论域变换的解决方案

①对论域做置换变换，可以选择质量满足数据挖掘要求的其他数据集进行挖掘，同时改变挖掘目标；②对论域做增删变换，增加质量更好的数据集以降低整体数据集的不准确率，或者去掉一些质量很差的数据集，对数据集做清洗；③对论域做蕴含分析，延伸到产生脏数据的源头环节，从数据挖掘角度提出改进建议等，如调整数据结构、存储方式、汇总方式、保留时间等，提高数据的完整性和准确性，逐步提高整体的数据质量，缩小数据质量的差距。使论域由挖掘数据集延伸到原始数据集，从来源上采取变换措施。

2. 关于关联准则变换的解决方案

企业用于数据挖掘的数据的集合本身不变，即关联度不变，对判断数据质量的标准做变换，在一般数据挖掘软件下不符合要求的数据在变换后的新软件下质量达到挖掘要求。

3. 关于元素变换的解决方案

变换量值，使现在质量差的数据集变成可挖掘的数据集。目前，数据挖掘上研究的数据清洗、针对不完整数据的各种填充算法等都是这类方法；用清洗后的子集做数据挖掘，这是目前常用的数据清洗方法，其缺点是清洗工作量大，容易洗掉一些有价值的信息。

数据清洗、填充、容忍算法等都只是解决了历史数据的可挖掘问题，不能防止新的脏数据的产生。数据挖掘持续应用的根本方法在于实现物元可拓集的变换，在事元"数据挖掘咨询"的不断作用下，促使数据从来源上就达到正确性、完整性、一致性等要求。

三、大数据分析的基本过程

（一）数据准备

数据准备包括采集数据、清洗数据和储存数据等。主要步骤包括：①绘制数据地图，选择用于挖掘的数据集，了解并分析众多属性之间的相关性，把字段分为非相关字段、冗余字段、相关字段，最后保留相关字段，去除非相关字段和冗余字段。②数据清洗：通过填写空缺值，平滑噪声数据，识别删除孤立点，并解决不一致来清理数据，比如填补缺失数据的字段、统一同一字段不同数据集中数据类型的一致性、格式标准化、异常清除数据、纠正错误、清除重复数据等。③数据转化：根据预期采用的算法，对字段进行必要的类型处理，如将非数字类型的字段转化成数字类型等。④数据格式化：根据建模软件需要，添加、更改数据样本，将数据格式化为特定的格式。

（二）数据探索

利用数据挖掘工具在数据中查找模型，这个搜寻过程可以由系统自动执行，自底向上搜寻原始事实以发现它们之间的某种联系，同时也可以加入用户交互过程，由分析人员主动发问，从上到下地找寻以验证假定的正确性。对于一个问题的搜寻过程可能用到许多工具，例如，神经网络、基于规则的系统、基于实例的推理、机器学习、统计方法等。

分析沙箱适合进行数据探索、分析流程开发、概念验证及原型开发。这些探索性的分析流程一旦发展为用户管理流程或者生产流程，就应该从分析沙箱中挪出去。沙箱中的数据都有时间限制。沙箱的理念并不是建立一个永久的数据集，而是根据每个项目的需求构建项目所需的数据集。一旦这个项目完成了，数据就被删除了。如果沙箱被恰当使用，沙箱将是提升企业分析价值的主要驱动力。

（三）模式知识发现

利用数据挖掘等工具，发现数据背后隐藏的知识。常用的数据挖掘方法举例如下：数据挖掘可由关联（Association）、分类（Classification）、聚集（Clustering）、预测（Prediction）、相随模式（Sequential Patterns）和时间序列（Similar Time Sequences）等手段去实现。关联是寻找某些因素对其他因素在同一数据处理中的作用；分类是确定所选数据与预先给定的类别之间的函数关系，通常用的数学模型有二值决策树神经网络、线性规划和数理统计；聚集和预测是基于传统的多元回归分析及相关方法，用自变量与因变量之间的关系来分类的方法，这种方法流行于多数的数据挖掘公司，其优点是能用计算机在较短的时间内处理大量的统计数据，其缺点是不易进行多于两类的类别分析；相随模式和相似时间序列均采用传统逻辑或模糊逻辑识别模式，进而寻找数据中的有代表性的模式。

（四）预测建模

数据挖掘的任务分为描述性任务（关联分析、聚类、序列分析、离群点等）和预测任务（回归和分类）两种。

数据挖掘预测则是通过对样本数据（历史数据）的输入值和输出值关联性的学习，得到预测模型，再利用该模型对未来的输入值进行输出值预测。通常情况，可以通过机器学习方法建立预测模型。DM（Data Mining）的技术基础是人工智能（机器学习），但是 DM 仅仅利用了人工智能（AI）中一些已经成熟的算法和技术，因而复杂度和难度都比 AI 小很多。

数据建模不同于数学建模，它是基于数据建立数学模型，是相对于基于物理、化学和其他专业基本原理建立数学模型（机理建模）而言的。对于预测来说，如果所研究的对象有明晰的机理，可以依其进行数学建模，这当然是最好的选择。但是实际问题中，一般无法进行机理建模。然而历史数据往往是容易获得的，这时就可使用数据建模。

典型的机器学习方法包括决策树方法、人工神经网络、支持向量机、正则化方法等。可参考统计学、数据挖掘等领域的相关书籍，在此不再详述。

（五）模型评估

模型评估方法主要有技术层面的评估和实践应用层面的评估。技术层面根据采用的挖掘分析方法，选择特定的评估指标显示模型的价值，以关联规则为例，有支持度和可信度指标。

对于分类问题，可以通过使用混淆矩阵对模型进行评估，还可以使用 ROC 曲线、KS 曲线等对模型进行评估。

（六）知识应用

大数据决策支持系统中，"决策"就是决策者根据所掌握的信息为决策对象选择行为的思维过程。使用模型训练的结果，帮助管理者辅助决策，挖掘潜在的模式，发现巨大的潜在商机。应用模式包括与经验知识的结合、大数据挖掘知识的智能融合创新以及知识平台的智能涌现等。

四、数据仓库的协同应用

（一）多维数据结构

多维数据分析是以数据库或数据仓库为基础的，其最终数据来源与 OLTP 一样均来自底层的数据库系统，然而两者面对的用户不同，数据的特点与处理也不同。

多维数据分析与 OLTP 是两类不同的应用，OLTP 面对的是操作人员和低层管理人员，多维数据分析面对的是决策人员和高层管理人员。

OLTP 是对基本数据的查询和增删改操作，它以数据库为基础。而多维数据分析更适合以数据仓库为基础的数据分析处理。

多维数据集由于其多维的特性通常被形象地称作立方体（Cube），多维数据集是一个数据集合，通常从数据仓库的子集构造，并组织和汇总成一个由一组维度和度量值定义的多维结构。

1. 度量值（Measure）

①度量值是决策者所关心的具有实际意义的数值。例如，销售量、库存量、银行贷款金额等。②度量值所在的表称为事实数据表，事实数据表中存放的事实数据通常包含大量的数据行。事实数据表的主要特点是包含数值数据（事实），而这些数值数据可以统计汇总以提供有关单位运作历史的信息。③度量值是所分析的多维数据集的核心，是最终用户浏览多维数据集时重点查看的数值数据。

2. 维度（Dimension）

①维度（也简称为维）是人们观察数据的角度。例如，企业通常关心产品

销售数据随时间的变化情况，这是从时间的角度来观察产品的销售，因此时间就是一个维（时间维）。再如，银行会给不同经济性质的企业贷款，比如国有企业、集体企业等，若通过企业性质的角度来分析贷款数据，那么经济性质也就成了一个维度。②包含维度信息的表是维度表，维度表包含描述事实数据表中的事实记录的特性。

3. 维的级别（Dimension Level）

①人们观察数据的某个特定角度（某个维）还可以存在不同的细节程度，我们称这些维度的不同的细节程度为维的级别。②一个维通常具有多个级别。例如，描述时间维时，可以从月、季度、年等不同级别来描述，那么月、季度、年等就是时间维的级别。

4. 维度成员（Dimension Member）

①维的一个取值称为该维的一个维度成员（简称维成员）。②如果一个维是多级别的，那么该维的维度成员是在不同维级别的取值的组合。例如，考虑时间维具有日、月、年这三个级别，分别在日、月、年上各取一个值组合起来，就得到了时间维的一个维成员，即"某年某月某日"。

（二）多维数据的分析操作

多维分析可以对以多维形式组织起来的数据进行上卷、下钻、切片、切块、转轴等各种分析操作，便于剖析数据，使分析者、决策者能从多个角度、多个侧面观察数据库中的数据，进而深入了解包含在数据中的信息和内涵。

1. 上卷（Roll-Up）

上卷是在数据立方体中执行聚集操作，通过在维级别中上升或通过消除某个或某些维来观察更加概括的数据。

上卷的另外一种情况是通过消除一个或多个维来观察更加概括的数据。

2. 下钻（Drill-Down）

下钻是通过在维级别中下降或通过引入某个或某些维来更细致地观察数据。

3. 切片（Slice）

在给定的数据立方体的一个维上进行的选择操作，切片的结果是得到了一个二维的平面数据。

4. 切块（Dice）

在给定的数据立方体的两个或多个维上进行选择操作，切块的结果是得到了一个子立方体。

5. 转轴（Pivot Or Rotate）

转轴就是改变维的方向。

维度表和事实表相互独立，又互相关联并构成一个统一的架构。

第六章　健康行业大数据应用

第一节　大数据与健康环境

一、爱国卫生运动信息管理系统

(一) 爱国卫生运动信息管理系统基本功能

1. PC 端功能模块

PC 端八大功能模块包括基础数据填报、数据分析、预警监测、在线申报、在线评审打分、报表导入导出、资料库、系统管理。注重疾控工作数据上报，通过系统管理平台，合理赋权各层级用户权限，根据角色登录、上报系统进行数据录入和查询。

2. 微信公众号

基于微信平台，建设公众号，实现对宣传爱国卫生相关文件、政策、依据等信息的推送，并实现与微信用户互动等公众号功能。

3. 移动端

满足移动办公需求，实现通过 APP 登录系统，查看系统资料库资料；定时开展现场检查工作，记录现场位置、记录开展现场检查工作时间、记录现场评分、上传现场照片、查看资料等。

(二) 爱国卫生运动信息管理系统数据库功能

1. 基本信息数据库和业务应用数据库管理

(1) 基本信息数据库维护

行政区划、综合管理、卫生创建、农村改水改厕、健康教育、除四害的基础性信息表，参照国家标准进行数据交换，由爱卫办统一管理。

（2）业务过程动态数据库，需动态实时更新

业务应用数据库基于基本信息数据库建设，是指综合管理、卫生创建、农村改水改厕、健康教育、除四害等工作过程的数据库。

2. 办公自动化系统模块

爱卫办内部办公自动化系统模块包括公文报送平台、信息上报、知识库、交流论坛、短信提醒、通信录、信息交换等功能。其辅助爱卫办，提高工作效率，减少沟通成本。

（三）爱国卫生运动信息管理系统 Flash 功能

1. Flash 电子地图

按照市、县、镇、村四级导航标准，来制作地级市、市辖区、县级市、县、乡、镇、街道的 Flash 电子地图，能在地图上标注相关基本信息。

2. 数据匹配功能

地图的行政区划数据和业务系统的行政区划（市、县、镇、村）要进行对应；为便于分析决策，以表格或者其他方式显示各级区域的爱国卫生统计信息；显示预警信息，分红灯、黄灯，并可闪动。

二、健康社区数据管理

在提高社区环境舒适度、居家生活舒适度、居民健康指数的基础上，降低社区能源消耗、水资源消耗、建筑固有碳排放和交通出行碳排放，从而实现提高社区生活满意度和降低社区整体碳排放的目的，这也是健康社区数据管理的重点。

（一）健康社区体系搭建

社区是位于某一特定区域，并拥有相应服务体系的人文与空间的复合单元，其居住人群具有共同利益关系和社会互动性。关于健康社区的搭建体系研究方面，政策相关管理部门制定了相关规范，部分房产开发企业也结合自身实践制定了企业内部相关规范。大多数学者研究认为，构建健康社区评价指标体系可以分

为四大体系、10 项核心技术、60 个推广技术。

（二）健康社区关键要素与主要节点

1. 健康社区六要素评价体系

"空气"主要内容包括：污染源（垃圾收集与转运、餐饮排放控制、控烟等）、浓度限值（室外及公共服务设施室内的 PM2.5、PM10 浓度限值等）、监控（室外大气主要污染物及 AQI 指数监测与公示、公共服务设施内空气质量监测系统与净化系统联动控制）、绿化（通过设置绿化隔离带，提高绿化率、提升乔灌木比例等增强植物的污染物净化与隔离作用）。

"水"主要内容包括：水质（泳池水、直饮水、旱喷泉、饮用水等各类水体总硬度、菌落总数、浊度等参数控制）、水安全（雨水防涝、景观水体人身安全保护、水体自净）、水环境（雨污组织排放及监测、雨水基础设施）。

"舒适"主要内容包括：噪声控制与声景（室内外功能空间噪声级控制、噪声源排放控制、回响控制、声掩蔽技术、声景技术、吸声降噪技术等）、光环境与视野（玻璃光热性能、光污染控制、生理等效照度设计、智能照明系统设计与管理等）、热舒适与微气候（热岛效应控制、景观微气候设计、通风廊道设计、极端天气应急预案等）。

"健身"主要内容包括：体育场馆（不同规模社区大、中、小型体育场馆配比设计）、健身空间与设施（室内外健身空间功能、数量、面积等配比设计）、游乐场地（儿童游乐场地、老年人活动场地、全龄人群活动场地等配比设计）。

"人文"主要内容包括：交流（全龄友好型交流场地设计，人性化公共服务设施，文体、商业及社区综合服务体等）、心理（特色文化设计、人文景观设计、心理空间及相关机构设置）、适老适幼（交通安全提醒设计、连续步行系统设计、标识引导、母婴空间设置、公共卫生间配比、便捷的洗手设施等）。

"服务"主要内容包括：管理（质量与环境管理体系、宠物管理、卫生管理、心理服务、志愿者服务等）、食品（食品供应便捷、食品安全把控、膳食指南服务、酒精限制等）、活动（联谊、文艺表演、亲子活动等筹办，信息公示，健康与应急知识宣传等）。

"提高与创新"对社区设计与管理提出了更高的要求，在技术及产品选用、运营管理方式等方面都可能使社区健康性能得以提高。

2. 健康社区主要节点

（1）空间节点

从健康保障角度来讲，健康社区相较传统社区实现了功能重构、单元重构和设施重构，是社区建设高质量发展的必然趋势。健康社区以人民群众的健康保障为出发点，重新构建社区的规划、建设与运管，采取政策的、环境的、服务的和资源的综合措施不仅能够提高社区所有个体的生理、心理和社会的全面健康水平，还能够提高相关组织和社区整体的健康水平。表6-1列出了健康社区规划与空间组织部分节点。

表6-1　健康社区规划与空间组织部分节点

项目名称	目　的
慢行系统	鼓励人们以步行取代使用机动车
基本服务设施	减少使用私家车到达基础设施的需求
安全环境控制	构建舒适、健康、安全的社区环境
公众参与	咨询周边居民和潜在客户的意见
人均用地指标	减少用地，控制建造成本
合理利用地下空间	鼓励使用公共交通出行，减少对私家车的依赖
场地风环境	降低风对舒适度的影响，提高行人舒适度
公共交通的便捷性	鼓励使用公共交通出行，减少对私家车的依赖
公众活动空间的可达性	为社区人员提供足够的室外活动空间和设施
住宅和商业分离	加强社区安全
包容性社区	在不考虑年龄、灵活度和贫富差距的情况下，确保社区人员都能够使用设施
社区环境特色	丰富住户精神生活，利于住户身心健康
社区文化与交往空间	丰富住户精神生活，利于住户身心健康

（2）设施节点

社区基础设施是构成社区的必备要素，社区内基础设施以及相应配套设备建设的完善性是社区建设的目标和要求，也是衡量社区整体水平的重要标准。同时，尽可能降低基础设施的资源消耗。表6-2列出了健康社区规划与设施部分节点。

表6-2　健康社区规划与设施部分节点

项目名称	目的
生活垃圾管理	鼓励回收利用废弃物
住宅分户分类计量	对能源的使用进行良好的管理
自行车存放	鼓励使用绿色交通方式出行
电动自行车/汽车充电装置	鼓励使用低碳交通方式出行
社区清洁能源交通工具	降低社区内部交通的碳排放
地下停车场自然采光	保证地下停车场良好的采光条件
停车场通风设计	鼓励在停车场使用高效节能的通风设计
公共区域照明控制	降低公共区域和社区基础设施能耗
高效小区集中采暖系统	降低采暖能耗
分项计量	对能源的使用进行良好的管理
场地可再生能源利用	设置场地内可再生能源系统，降低整体碳排放
便捷抄表	尽量减少对住户的干扰
减少夜间光污染	为住户提供夜间舒适的环境
隔离空气污染源	降低住户受邻近车库、饮食店、锅炉房和垃圾站等区域空气污染物的影响

（三）健康社区设施管理与数据

1. 地下停车场采光和通风

（1）地下停车场采光方式

地下室可采取下列措施改善采光不足的建筑室内和地下空间的天然采光效

果：设置导光管、反光板、反光镜、集光装置、棱镜窗、导光光纤等；设置下沉式庭院，或使用窗井、采光天窗实现自然采光。

（2）地下停车场通风设计（Carparking Ventilation Design）

在地下停车场的设计中，宜考虑将自然通风与机械通风有效地结合起来。为保证地下车库的空气质量，安装 CO 浓度传感器。在人的头部平均高度 1.6 ~ 1.8m处安装 CO 浓度传感器，控制器通过 CO 浓度传感器反馈回来的 CO 浓度来控制风机速度。风机采用变频风机。当传感器监测到的室内 CO 浓度超过规定值时，将提高风机转速，使 CO 浓度达到要求的浓度值。

2. 环境照明再生能源利用

再生能源包括太阳能、风能、地热能、生物能等多种清洁能源。项目在技术经济合理的前提下，在场地内合理地设置可再生能源系统。目前，比较成熟的技术包括：

（1）太阳热利用，即利用太阳能热水器供应生活热水和采暖等；

（2）利用地源热泵系统进行采暖和空调；

（3）太阳能路灯，或风光互补的路灯；

（4）集中或分散式太阳能发电；

（5）风力发电；

3. 室外照明环境健康

减少夜间光污染（Light Pollution Reduction），采用低照度照明降低建筑和景观小品照明，如一些低照度水平的构筑物、雕塑或者景观区域可设置在步行区。

在社区公共建筑的外区室内照明中，对于具有半透明或透明灯罩的非应急灯，在晚上 11：00 至早晨 5：00 的时段内，宜采取时控、人体感应或程序化的主照明控制面板等方式，降低至少 50% 的输入功率（相比日常工作时段）；该时段后的照明可采用手动或人体感应控制，延时控制时间不超过 30 分钟。表 6-3 给出了室外照明功率密度建议值。

表 6-3　室外照明功率密度建议值

照 明 方 式	地　　点	建 议 值
照明密度可以互相调整	非覆盖停车场	1.6 W/m²
	停车点及相关道路	
	路面	
	宽度小于 3 m 的人行道	3.3 W/m（长度方向）
	宽度大于 3 m 的人行道	2.2 W/m²
	广场	
	建筑小品区域	
	楼梯、台阶	10.8 W/m²
	建筑出入口	
	一般出入口	98 W/m（门宽度）
	其他门	66 W/m（门宽度）
	遮棚	13.5 W/m²
	室外零售场所	5.4 W/m²
	开放空间（包括移动的零售点）	
	沿街布置的移动零售点	66 W/m（长度方向）
照明密度不可以互相调整	建筑立面	2.2 W/m² 或 16.4W/m（长度方向）
	门岗	13.5 W/m² 未覆盖区域
	消防、急救等其他紧急车辆的停靠处	5.4 W/m² 未覆盖区域

4. 声环境（Acoustic Environment）

场地声环境设计应符合现行国家标准的要求，对场地周边的噪声现状进行检测，并对项目实施后的环境噪声进行预测。

合理选用建筑围护结构构件，采取有效的隔声、减噪措施，住宅室内声环境应符合《绿色建筑评价标准》中的要求。临街住户的夜间噪声水平必须符合现行国家标准，并采用道路声屏障、低噪声路面、绿化降噪、限制重载车通行等隔离和降噪措施，减少环境噪声干扰。宜按照动静分区原则进行建筑的平面布置和空间划分：避免将水泵房等噪声源设于住宅的正下方，产生噪声的洗手间等辅助用房宜集中布置、上下层对齐等。

当受条件限制时，产生较大噪声的设备机房、管井等噪声源空间与有安静要求的空间相邻时，宜采取下列有效的隔声减振措施：噪声源空间的门不直接开向有安静要求的使用空间；噪声源空间与有安静要求的空间之间的墙面及顶棚做吸声处理，门窗应选用隔声门窗，地面做隔声处理；噪声源空间的墙面及顶棚做隔声构造处理；设备间等采取减振措施。

有特殊音质要求的房间在进行声环境设计时，应优先采用优化空间体形，合理布置声反射板、吸音材料等；安静要求较高的房间内设置吊顶时，应将隔墙砌至梁、板底面，采用轻质隔墙时，其隔声性能应符合有关隔声标准的规定。综合控制机电系统和设备的运行噪声，如选用低噪声设备，在系统、设备、管道（风道）和机房采用安装衬垫等有效的减振、减噪、消声措施。

5. 自然通风（Natural Ventilation）

住宅能否获取足够的自然通风与通风开口面积大小密切相关。在设计过程中，根据项目所在地区所属气候分区，住宅房间的通风开口面积和地板面积之比应满足标准要求。自然通风的效果还与通风开口之间的相对位置相关。在设计中还应考虑通风开口的位置。建筑的一般房间宜迎向夏季主导风向，设置进风窗迎向主导风向、排风窗背向主导风向。由一套住房共同组成穿堂通风时，卧室、起居室应为进风房间，厨房、卫生间应为排风房间。在必要的时候，可进行室内自然通风 CFD 模拟分析，预测室内自然通风气流组织情况。

6. 良好的视野（Good Field of Vision）

城市建筑间的距离一般较小，应避免前后左右使用空间之间的视线干扰，两幢住宅楼居住空间之间的水平视线距离不小于 18 m。一般功能房间的窗户应具有良好视野，并避免来自其他住户的视线干扰。可适当加大具有良好景观视野朝向的开窗面积。

7. 其他

（1）单元公共空间（Unit Public Space）

在单元公共空间设计过程中，根据项目具体情况选择上述要求中的至少五条，使得单元功能空间面积配置合理，形状合理。套内功能空间设置与布局（Unit Layout）在套内户型设计过程中，根据项目具体情况选择上述要求中的至少五条，使得套内基本空间齐备，且功能空间面积配置合理、形状合理，满足本条标准的要求。

（2）室内温湿度监控（Indoor Temperature and Humidity Monitoring）

在居室的一般功能房间设置室内空气温度/湿度自动监测装置，检测探头宜安装在人员高度的 1.5~1.8 m 处。装置可采取壁挂固定式或移动式。若采用固定式的监测装置，应做好弱电线路的预留。根据项目所在区域的气候状况，为住户提供具有湿度控制功能的产品。

（3）室内新风系统（Indoor Fresh Air System）

住宅建筑的一般功能房间户内新风量应达到每人每小时 40 立方米，厨房和卫生间全面通风换气次数不应小于 3 次/h。住宅新风系统包括单向流住宅新风系统和双向流住宅新风系统。新风单向流系统的工作原理是主机运行将室内污浊空气通过管道排到烟道竖井或室外，室内会形成负压，新鲜空气会通过窗式进风器或者墙式进风口进到室内，并形成有效的气流组织路径供人们呼吸，达到空气置换的目的。新风双向流系统是在单向流的基础上，增加有组织的新风送风装置，形成一种双向流通的新风换气系统。当为住户配置新风换气机时，宜选择带有热回收功能的产品。

住宅建筑的一般功能房间，应设置能实时监控室内二氧化碳、VOC 浓度的探测器和显示装置。检测探头应安装在人员高度的 1.5~1.8m 处。监测装置可采取壁挂固定式或移动式。若采用固定式的监测装置，应做好弱电线路的预留。在室内二氧化碳浓度超过 800 ppm/h 时应进行实时报警，提醒住户及时开启换气装置或开窗通风，以保证室内卫生、健康的基本要求。

（4）室内空气净化和异味防控（Indoor Air Purification and Peculiar Smell Control）

空气净化设备是指室内独立或结合通风、空调末端设备安装的具有除尘、杀菌、吸附有害物质等功能的空气净化装置，是用来净化室内空气的小型家电产品。常用的空气净化技术有：低温非对称等离子体空气净化技术、吸附技术、负离子技术、负氧离子技术、分子络合技术、光触媒技术、TiO_2 技术、HEPA 高效过滤技术、静电集尘技术、活性氧技术等。材料技术一般有光触媒、活性炭、合成纤维、HEAP 高效材料、负离子发生器等。

在室外气象条件不宜直接自然通风的情况下（如大风扬沙天气），应采用空气净化设备进行室内空气品质的提高。为住户配置符合要求的止逆烟道和防臭地漏，防止单元间的异味和串味。

（5）生活水质控制（Potable Water Quality Control）

饮用水净化系统的设备、管材及配件必须无毒、无味、耐腐蚀、易清洁，且应设置排气阀和放空管。饮用水净化的深度净化处理宜采用膜处理技术（包括微滤、超滤、纳滤和反渗透），具体膜处理方式应根据处理后的水质标准和原水水质进行选择，并需根据不同的膜处理技术选用相应配套的预处理、后处理和膜的清洗设施。生活用水软化系统一般用于去除水中的钙镁离子等碱性物质，减低水中的硬度。软化水可以减轻或避免管道及涉水设备的结垢和堵塞，可以避免洗涤衣物泛黄、结硬，对皮肤、头发有很好的保护作用；一般用于洗涤用水，不能生饮。

三、环境信息管理系统

环境信息管理系统（EMIS）是以地理空间数据库为基础，在计算机软硬件的支持下，对空间相关数据进行采集、管理、操作、分析、模拟和显示，并采用地理模型分析方法，适时提供多种空间和动态的地理信息，为环境问题研究和环境决策服务而建立起来的计算机技术系统。

EMIS 以现代数据库技术为核心，将环境信息存储在电子计算机中，在计算机软、硬件支持下，实现对环境信息的输入、输出、修改、删除、传输、检索和计算等各种数据库技术的基本操作，并结合统计数学、优化管理分析、制图输出、预测评价模型、规划决策模型等应用软件，构成一个复杂而有序的、具有完整功能的技术工程系统。它既是各种环境信息的数据库，又是环境管理政策和策略的实验室。

（一）环境信息管理系统基本功能

环境信息管理系统（EMIS）是基于计算机技术、网络互联技术、现代通信技术和各种软件技术，集各种理论和方法于一体，提供信息服务的人机系统。

1. 数据采集、检验与编辑

（1）采集、管理、分析和输出多种地理空间信息。数据输入是把现有资料按照统一的参考坐标系统、统一的编码、统一的标准和结构组织转换为计算机可处理的形式。

（2）数据的检验和编辑。保证环境信息系统数据库中的数据在内容与空间上的完整性（所谓的无缝数据库）数据值逻辑一致、无错等。

2. 数据操作

数据格式化、转换、概化，通常称为数据操作。

3. 数据的存储与组织

栅格模型、矢量模型或栅格/矢量混合模型是常用的空间数据组织方法。属性数据的组织方式有层次结构、网络结构与关系数据库管理系统。

（二）环境管理信息系统基本结构

环境信息管理系统（EMIS）基本结构包括环境信息系统数据库、环境信息系统应用、环境模拟系统、环境信息系统平台。

系统中的关键技术是数据仓库、数据挖掘、联机分析和数据可视化技术、决策支持系统。

1. 数据仓库（Data Warehouse）

数据仓库是一个面向主题的、集成的、不可更新的、随时间不断变化的数据集合，它用于支持企业或组织的决策分析处理。数据仓库的实施主要包括四个步骤，即数据获取、数据集成、数据分析和数据解释。

2. 数据获取与传输技术

有线通信技术、二维条码、无线通信技术（红外线技术、蓝牙技术、GSM技术、GPRS 无线接入技术、5G 技术、Wi-Fi 技术等）、遥感技术。

3. 决策支持系统（Decision Support System，DSS）

决策支持系统是辅助决策者通过数据、模型和知识，以人机交互方式进行半结构化或非结构化决策的计算机应用系统。

（三）政府环境管理系统

政府环境管理系统实现目标基本信息管理，具体包括污染物预测排放量与实际排放量、"三废"排放分布、污染物累积负荷等；实现图文互查，支持动态地图与建设项目基础数据对比分析、地图动态范围选取，实现分析、汇总、专题图表生成功能。

知识库（Knowledge Base）是知识工程中结构化、易操作、易利用、全面有组织的知识集群，是针对某一领域问题求解的需要，采用某种（或若干）知识表示方式在计算机存储器中存储、组织、管理和使用的互相联系的知识片集合，被存储在计算机中完全支持数据库、有层次、模块化的特性。

人工智能（Artificial Intelligence，AI）是研究、开发用于模拟、延伸和扩展人的智能的理论、方法、技术及应用系统的一门新的技术科学。它企图了解智能的实质，并生产出一种新的能以人类智能相似的方式做出反应的智能机器，该领域的研究包括机器人、语言识别、图像识别、自然语言处理和专家系统等。

专家系统是一个智能计算机程序系统，具有大量的专门知识与经验。它应用人工智能技术和计算机技术，根据某领域一个或多个专家提供的知识和经验，进行推理和判断，模拟人类专家的决策过程，以便解决那些需要人类专家处理的复杂问题。

四、食品药品安全信息管理系统

（一）食品药品安全信息管理系统基本功能

食品药品安全信息管理系统操作用户

食品药品监督管理统计信息系统中，根据角色的不同，操作用户分为数据填报员、数据统计员、数据负责人。

（1）数据填报员

数据填报员是各行政事业单位、经营生产企业中主要负责统计报表制度数据填报人员。

（2）数据统计员

数据统计员是在数据填报权限的基础上，增加了查看行政区域内下级机构上报情况、审核数据、查询与分析等功能权限的各级食品药品监管局统计工作人员。

（3）数据负责人

数据负责人是在数据统计员对行政区域内数据审核、汇总完毕后，进行行政审批及报送上级单位的各级食品药品监管局主管统计工作的领导。

（二）公共卫生管理信息系统基本功能

遵循国家基本公共服务管理相关规范，逐步实现基层公共卫生服务均等化管理，通过建立全面、专业的公共卫生管理信息化系统，提高人民群众公共卫生获得感。基本功能包括：六级联网广域模式，实现从上至下涵盖部委、省、市、区（县）乡镇、村的全网络覆盖；被动转主动工作模式，智能提醒医生公共卫生相关的日常工作；建立居民健康档案，快捷登录（二代身份证验证登录功能）、信息录入全面准确；实现健康管理广覆盖，模块功能包含手机短信通知、疫苗接种、随访追踪、慢病管控、健康干预、健康促进；健康管理交互性好，实现健康档案网站查阅功能、健康计划管理功能。

(三) 公共卫生管理信息系统具体功能

卫生信息系统的主要功能包括健康档案管理、慢性疾病管理、妇幼保健、儿童保健管理、社区服务管理、免疫预防管理、统计查询、65 岁以上老人健康管理、重性精神病管理、传染病管理、健康教育管理、卫生监督协管、家庭病床管理、社区诊断统计分析管理、社区康复管理、双向转诊管理等常规公共卫生服务，也包括突发公共卫生事件应急处理、精神病管理、眼病管理、牙病管理、寄生虫病管理、地方病管理等多个子系统。

第二节 大数据与健康服务

一、健康服务与信息化

(一) 信息化健康服务应用

健康管理类信息化软件系统随着大数据、云计算技术的运用得到了快速发展和应用。通过通信、生理指标采集设备等先进技术手段将感应装置、智能终端设备、医疗机构和用户互联互通，从而实现了对用户多样化数据的采集和利用。

新型的多种健康管理主体和服务方式，包括保险公司与社区卫生机构合作提供的健康管理模式，它是在社区卫生服务机构为服务主体的基础上出现的；以体检中心为主体的服务模式；以信息产业公司为主体的服务模式。

(二) 中医体质辨识模型的信息系统

健康管理服务系统是以中医体质辨识模型为核心的。该系统根据体质学说量表问题，以医师问询录入的方式，结合医师"望、闻、问、切"中医四诊合参综合诊断方法，通过系统提供的体质辨识模型，将采集到的个人健康信息进行综合评估后给出相应的健康状态施养方案。同时，系统还具备为各医疗卫生服务机构开展社区居民健康普查、慢性病防治研究、健康干预效果评价、群体健康状态趋势评价提供统计分析的功能。

考虑到不同服务受众人群的多样性健康需求的特点，该系统在为普通人群提供中医体质辨识服务的同时，可分别为老年人群、孕产妇、0~6岁儿童、慢性病患者（Ⅱ型糖尿病、高血压）提供中医特色健康管理等系列服务。在此基础之上，通过医师的临床经验，将中西医诊疗方法紧密结合。系统在医师的操作下可录入客户理化检测指标，从而提供全科健康信息记录功能，进而可实现医师对客户的全面健康管理服务。因此，项目既是对传统中医学的继承，又是中西医结合的典范。该系统建立的健康管理服务模型可针对普通人群、老年人群、孕产妇、慢性病、儿童等五类不同目标人群实现全程健康监管和评价。同时，系统具备的数据统计分析功能对医疗临床实践具有辅助指导意义。

（三）健康服务机器人信息系统

健康服务机器人是服务机器人中的一个细分品类。

健康服务机器人就是专注于健康医疗服务的一类服务机器人，也可称为健康养老机器人，或者简称健康机器人。由于主要使用场所是家庭或者养老别墅、养老公寓，所以是一种家庭服务机器人。这是一种地面移动型或桌面型的服务机器人，带有摄像头和触摸屏，有麦克风，本体安装有多种环境传感器，并且可以连接第三方的健康监测设备，适合家庭等室内环境使用，能够语音识别和语义理解，可以陪伴家庭成员、进行健康监测及医疗平台连接，并具备智能家居控制、家庭日程事务管理、与家庭成员娱乐互动、医疗护理、养老助老等功能。

健康服务机器人的服务对象都可以在健康服务机器人上建立独立账号，存储个人的健康档案信息。服务机器人可以每天按照一定时间规律对服务对象进行健康检测，也可能根据传感器感知的数据进行临时检测，如老人主动向机器人表达"我今天胸闷"，则健康服务机器人可临时启动心电监测设备来测试老人实时的心电图。健康监测获得的数据需要进行数据分析和加工处理，并将结果呈现给用户本人及家庭医生等专业人士。

早起问候、天气预报、新闻播报、智能家居、亲朋视频通话、外出安防布防、机器人巡逻。日间：定时血压测量、生命体征探测、吃药提醒。睡眠：呼吸心跳持续监测、睡眠质量分析与预警。

老人摔倒：人体姿态分析、紧急报警、绿色通道。24小时：健康医疗云平台连接、私人医生，健康聊天健康咨询是健康服务机器人的轻问诊服务，在不需要医生介入的情况下，由机器人提供了一些医疗、健康、生活类问题的解答，这类解答是有针对性的，让医疗健康大数据与用户的健康档案进行关联，在答案上进行了筛选、匹配，能够实现上下文、记忆、条件限定与判断等功能。

一台具有真正的实用功能的健康服务机器人，最终必须连接一个可靠的医疗资源，不论是医疗健康服务平台，还是一家医院。如某健康服务机器人的后台就对接了专业的医疗健康平台，这种医疗健康平台，是由集医疗、养老、保险业于一身的O2O新型互联网+企业打造的。

二、中医体质辨识模型健康服务信息系统

系统的核心功能包括健康档案维护、中医体质辨识（普通人群）、中医体质辨识（老年人群）、0~6岁儿童中医健康管理、孕产妇中医健康管理、慢病健康管理（Ⅱ型糖尿病、高血压）、系统管理和系统接口设计。

（一）健康档案维护功能

健康档案维护功能包括：档案新增、查询、修改、删除，以及获取医院信息系统（Hospital Information System）客户信息。系统管理员和普通用户均可使用此功能操作。

1. 新增档案

在系统的角色设计中，健康档案维护人员可以是各级医疗服务机构中各科室的医师，也可以是机构用户中专职负责病患客户档案的管理部门的被授权人员。当档案维护人员需要增加客户信息时，可以通过问询的方式将采集到的信息录入到系统中。考虑到客户信息的完整性，客户信息包括姓名、性别、出生日期、身份证号码、电话号码、身高、体重、腰围、个人健康信息、婚姻状况、单位名称、联系邮箱、通信地址。如果信息被录入后，系统将会自动生成档案编号。

2. 查询档案

根据输入的客户姓名、身份证件号码、建档日期，疾病名称，以及体质辨识结果分类等信息，档案维护人员可以查询具体某一人或者某一类人的信息。系统需要能够实现通过输入客户姓名的关键字模糊查询客户档案。

3. 修改档案

根据需要，档案维护人员可以通过选择录入客户姓名、身份证件号码、建档起止日期，或者机构（科室）名称等条件，在系统中查询需要修改档案的客户。修改后保存客户信息即可完成修改操作。

4. 删除档案

根据需要，档案维护人员通过选择录入客户姓名、身份证件号码等条件，选择需要删除的客户，然后选择"删除"。这时，系统页面显示提示信息，档案维护人员确定删除指令即可完成操作。

5. 获取 His 系统客户信息

档案维护人员录入客户身份证信息和姓名，可以从对接的医院 HIS 系统中查询和导入客户的信息。

（二）专业体质辨识（普通人群）

专业体质辨识功能是系统的核心组成部分，该功能主要的使用角色是医疗服务机构的辨识医师。医师凭借专业知识和临床经验，结合中医技术规范的要求和体质学说的理论依据，为客户进行专业的体质辨识服务。根据需求，系统允许辨识医师对客户的辨识结果进行维护，对体质辨识报告进行审核、查看、删除。

1. 新增辨识

首先，辨识医师需要在系统中选择一条已有客户信息，然后选择"新增辨识"，系统将显示辨识流程页面。如果待辨识客户信息仍未录入系统，系统将提示辨识医师补充录入待辨识客户信息后才能执行此操作。

专业辨识服务流程共八个步骤，分别是：基本信息采集、病史信息采集、体质测评、舌诊信息采集、脉诊信息采集、体质分型诊疗、慢病诊疗、理化指标录入。

2. 查询辨识记录

通过"查询辨识记录"功能，辨识医师可以对客户辨识记录进行维护，对辨识报告进行审核、查看。

（三）中医体质辨识（老年人群）

中医体质辨识（老年人群）功能的操作权限和操作流程与专业体质辨识（普通人群）相同。但是，考虑到老年人群体质特征和生理特点，系统采用不同于普通人群的施养方案知识库，并在录入信息时增加"不适症状"测评。

（四）儿童中医健康管理

1. 健康服务

儿童健康服务由辨识医师用户进行，包括以下三个方面：基本信息采集、生长发育情况记录，以及中医检查。与普通人群和老年人群不同的是，儿童生长发育情况记录的信息还包括孕期的身长、体格发育、语言能力、行动能力、接种疫苗信息、牙齿发育（出牙、龋齿）、视力和听力的发育情况。另外，中医检查包括：面色、囟门、头发、舌色、舌形、苔质和苔色，以及饮食、活动、睡眠、大小便等信息。系统录入信息后选择"保存"。

2. 查询辨识记录

辨识医师选择一条经过辨识的儿童信息，然后根据需要维护以及查看儿童健康管理方案等相应客户信息。

3. 统计功能

统计功能具体包括：医师工作量统计（柱状图）、各阶段儿童健康状况统计（柱状图）、儿童性别统计（饼形图）。

（五）慢病健康管理（Ⅱ型糖尿病）

Ⅱ型糖尿病健康管理包括：血糖监测、辨证分型、查询辨识记录、统计，以及科普糖尿病知识。

（六）慢病健康管理（高血压辨识）

辨识维护医师用户从辨识记录查询结果中选择需要进行血压监测的客户，然后打开血压监测页面，补充录入客户血压监测信息并保存。

第三节　大数据在健康中的应用

一、大数据在健康中的应用概述

（一）医疗资源相对短缺

医疗资源是指提供医疗服务的生产要素的总称，通常包括人员、医疗费用、医疗机构、医疗床位、医疗设施和装备、知识技能和信息等。随着我国医疗卫生水平的发展，我国医疗费用、医疗机构、床位等资源均呈持续上涨形势。

1. 医保基金负担

医保基金负担较重。近年来，医保基金支出增幅基本高于收入增幅，且医保支出占收入的比重呈现上升趋势；65 岁以上老年人比重上升，增加了医疗负担。此外，医疗机构端，资源浪费加大，如存在滥开药、滥检查、药品虚高定价、乱收费等现象，流失医保基金上升，监管机构虽然做了大量工作，但审核控费难度仍较大。

2. 医疗资源不平衡

医疗资源分布不平衡有待完善，分级诊疗制度的部分失灵是其原因之一。

3. 区域健康信息化建设

区域健康管理信息化在政府的大力倡导下基本建立，但是，建设程度、投入应用情况、标准化程度还有差异，基本情况主要体现为以下三点。

（1）电子病历、健康档案、医疗影像数据标准规范需要相对统一。目前，格式不同、内容不同、存储分散现象仍存在着。这些现象在区域医疗数据中心层统一存储、统一检索时工作量加大，采集众多子系统业务数据的信息整合难度加大。

（2）我国健康相关行业信息化投入巨大，投入增长率历年来持续上升，其中占主导投入的是临床信息系统，区域卫生医疗信息系统次之。

（3）健康信息化升级，与大数据、云计算技术深度融合，云数据中心成为重要载体，提供健康大数据服务与相关方。将医生、病人、护士、大型医院、社区医院、医疗、保险、医疗机构、卫生管理部门、医疗机构、药品管理相应主体、相关事项的数据得以统合，赋能医疗决策过程。

（二）智慧健康管理与服务作用凸显

随着物联网、大数据等技术在医疗领域的应用，形成了一种新型的智慧医疗服务模式。智慧医疗的建设和发展通过信息化手段实现远程医疗和自助医疗，既有利于缓解医疗资源紧缺的压力，又有利于医疗信息和资源的共享和交换，从而大幅提升医疗资源的合理化分配，还有利于我国医疗服务的现代化，提高医疗服务水平。

智慧健康管理与服务生命周期分为四个阶段：探索期、启动器、高速发展期、成熟期。目前，我国步入高速发展期，市场高速增长、商业模式不断清晰完善，细分领域龙头初现。智慧健康管理与服务作用主要表现为医院去中心化、医生去中心化和药品去中心化三个方面。

二、孕期健康管理系统

（一）孕期健康管理信息系统基本功能

1. 孕期健康管理信息系统

孕期健康管理信息系统是为医院产科量身打造的信息系统。主要管理从妇女怀孕开始到分娩结束42天以内的一系列医疗保健服务信息。产妇信息大部分在门诊阶段，就诊具有连续性、周期长特点，诊疗信息、以往门诊记录多采用纸质化手工录入，不可避免会出现速度慢、共享性差、信息不全等问题，增加门诊护士工作量，同时不利于医生、护士医疗工作的开展。

2. 孕期健康管理信息系统架构

系统收集门诊记录、住院记录数据，形成孕妇档案记录。住院病人列表、分病区展现等基本信息、全科室所有病区整体床位情况（住院人数、已分娩人数、空床位数、自然分娩3天人数、剖宫产7天人数等）、分顺产/破宫产记录可在系统显示。系统支持孕妇产程管理，即产程用时、分娩用药等的数据，结构化录入界面，支持打印孕妇分娩记录单。系统支持孕妇分娩记录单共享新生儿评分。系统支持对新生儿观察记录、采集新生儿体温能自动绘制体温曲线图，并支持预览、打印，系统支持孕妇分娩后病房产房结构化录入、编辑，打印、生成病房产房交接记录单。

3. 基本功能模块

（1）基本资料

通过HIS系统，方便查询到孕产妇及配偶基本信息：孕妇基本情况、孕妇丈夫基本情况、孕妇月经史、孕妇现病史、孕妇家族史、孕妇既往史、孕妇孕史等相关记录。

（2）早孕检查

早孕的一般症状、早孕体格检查、早孕妇科检查、早孕产科检查、早孕的产科并发症、早孕的产科合并症、自动精准计算预产期、记录早孕诊断结论等相关内容。

（3）产前检查

管理产检基本情况（如进行一般常规检查，如身高、体重、血压、宫高、腹围、水肿等）、产检化验检查情况、产检特殊检查情况（如B超、胎儿监护、脐血流等）、产检妊娠疾病、产检高危因素及评分、产检医生诊断结论，支持历次产检数据的显示，系统自动生成宫高/孕周、腹围/孕周的曲线图。

（4）提供查询参考意见

孕期保健、饮食卫生知识，提供医生参考意见、保健指导供孕妇参照；查询预约产检、临产情况；支持产检报告打印。

（5）产时记录

分娩信息记录（分娩日期及时间、接生分娩方式、出血量、羊水量、产后血压、会阴情况等与分娩相关的基本信息），新生儿出生信息记录（新生儿出生时间、性别、评分、体重、身长等基本信息）。

（6）监督信息管理

上报分娩信息、产房专科病历文书、产后访视信息与管理、婴儿历次访视信息与管理、访视医生工作监管信息、结案管理。

（二）高危孕产妇数据管理功能

1. 管理高危档案

（1）关注孕妇基本资料和相关数据信息（产检、产时记录），平台支持高危因素自动判断，生成高危专案、流程进入高危管理；

（2）系统支持医生判断手动新增高危档案；

（3）管理孕妇高危转归；

（4）管理孕妇高危结案；

（5）管理高危复诊；

（6）统计、查询高危孕妇；

（7）支持高危因素自动判断或人工加入及风险值评分；

（8）记录高危复诊情况；

（9）进行高危追访与登记。

2. 孕产妇保健报表管理

系统提供相关孕产报表，包括孕产妇工作量、孕产妇工作量台账、孕产妇工作量季报、孕产妇年报、孕产妇自定义报表等。

3. 孕产妇短信推送平台管理

（1）平台定期通知体检。

（2）孕产妇信息系统支持首次建档完成自动提醒功能，自动通知首次检查内容及注意事项。

（3）预约产检成功后，系统自动记录存储，临近时间前几天自动提醒孕妇进行产检。

（4）健康指导、饮食建议等。

三、婴幼儿与青少年健康管理信息系统

（一）婴幼儿健康管理信息系统

1. 基本功能

婴幼儿健康管理信息系统，服务内容支持妇女儿童保健服务、医嘱诊疗服务等，系统流程运营支持身份证健康卡读取挂号、预约挂号、保健手册建立，专项管理支持高危孕妇及重点儿童管理。

（1）个人信息管理

个人信息管理主要包括：自动建立保健手册，通过数据关联自动提取配偶或子女信息；支持自动填充妇女初检病史记录；基本信息能够自动关联其他模块共享，减少重复录入。

（2）医嘱管理

医嘱管理主要包括：快速下达医嘱，包括药品、检验、检查等申请；成套方案支持、处方职级、处方限量管理等；自动记录孕期妇女用药、儿童用药监测功能；结构化保健医疗一体，记录全过程保健、检查内容；支持高危孕产妇与重点儿童管理，发现的高危孕产妇、重点儿童纳入统一管理，支持高危评分、登记、预约、追踪和转归流程；高危因素自动指标值确认预警，孕期保健指导、儿童膳食、早教指导支持功能。

2. 教育功能

系统一般需要内置健康教育模板。采用有针对性的健康教育策略，及时对孕产妇进行围产保健知识宣教是非常必要的。支持模板新增、修改、打印，妇女保健服务；支持各科室检查结果汇总，提供孕妇各阶段保健业务支持和指导；支持差异化自定义保健指导。

3. 其他功能

提供儿童健康体检管理功能；提供 5 岁以下儿童死亡管理功能模块；提供检

索历史保健服务（EHR）的功能模块；孕期视图、儿童健康视图。

4. 其他记录功能

其他记录功能主要包括诊断、检查、检验、其他交互信息记录。

5. 母子健康 APP 及微信公众号功能

在移动互联网与 5G 时代，可远程建档预约，节省现场建档等待时间。"互联网+"思维推出了母子健康手册 APP，内容包含个人档案、孕育百科、健康检测、产检结果、检查提醒、孕妇学校、营养食谱、孕产日记、政策法规等，实现妇幼卫生工作信息化管理，提高孕产妇和儿童保健信息的及时性、准确性和科学性，推进妇幼保健事业。

（二）儿童健康管理信息系统

1. 儿童健康管理信息系统介绍

儿童健康体检管理子系统是记录和管理 7 岁以下儿童的健康信息，对儿童各期生长发育进行动态评价的计算机应用系统。该系统建立儿童系统完整档案，连续动态追踪 0~7 岁龄区间的健康数据，具体包括：健康体检、营养状况、生长发育监测、眼、口腔、听力、心理等保健信息，实现对 7 岁以下儿童的健康管理。

2. 功能模块

（1）基本资料

与"HIS 系统"兼容，能检索系统已有的基本出生信息；与"孕产妇保健管理平台"兼容，能共享检索到婴幼儿阶段的信息；支持手动输入，登记儿童基本信息的功能。

（2）体检资料

详细记录历次体检资料，自动评价儿童体格发育情况，科学保健查询指导功能和饮食喂养建议，系统自动生成儿童生长发育比值功能（WHO 推荐的体重/年龄、身高/年龄、体重/身高相关的指标体系）。

（3）体弱儿档案

系统根据预设指标体系，及时预警判断体弱儿体征；体弱儿档案自动生成功能，兼容医生输入编辑判断体弱儿功能；体弱儿档案管理功能；动态追踪体弱儿温馨提示、关联复诊与复诊记录的功能；体弱儿恢复治疗、保健指导、康复转归、结案管理功能模块。

（4）监控指标上报接口兼容功能

省妇幼保健信息平台直接报送功能，通过接口程序报送5岁以下儿童死亡、体弱儿信息；与"上级新生儿出生缺陷分系统"兼容，记录出生缺陷新生儿，生成相关报表上报。

（5）报表系统

儿童保健工作报表、儿童保健工作明细报表、儿童保健季度报表、儿童保健年度报表、儿童保健专案数据统计、儿童保健自定义报表等。

3. 儿童保健短信平台管理系统及其他

（1）短信平台系统

平台体检提示推送短信功能；服务端短信自定义内容功能，推送动态健康指导及饮食建议。

（2）其他管理系统

包括儿童保健口腔管理系统、儿童保健视力检查系统、儿童保健新生儿疾病筛查管理系统、儿童保健听力筛查管理系统等。

（三）青少年体质健康管理信息系统

中国学生体质健康网登记学校信息，使用"国家学生体质健康标准数据管理系统——数据上报软件"进行数据上报。

其基本程序为：设置学校信息—设置测试项目—提交学生测试数据—自动评分—上传数据。

数据导入成功后，可按全校、年级、班级及个人进行评分计算。

评分完成后，可点击"数据上报"按钮，然后点"生成上报文件"按钮，完成后，点击"开始上传"。当数据上传结束后，系统会给出提示。

国家数据库的定位一般是：为每年的数据上报工作服务，为各级教育行政部门、学校查询数据服务，为促进青少年的体质健康服务。

教育行政部门：按属地管理，可以查询本辖区内学校数据的各种统计报表。

学校：凡是已在中国学生体质健康网进行上报学校网上登记并获得学校代码及国家数据库会员号的学校，即可以用此国家数据库会员号注册成为国家数据库的会员。

四、成人、老人健管信息系统

(一) 成人健管信息系统基本功能

成人健管信息系统服务平台是一个全信息化模式的互联网成人健康服务平台，它的具体功能包括健康信息采集、疾病风险评估和健康指导干预等，此外还包括信息采集、健康测评、风险评估、健康指导和风险因素干预在内的健康服务。

1. 成人健康服务平台

成人健康服务平台包括：客户接触子系统、信息处理子系统、接口处理子系统。

2. 成人健康评估

健康评估是健康服务中重要的一步，它是通过收集与追踪反映个人身体健康状况的各种信息，然后利用预测模型来确定参加者目前的健康状况及发展趋势，最后根据疾病评估结果，针对健康危险因素为个人提供保持和改善健康的方法。健康评估有效地帮助降低个人患慢性病的危险性，维持与个体年龄一致的良好状态，使参加者能健康幸福地生活。除此之外，健康评估还包括：健康生理评测、健康心理评测。根据用户输入的健康信息（体检指标信息等医学指标参数或者心理咨询问题），健康评估模块计算处理并输出评测结果。

(二) 成人健管信息系统其他功能

1. 信息处理子系统

信息处理子系统完成信息的存储、分析、抽取以及客户健康信息的再造计算，信息处理子系统是系统的核心处理模块，它的上层是客户接触模块，下层是接口处理模块，系统的建模算法从简单到复杂逐步演进最终实现分布式服务处理阵列（云计算处理）。信息处理子系统提供的服务包括信息管理服务、业务管理服务、评估服务、交互服务、账户管理服务、查询服务、支付服务、诊断传感信息诊断服务。

信息处理子系统提供了全天候健康诊疗服务功能，首先用户诊疗传感器将用户实时健康指标信息（温度、心律、血压、血糖、血脂指标等）通过无线或有线接入采样，然后由诊断服务处理系统对采样信息进行记录、分析并形成健康预警评估信息，最后对用户的健康状况进行实时监控。

2. 接口接入服务

要达到成人健康服务平台同外围关联系统的接口接入服务功能。需要的接入服务包括客服系统接入服务、业务平台接入服务、银行（银联）接入服务、医疗机构接入服务、会员俱乐部接入服务、诊疗传感接入服务。

如果要实现各个接口报文的协议转换和转发交易请求，需要将交易处理结果生成各个接口报文信息发送对端接口处理，完成交易过程。

（三）老年人健康信息管理系统基本功能

老年人健康信息管理系统是实现智慧养老的重要数据管理平台。该系统不仅可以利用信息技术和人工智能技术为老年人健康信息的管理和利用提供有效的解决方案，同时，也可以为养老服务机构的功能完善及相关政府部门的政策制定提供有力的帮助和依据支撑。

系统结构分为客户端层、硬件层、软件层和数据层。客户端层按照使用的人员和单位可以分为老年人客户端、监护人客户端、养老机构客户端、政府部门客户端和系统管理员客户端等，各类客户端都具备了不同的功能。硬件层包含各种穿戴设备和信息显示设备等，它主要服务于使用者与系统之间的数据交换和处理。软件层包括老年人健康信息管理系统和系统集成的其他软件，是实现系统功能的重要组成部分，也是系统开发的重点。数据层是老年人健康信息管理系统的核心，系统数据分为基础数据和养老医疗知识数据两部分（包括健康档案信息和康养指导知识），基础数据是老年人健康数据的核心，主要是采集与储存老年人健康信息数据，养老医疗知识数据集成的养老与医疗知识能够支撑系统对老年人个体或者特定群体的健康状况进行分析。

系统功能有四大功能模块，一般分为健康档案信息录入、健康档案信息检索、健康档案信息存储和健康数据对比分析。

1. 健康档案信息录入

健康档案信息录入的功能一般实现的是老年人健康档案信息的录入。老年人健康档案信息包括健康体检信息和老年人的实时生命体征信息。健康体检信息采用手动录入与系统导入两种方式。手动录入功能针对的是老年人日常自行体检且未在医院智慧管理系统中存储的零散体检数据；系统导入功能针对的是老年人在具有智慧管理系统的医疗机构体检后，老年人健康信息管理系统通过医疗机构的智慧管理系统直接导入老年人的体检信息，该功能可以大大提高系统的运行效率。

2. 健康档案信息检索

系统一般提供姓名、性别、民族、身份证号和监护人姓名等多字段的检索功能，健康大数据技术与应用导论使用者根据具体情况利用单个或多个字段进行检索，从而提高信息检索的效率。系统还可以提供群体数据检索功能，能够检索满足一定条件的老年人群体的健康信息。该功能可以使养老服务和医疗机构以及相关政府部门掌握特定老年人群体的健康状况，为制定相关政策提供有效的数据支撑。

3. 健康档案信息存储

老年人健康信息管理系统运转效率的基础是稳定和完善的信息储存。因此，系统的信息存储是系统设计需要关注的重要组成因素。为了保证系统存储信息的稳定性和安全性，采用了云存储技术，在数据上传云端之前，利用加密软件进行加密保护，在编码完成后再将数据信息上传至云端服务器，同时系统设计了严格的权限管理功能，保证信息的安全性。

4. 健康数据对比分析

系统提供的健康数据对比分析有个人健康状况分析和群体健康状况分析两个子功能。个人健康状况分析能够根据操作者设定的时间段和一般身体健康指数进行分析，并通过系统内置的康养知识专家库中的康养知识、给出对应的康养方案和注意事项，为老年人自我养老提供有力支撑。

（四）老年人健康管理系统具体功能

老人的体检健康信息可以对老人健康进行监控预警。健康一体机可以检测到老人健康数据，包括血压、血糖、血氧、心率、运动、BMI 等指数，同时包含医院、医生管理信息，健康设备的管理信息。

1. 健康数据管理

（1）体检信息管理

填入老人的体检信息，包括血压、血氧、血糖、心率、胆固醇、尿酸等的信息。对于已添加的体检信息，由专业的医疗人员来进行评估。

（2）健康监控管理

先在接入健康一体机上，刷卡建立老人健康管理信息，测量健康各项数据。统计界面上就会显示每一个老人的健康监控界面。

2. 健康弹屏界面

对于使用健康一体机来测试身体健康指数的老人，刷身份证即可在平台自动弹屏，一体机测量完成后，会自动上传并显示到此界面对应的测量项和测量数值。

（1）健康参数管理

对健康项目的基础值进行设置，系统会自动将老人体检的实际数值与基础值进行比较，假如超出这个范围，系统会对该老人的该项体检项目进行预警，在平台和 APP 端显示预警信息详情，以提示工作人员、家属、老人等及时关注老人的身体健康。

（2）健康预警管理

如果老人的数值超出安全范围时，会自动对老人的健康信息进行预警。

五、临终关怀和心理健管信息系统

（一）信息系统与临终关怀服务

1. 临终关怀事业模式

（1）安宁模式

安宁模式强调了一个中心、三个方位、九个结合的重要性，具体是指以控制疼痛作为临终关怀的中心工作，依托医院、社区、家庭三方的联结，充分利用九个方面的资源。

（2）养老院模式

养老院模式要求养老院与医院密切合作，将临终患者转到养老院临终关怀病房，并在养老院内完成从长期护理到临终关怀的过渡。

（3）传统医学模式

传统医学是我国临终关怀事业的一个最具中国化和本土化的亮点。中医和我国少数民族医药资源在临终关怀领域发挥作用的时间远远超过西医，其独特性和思想性值得学界关注。

2. 临终关怀服务体系

"养老与送终"自古以来就是中华民族所关注与重视的问题，也是经济与科技快速发展后人类社会变革所要必然面对的问题。以患者前往养老院后到养老送终阶段为时间维度，梳理在临终关怀服务中的利益相关者，并提出患者、家属与院方的三方核心关系。运用服务蓝图与用户旅程图等工具寻找服务触点，获取其真实需求。对需求进行分析，得到产品设计目标即 APP 设计、设计核心要素即人文关怀以及建立多方合作的临终关怀服务体系，最终用视觉化手段呈现。

（二）心理健康信息系统基本功能

1. 心理健康信息系统组成

心理健康信息系统一般由四部分组成：网站客户端（B/C 端）、手机端（APP）、后台管理端、数据库管理端。

2. 心理健康信息系统功能模块

通过对个体的能力、自我、适应、人际关系、智力、职业生涯等方面进行全面评估，了解个体心理健康状况，建立心理健康教育档案，实现个体与社会的衔接，促进个体在社交、情绪、动机、智力等方面全面发展。心理健康与测评档案管理系统一般包含人员信息管理系统、测验管理系统、危机干预管理系统、调查问卷管理系统、咨询预约管理系统、心理档案管理系统、数据分析系统等的功能。

第七章　金融交通大数据应用

第一节　金融行业大数据应用

一、大数据对传统金融行业的颠覆

在大数据时代，传统金融机构也开始采取积极的应对措施，以面对新兴金融力量不断渗入造成的威胁。例如，银行业推出网上银行和电子商务等业务，保险业亦开始探索通过网络销售保险、网上个性化保险产品和虚拟财产保险等业务。

由此可见，大数据俨然成为金融行业构建核心竞争力的重要资产。

（一）金融行业如何掌握大数据

传统金融行业的竞争力在新的历史环境中面临着较大的机遇与挑战。因此，各大企业必须利用大数据的理念改造自身。抓住大数据的机会，是中国金融行业新时代的使命所在，企业可以利用自身优势探索一条新的道路。

在大数据时代，对于金融行业来说技术以及平台的选择并不是最重要的，最重要的是企业自身的业务需求。如何在这些新技术之间做出选择，发展自身的特长，才是把握大数据的关键。

数据中心就相当于人体的心脏，对企业的业务发展至关重要。越来越多的金融企业要求利用数据中心，来达到客流量增加、降低产品风险、提高运营效率和优化产品内容以及服务这五大目的。

（二）金融行业大数据初步应用

数据的价值在于能够洞察企业的运营规律，这一点正成为金融企业的核心竞争力。大数据在金融行业的应用范围大致有以下两点。

1. 大数据应用已初成规模

目前，大数据的应用已经在金融行业逐步发展开来，并取得了良好的效果，形成了一些较为典型的业务类型，如移动银行、智能风控、车险运营与服务、智能客服、资产负债管理解决方案和互联网银行平台等。

互联网与银行平台结合的模式能够快速拓展银行的线上业务，高效地满足银行需求，并通过大数据全面提升银行的服务能力。

2. 大数据应用市场将快速发展

随着数据价值被越来越多的金融企业所认可，在业务转型时期，各大企业均利用大数据优化自身客户端以及坐席端，使得大数据应用市场规模快速增长，同时也产生了一系列智能应用。

（三）金融行业发展的环节

总的来说，金融行业在大数据的推动下越来越朝着信息化的方向发展，具体又可分为六大环节。

1. 数据细分

市场数据集变得越来越庞大，业务对数据的细分粒度要求越来越高，难以满足预测模型、业务预测和交易影响评估的需求。

2. 监管和合规

新的监管和合规要求更强调治理和风险汇报，推动了全球性金融机构更深入和透明的数据分析需求。

3. 风险管理

金融机构不断完善自身的企业风险管理框架，基于该数据管理策略开发的框架可协助企业提高风险透明度，加强风险的可审性和管理力度。

4. 存储和处理

大数据在存储和处理框架两方面的优势将帮助金融服务企业充分掌握业务数据的价值，降低业务成本并发掘新的套利机会。

5. 技术要求

技术基础设施和网络在对不同来源和不同标准数据进行处理、编索和整合方面的压力不断增大，对大数据的技术要求越来越高。

6. 数据量需求

面对大数据所带来的不断增加的数据量要求，需要对传统的数据传输工具ETL（提取、转换和加载）流程进行重新设计。

（四）数据洞察是核心竞争力

1. 市场洞察：策略、模式、产品

以阿里巴巴集团为代表，以客户资源和信息数据库为基础，搭建专有云和金融云等大数据平台，冲击着银行传统的运营模式。

阿里巴巴集团对金融市场有着敏锐的洞察力。在依靠其自身强大的数据技术能力下，它在金融的证券开户、对公开户和贷款面签，甚至是车险勘察定损上都具有广泛的应用。

另外，阿里巴巴集团还开发了智慧银行解决方案。智慧银行解决方案构建于阿里云飞天平台、大小专和 EMR 平台之上，是为银行提供稳定和高性能的计算以及存储服务的专业平台。它提高了银行的数据质量，并通过运营使银行数据不断沉淀，从而累积成资产，让数据产生业务价值。

面对证券行业严重的同质化现象，阿里巴巴集团以大数据和平台为支撑，构建了一套全面的证券智能营销解决方案。

证券智能营销解决方案是通过分析并整合客户内部和外部数据，勾勒客户画像，实现对客户的精细化运营和管理。该方案具有可视化和服务化的特点，为客户运营提供了大量的数据支撑。

除此之外，阿里巴巴集团在银行、证券、保险和基金等金融产品方面具有强大的安全保护性能。它采用独立的机房集群，将数据与公共云物理隔离，降低了数据被盗窃的风险，且满足"一行三会"的金融监管要求。

2. 客户洞察：开发、服务、营销

数据洞察的主要目的还是提升客户体验。一方面，要让客户对服务的形式有

更多的期待；另一方面，数字的高度集成化让企业更能完整地理解客户习惯。

在国内金融行业，同质化竞争现象非常严重。那么，建立在人口基数上的海量客户资源更应该被有效地利用，并同时转化为客户增强自身实力。

大数据对反非法行为也比较在行。面对钓鱼网站攻击和信用卡套现等欺诈客户行为，大数据引擎可以建立反欺诈模型，利用数据库中已知的欺诈案例和对异常情况的设定等，可以对嫌疑行为进行分析和判断。

（五）金融行业大数据的挑战

新兴数据时代的来临，意味着机遇和挑战。深入研究大数据时代金融行业的机遇和挑战，有利于企业在大数据时代趋利避害，充分发挥大数据赋能行业的作用。

在看到机遇的同时，必须看到大数据时代金融行业还面临一些严峻挑战，主要可以分为以下四点：

1. 思维方式面临冲击

虽然我国金融市场不断涌现创新产品，总体上是延续了发达金融市场发展的脉络，但大数据对思维方式的冲击可能是颠覆性的。

2. 数据基础比较薄弱

各大金融主体挖掘内部数据，收集外部数据，对数据分析与处理和发现数据背后价值的能力良莠不齐，将直接影响金融市场核心竞争力。

3. 外部竞争可能加剧

金融行业面临来自互联网企业和科技公司业务分割的竞争压力，金融行业的生存空间受到挤压，其竞争力可能弱化。

4. 人才储备严重不足

现在，高端信息技术人才匮乏是制约金融业发展的重要因素之一。面向大数据时代，金融行业在人才上的问题显得更加突出。

二、金融大数据构成及内涵考察

金融运行和金融发展是人类经济文明的一个重要组成部分。从反映人类文明的人文主义来看，大数据问世前后的人文主义是不同的。在大数据问世前的农业化社会直至工业化社会的初期和中期，尽管出现了各种风靡一时的人文主义，但科技因素对人文主义的影响通常是从属于文化因素的；大数据问世后，科技人文主义有着逐步取代历史上各种人文主义的趋势。推崇大数据的未来学家是科技人文主义的信奉者，他们认为将来一切都由大数据主宰，人类所有活动和自然界所有现象都将会成为一种"算法"。世界的未来大势果真如此吗？对此，经济学家可能不敢贸然下结论，但在大数据、互联网和人工智能等相融合的今天，金融运行和金融发展作为人类经济活动的重要领域，有许多可通过现象捕捉和把握的机理，需要经济学家去研究。

事实上，大数据是自有人类就存在但直到工业化后期才出现的概念，该概念既包括数字化数据，也包括非数字化数据；既包括人类社会活动留下的所有痕迹，也包括自然界所有现象的痕迹。同时，它不仅包括已发生事件的历史数据，而且包括正在发生事件的现期数据和将会发生事件的未来数据。我们现今描述和论证的大数据，主要是针对人类活动而言的，比如，工业大数据、农业大数据、消费大数据、金融大数据、投资大数据、社交媒体大数据以及人们衣食住行各种分类的大数据等。就金融大数据而论，它主要由金融机构、厂商、个人和政府当局在投资、储蓄、利率、股票、期货、债券、资金拆借、货币发行量、期票贴现和再贴现等构成。大数据构成的分类权重很复杂，需要我们利用云平台和运用云计算、人工智能技术来处理，而不是简单加总就可以作为决策依据的数据。换言之，理解金融大数据的构成并不难，困难主要发生在如何搜集、整合和分类大数据的分类权重，以及如何对这些经常变动的金融大数据进行挖掘、加工和处理。

金融大数据内涵，可以理解为大数据中蕴含的反映人们金融交易行为互动的基本信息，这是一种依据"信息来源于大数据"的认知而得出的理论考量。比较金融大数据内涵与金融大数据构成，两者之间存在着关联：前者会在一定程度上规定后者，这主要体现在大数据分类构成及其权重变化会导致金融运行有可能出现的机遇、风险或危机等方面；金融大数据内涵并不等价于金融大数据构成，这是因为，金融大数据内涵在一定程度和范围内要受到政府宏观调控政策及其制度安排的影响，以至于人们难以依据金融大数据构成进行决策。这个问题会涉及金融大数据外延，以及人们根据金融大数据进行决策会不会出现偏差等的讨论。不过，我们在一般理论层面上讨论金融大数据内涵，把聚焦点放在金融大数据构成上，应该说抓住了问题分析的症结。

金融大数据内涵具有极大量、多维度和完备性等特征，人们根据金融大数据进行决策，需要有适应这些特征的新科技手段。在现已运用的新科技中，云平台是搜集和分类极大量和完备性之大数据的基础，集约化云计算是加工和处理极大量和完备性之大数据的主要技术手段，机器学习、物联网、区块链等其他人工智能技术则是对多维度大数据进行甄别、判断和预测的主要分析工具。人类运用新科技手段对金融大数据的挖掘、搜集、整合、分类、加工和处理，存在着效用函数的评估问题。从正确把握金融大数据内涵从而消除金融活动不确定性来考察，该效用函数要取得最大值，关键是人们不仅要能加工和处理历史数据，而且要能加工和处理现期数据和未来数据，并且能够从历史数据、现期数据和未来数据中获得准确信息。金融大数据内涵既可以从静态上理解，也可以从动态过程解释。显然，经济学家分析现期数据和未来数据是对金融大数据内涵的动态研究，它是我们解说金融大数据内涵的分析基点。

大数据金融，主要是指运用大数据分析方法从事金融活动的方法和过程，即厂商、个人和政府通过云计算、机器学习、物联网、区块链等人工智能技术来匹配金融大数据的方法和过程。大数据金融反映的是，金融机构、政府当局、厂商和个人正在进行决策的具体过程。较之于金融大数据，大数据金融关注大数据工具的选择和运用，强调金融活动主体在互联网扩张过程中掌握和运用云平台、云计算、机器学习、物联网、区块链等人工智能手段的技术层级，注重金融活动的效用函数。从数字经济运行角度来看，大数据金融的落地过程伴随着互联网、大数据和人工智能等相互融合的运行过程。

三、大数据金融的实施平台和技术配置分析

大数据在各行各业广泛运用的背景是互联网扩张，信息互联网由 PC 互联网发展到了移动互联网，物体互联网由物联网和人工智能两大块构筑，价值互联网通过区块链开始崭露头角。互联网扩张的直接后果产生了以互联网为平台、以大

数据为基本要素、以云计算和机器学习等人工智能为手段的数字经济。数字经济涉猎范围很广，大数据金融便在其中，易言之，互联网扩张是大数据金融的实施背景。

（一）互联网扩张为大数据金融提供平台，大数据金融会借助这个平台得以纵深发展

在数字经济开始渗透宏观和微观经济领域的当今世界，厂商与厂商、厂商与政府、厂商与消费者之间的行为互动，已充分反映出互联网扩张态势。随着5G通信、社交媒体、传感器、定位系统等的覆盖面越来越宽广，信息互联网、物体互联网和价值互联网会提供海量数据，这些海量数据为从事大数据金融的金融机构、政府当局、厂商和个人提供了操作依据，这主要体现在以下三个方面：①利用新科技手段对大数据进行搜集、整合、分类、加工和处理，以获取用于决策的准确信息；②利用互联网与5G通信、社交媒体、传感器、定位系统等的关联，建立金融大数据平台；③通过金融大数据平台实现数据智能化和网络协同化。就互联网扩张与数据智能化、网络协同化的联系而论，大数据金融在要求极高的数据智能化的同时，也要求协同交易的网络协同化，但这两项要求都离不开互联网扩张。

从金融交易行为互动看，从事大数据金融的各主体借助互联网扩张，能否取得效用函数的满意值，主要看能不能实现数据智能化和网络协同化，以及能不能实现网络协同效应。以上表述或许夹带着经济和技术参半之意境的"形而上"，但不管怎么说，从事大数据金融的各主体要取得满意的效用函数，必须提升对金融大数据的挖掘、加工和处理的技术层级，必须在面对投资、储蓄、利率、股票、期货、债券、资金拆借、法定准备率、期票贴现率和再贴现率、货币发行量等金融大数据时，能够甄别和判断出扭曲信息和虚假信息，从而在较高数据智能化水平上实现网络协同效应。事实上，如果从事大数据金融的主体能实现网络协同效应，不仅意味着它们的数据智能化能力达到了与客户协同的知己知彼水准，而且也意味着它们借助互联网扩张取得了很大的成功。但在现实中，不同主体的数据智能化和网络协同化水平是不同的，追溯其源，是因为它们具有的技术条件配置不同。互联网扩张为大数据金融提供了数据智能化平台是一回事，各决策主

体能在多大程度上利用这个平台从而达到一定的技术层级却是另一回事。

（二）大数据金融要求一定水准的技术条件配置，各金融主体达到这一水准后，才有可能实现网络协同效应

这里所说的技术条件配置，是指挖掘、搜集、加工和处理大数据的云平台、云计算、机器学习等人工智能技术及其组合。为分析方便，我们把能够搜集、整理和分类大数据，但不独立拥有云平台和不具有云计算能力的金融运作者，界定为低技术条件配置者；把既能够搜集、整理和分类大数据也能够加工和处理大数据，并且拥有云平台和具有云计算能力的金融运作者，界定为中等技术条件配置者；把完全具备以上技术条件配置并且还能够挖掘大数据的金融运作者，界定为高技术条件配置者。显然，这样的划分主要是针对未来情形而言的，这样的划分对大数据金融的运行有以下推论：不同技术条件配置者由于技术层级的差异，他们对金融大数据及其构成的加工和处理能力便存在差异，高技术条件配置者要比中低技术条件配置者能更加准确地开发、设置和运营金融品种，能够在高层级数据智能化基础上达到网络协同化，能够在取得满意效用函数值的同时实现网络协同效应。

网络协同效应是以网络协同化为基础的。与实体经济中厂商之间以及厂商与消费者之间的网络协同化一样，大数据金融中的网络协同化所面临的经营场景，也可划分为简单和复杂两种类型；对于具备新科技条件配置的金融运作者来讲，要实现网络协同效应，只是具备驾驭简单运营场景是不够的，而是必须具有驾驭复杂运营场景的势力。例如，一个从事多元化经营的金融机构通常要比单一经营国债或单一经营股票或单一经营期货的金融机构，具有应对复杂场景的网络协同化能力。联系技术条件配置看问题，由于高技术条件配置的金融机构可以通过云平台搜集、整合和分类诸如投资、储蓄、利率、股票、期货、债券、资金拆借、法定准备率、期票贴现率和再贴现率、货币发行量等的大数据构成及其变动，它们在加工、处理和匹配这些大数据时可得到高水准的云计算和机器学习等人工智能技术的支持，因此，这样的金融机构一定会远超低技术条件配置的金融机构而取得网络协同化，从而实现网络协同效应。

当我们在此论及网络协同效应时，问题的分析画面开始转向清晰。高技术条

件配置的金融机构之所以能够在网络交易平台上对复杂金融产品有协同效应，是因为高层级的数据智能化给它们提供了加工、处理和匹配金融大数据的支持，对于那些受政策或制度安排变化干扰的金融产品，它们利用云计算、机器学习、物联网、区块链等人工智能技术匹配金融大数据的优势就显示出来。例如，像债券、资金拆借、期票贴现及股市或期市等衍生金融产品，往往会成为高技术条件配置金融机构的经营专利，而那些中低技术条件配置的金融机构，便很难通过匹配金融大数据将这些金融产品作为经营对象。于是，在高技术条件配置的金融机构经营这类属性的金融产品的过程中，大数据金融会形成因网络协同效应而引发的进入壁垒。大数据金融引发进入壁垒这种现象，现阶段还只是处于端倪状态，它何时会成为常态呢？这个问题仍然可以从技术条件配置的变化得到说明。

（三）新科技条件配置的顶级状态是人工智能可以匹配现期数据和未来数据，这种状态预示着大数据金融的未来

金融大数据主要是正在发生事件的现期数据与尚未发生事件的未来数据之和，这两类数据的共同特征是它们都具有极强的不确定性，都需要挖掘才能获得。然则，挖掘大数据与搜集大数据不是一回事。大数据的搜集，是以发生了的历史数据为对象的，它可以通过互联网搜索引擎和程序的较成熟的人工智能来完成；大数据的挖掘，是以还没有发生的未来数据为对象的，现有的各种人工智能技术还没有发展到能成功地挖掘大数据的水平。大数据金融运行中尚未发生的待挖掘数据，是人类经济活动中最不确定性的数据。就人类挖掘和匹配金融大数据的新科技条件配置而论，如果能够挖掘和匹配还没有发生的金融大数据，应该说人类新科技条件配置达到了顶级状态。

在信息不完全的工业化时代，经济学从未停止对经济活动的假设、判断和预测的研究，经济学家从关注预测、估计和假设检验的统计学，到注重因果关系分析的计量经济学，再到几乎单一强调预测的机器学习，十分清楚地体现了经济学追求数据匹配以实现准确预测经济事件的思想轨迹。在大数据和互联网时代，随着机器学习方法正在逐步解决计量经济学因样本小和维度低之处理数据的局限，原先计量经济学和机器学习之间不相容甚或相悖的地方出现了交集，并开始出现交集增大的融合。但是，机器学习等人工智能技术迄今的发展水准，充其量只能

加工、处理和匹配历史数据，并不能加工、处理和匹配大数据金融亟须解决的现期数据和未来数据；以机器学习为代表的人工智能技术的发展空间是巨大的，作为对问题深入研究的一种探讨，如果人类在将来能够运用机器学习方法解决现期数据和未来数据的加工、处理和匹配，那么，机器学习将有可能成为新科技顶级条件配置的标志。

四、机器学习：推动大数据金融发展的人工智能技术分析

金融运行将从搜集、整合、分类金融大数据，发展到挖掘、加工、处理和匹配金融大数据。换言之，当人们对金融大数据采取以机器学习为核心的人工智能方法进行挖掘、加工、处理和匹配时，金融运行便开始从金融大数据走向大数据金融。从机器学习在新科技应用中扮演的角色考察，无论是以许多简单模型代替单一复杂模型，进而得到大量计算机服务器支持并广泛运用的"数据驱动法"，还是以计量经济学为底蕴从而将人工智能作为通用技术使用的分析方法，机器学习都将成为赫然贯穿其间的主要技术方法。大数据金融给我们提供的总体画面是：在机器学习这一典型人工智能的引领下，经济学分析方法或许要发生让主流经济学家大跌眼镜的变革。

（一）机器学习技术及其类型不断提升的过程，是大数据金融发展的过程，这个过程代表着金融运行的未来趋势

机器学习是指通过对海量数据之多维度的分析处理，甄别和剔除扭曲信息和错误信息，通过搜寻真实或准确信息来实现最大化决策的一种匹配大数据的人工智能方法。学术界根据机器学习的特征，将之分为监督学习（Supervised Learning）、无监督学习（Unsupervised Learning）和强化学习（Reinforcement Learning）三种类型。监督学习与无监督学习之间的区别，在于学习过程中有没有标签的数据样本。对于大数据金融来说，由于不同金融产品具有不同的资本属性，具有不同的价格数据，金融机构通常会运用具有回归算法和分类算法的监督学习，按照数据输入和输出的一般法则，通过建模对这些数据展开机器学习。在大数据金融的运行中，基于任何一种金融产品都不明显具有反映明确收益的特征，金融机构也会运用没有数据样本标识的聚类算法来进行无监督学习，以期通过机器学习来

体验和匹配各种不同金融产品的大数据，进而运用于自己的决策。

不过，针对大数据金融之数据多维度的复杂性，监督学习和无监督学习只是金融大数据走向大数据金融中的基础性机器学习方法；它们通常局限于历史数据，对现期数据的匹配还有相当大的距离，至于把未来数据转化成"算法"则是很遥远的事。目前正在广泛运用的强化学习（Reinforcement Learning），是一种在动态环境中不断试错从而努力使决策最大化的人工智能算法；强化学习比较适合于金融机构对短期金融品种的经营，能在一定程度和范围内匹配现期数据，但它还是望尘莫及于未来数据。随着大数据金融的进一步发展，金融机构开始使用迄今为止最先进最深邃的深度学习（Deep Learning）方法，机器深度学习方法之所以被广泛运用于大数据金融，是因为它将以大数据的多维度为切入口，通过多层次神经网络的设计，把低层级特征数据与高层级特征数据相结合，以揭示大数据的分布特征。深度学习推动了人工智能技术的进一步发展，但它仍然不能处理和匹配现期数据和未来数据。

大数据金融的未来发展趋势，是具备顶级新科技的金融机构能够匹配现期数据和未来数据，这要求金融机构以机器学习为代表的人工智能技术的快速提升。诚然，人工智能技术的提升是计算机专家或大数据专家的事，但金融机构需要借助顶级人工智能技术把金融大数据转化成"算法"，这可以理解为是金融运行未来发展的趋势。学术界有一种隐隐约约将大数据理解为新科技灵魂的看法，这个看法比较切合于对大数据金融之未来发展趋势的诠释。关于金融大数据和大数据金融之相关性的理论论证，需要对大数据展开基础理论方面的讨论。

（二）大数据思维会代替过去只依据部分数据进行推论的因果思维，随着大数据金融的发展，在将来金融机构的因果推断中机器学习会得到越来越多的应用

大数据思维本质上仍然是因果思维，但较之于过去那种只依据部分数据进行推理的因果思维，它是建立在决策信息来源于大数据这个推论之上的，大数据思维凸显了工业化时代人类运用有限样本数据不能准确剖析事物因果关系，从而不具有总体性和相关性的缺陷；金融机构投资经营的效用函数会驱动它们放弃传统因果思维模式，金融大数据的极大量、多维度和完备性等特征，会要求金融机构

采取容纳总体思维、相关思维、容错思维和智能思维的大数据思维模式。大数据金融的发展会催生出新的人工智能方法，但到目前为止，机器学习方法在金融大数据的因果推断及其应用中，还没有显示将要退出人工智能首选位置的迹象。

机器学习之于选择行为的预测，越来越显示出机器学习在因果推断中的极强应用前景。计量经济学融合机器学习方法是一种学术趋向。从学科发展和大数据金融的未来发展考察，有一点几乎可以肯定，那就是这种融合会产生一种以机器学习为主、经济计量为辅的格局。这可从以下两个方面说明：①基于利用常规倾向性得分匹配法（Propensity Score Matching）得出的估计难以在协变量众多的前景下进行，机器学习可以采用套索算法（LASSO）和随机森林（Random Forest）等方法来筛选众多协变量，以代替传统步骤对大数据进行的匹配；②机器学习重视因果推断中的异质性处理效应（Heterogeneous Treatment Effect），这将在很大程度上弥补过去因果关系推断只关注平均处理效应（Average Treatment Effect）的不足。金融大数据包含众多协变量，它在数据匹配和数据异质性处理等方面，一定会随大数据金融之覆盖面的进一步拓宽而复杂化，因而机器学习方法的应用空间是巨大的，这是其他人工智能手段无法比拟的。

大数据金融中的机器学习应用空间拓展的效应，突出反映在金融机构对现期数据和未来数据的挖掘、加工、处理和匹配上。对于金融机构来讲，如果它们的数据智能化达到很高乃至于达到顶级水平，那便意味着机器学习将会深入应用到各种金融产品及其组合的相对准确的预测上，投资效用是很高的；反之，则表明金融机构驾驭金融大数据的能力还处于较低层级，意味着机器学习的应用水平还有很大的提升空间。我们如何对这种情形做出一般理论概括和描述呢？很明显，这个问题的分析需要结合金融机构的理性选择行为以及大数据金融的实践展开。

（三）在大数据金融的实际运行中，金融机构的决策行为仍然是理性选择，它们具有怎样的数据智能化层级就会有怎样的效用函数值

互联网扩张时代的一个基本事实是，金融机构的选择行为正在逐步摆脱信息约束和认知约束。以信息约束而言，金融大数据的完备性和极大量具备了提供完备信息的基础，金融机构可通过5G通信、互联网、物联网、传感器、定位系统、社交媒体等，去搜集、整合和分类各种金融产品的大数据；可通过云平台、云计

算、机器学习、物联网、区块链等人工智能手段，去加工和处理各种金融产品的大数据，于是，信息约束的局面将随金融机构能够从金融大数据中获取大量信息而逐渐被打破。就认知约束而论，金融机构可通过云平台、云计算、机器学习等人工智能手段，通过对金融大数据进行多维度分析以取得正确认知，从而使认知形成过程由以前明显夹带主观判断的分析路径转变成主要依靠新科技的认知路径。这种转变实际上是改变了金融机构的理性选择的内容和过程，以至于悄然改变了金融机构的认知函数、偏好函数和效用函数，值得经济学家深入思考和研究。

金融机构摆脱了信息约束和认知约束，不仅是对以新古典经济学为底蕴的主流经济理论的期望效用函数的否定，而且也对以行为和心理实验为基础的非主流经济理论提出了严重质疑。大数据金融实践在理性选择理论上向我们展现的基本分析线索和画面，既不是传统理论在"经济人假设"基础上，通过给定条件约束和运用严密数理逻辑推论所得出的何种选择才符合理性，也不是运用大量数学模型来解释什么样的选择才能实现最大化的理性。结合机器学习等人工智能手段的运用来理解，这种画面可以解释为是"人与数据对话"以及"数据与数据对话"。需要说明的是，这两种对话形式与经济行为主体的新科技层级相关联。

依据云平台、云计算、网络协同、机器学习等人工智能技术的掌握和运用，我们可把金融机构划分为掌握新科技的低级层级、中级层级和高级层级的决策主体；易言之，金融机构运用机器学习等技术手段加工和处理金融大数据的，从而取得什么样的效用函数的能力，是由它们的新科技层级决定的。在全球经济一体化的背景下，金融机构面对错综复杂的金融产品的价格波动，要实现效用函数最大化，必须能够对金融大数据有挖掘、加工和处理的能力，这是我们反复强调的，但从严格意义或高标准要求来讲，金融机构必须具有将客户和竞争者的偏好和认知等转化为"算法"的能力，这便要求金融机构在掌握和运用机器学习方法的同时，还能够掌握和运用诸如逻辑推理、概率推理、专家系统、语音识别、自然语言处理等人工智能技术。金融机构只有在达到新科技的高级层级的条件配置下才能进入这一门槛，只有在进入新科技的顶级层级后才完全具备这种能力。金融机构进入新科技的顶级层级的标志，是能够挖掘正在发生的现期数据和尚未发生的未来数据，因此，问题的讨论又回到了机器学习这一人工智能技术的掌握和运用上来。

（四）从当前人工智能处理大数据的各种技术规定考察，人类能不能挖掘以及能在多大程度上挖掘正在发生的现期数据和尚未发生的未来数据，在将来，可能还得主要依赖于机器学习技术的提高和拓宽

大数据金融的运行充满不确定性，是问题的一方面；大数据金融极有可能成为未来学家和人工智能专家推崇的"算法"，则是问题的另一方面。从目前不同类型的机器学习对大数据的加工和处理看，无论是监督学习和无监督学习，还是强化学习和深度学习，它们主要还是对已发生事件的历史数据的加工和处理；对于正在发生事件的现期数据的加工和处理，可谓是刚刚处于起步探索阶段；对于尚未发生事件的未来数据，可以说基本上不具备加工和处理的能力。以金融大数据而言，金融机构挖掘正在发生和尚未发生的数据，必须具有顶级科技条件配置。具体地说，就是金融机构要在全面掌握和运用互联网、云平台、物联网、云计算、机器学习等人工智能技术的基础上，以历史数据和已经掌握的部分现期数据作为分析材料，采取可称之为"外推、类比或拟合"的方法来进行预测性挖掘，至于加工和处理正在发生和尚未发生的数据，也可以按照同样的思路展开。诚然，由于新科技运用还没有走到这一步，我们现在不能描述这种"外推、类比或拟合"方法，但从当前人工智能处理大数据的各种技术规定看，最有可能先被尝试和最有可能获得成功的，可能仍然是机器学习方法。

金融大数据是经济活动中变化最快最不确定的数据，运用机器学习方法挖掘、加工和处理这些大数据，无疑会在处理历史数据、现期数据和未来数据的框架内，涉及前文提及的数字化数据和非数字化数据以及行为数据流和想法数据流，显然，这使机器学习在挖掘、加工和处理金融大数据时会产生一时难以逾越的困难。这些困难主要反映在当前最先进的人工智能理论还不能有效解决纷繁数据之间的因果关系。因此，解决这个问题的关键是突破学习过程的黑箱，使因果推断和机器学习之间的理论交叉从单向联系变成多向联系，让人工智能面对纷繁复杂的大数据处理时能够进行反事实分析（Counterfactual Analysis）。大数据金融的运行和发展，长期存在着被新制度经济学重点描述的以交易成本为底蕴的逆向

选择、机会主义和道德风险等现象，这些现象会以大数据形式在金融产品的投资经营中反映出来，因而机器学习要通过吸纳因果推断理论的成果来提升新科技层级，以实现对现期数据和未来数据的挖掘、加工和处理。

那么，机器学习的未来发展应朝着什么样的方向砥砺前行呢？关于这个问题，有学者认为机器学习要能够解决那些真正有价值变量的选择问题。也有学者认为机器学习要解决人们选择的风险回避问题、针对大数据金融，计算机和人工智能专家要在各种机器学习方法充分发展的基础上，深化和拓宽强化学习和深化学习，来挖掘、加工和处理各种金融产品价格和数量的现期数据和未来数据。

五、加快大数据在商业银行应用的必要性

随着大数据的广泛应用，商业银行的市场营销也迎来了新机遇和新挑战，阿里金融、京东平台等互联网电商巨头纷纷利用电子化、数据化的信息技术转变了市场营销主体的需求与消费方式，对传统商业银行的客户关系维护造成了较大影响。而利用互联网技术对大数据进行精准分析与运用，可以获取多样化的客户需求，有利于商业银行提升对市场形势变化的反应能力与经营能力，从而带动核心竞争力的大幅提升。

（一）拓宽商业银行客户接触面

传统商业银行以营业网点为业务发展的核心和阵地，受时间、空间、区域等因素的影响，金融服务的辐射面不够广泛，金融资源调配也受到一定程度的限制，与快速发展的市场经济不能完全匹配，也与商业银行本身的经营要求存在一定的不对称性，迫切需要重组客户关系和业务运营模式。同时，若能实现大数据的广泛应用，并采用互联网技术实现资金融通、支付等业务的新金融模式出现，改变传统银行业务的结算方式，不仅可以实现精准客户画像，还能利用大数据防控风险，便于贷后管理，使得商业银行接触的客户面更加广泛。

（二）增强商业银行产品服务力

在数字经济时代，"非接触式"金融服务及其延伸而来的数字金融和经营转

型，衍生出诸多线上金融产品，客户行为和市场环境也随之加速转变。商业银行物理网点到客率不断下降，加之信息不对称、趋利倾向等影响，导致金融服务效率不高。同时，客户行为习惯逐渐趋智能、自助式的服务，金融需求也形成个性化、多元化的特征，这些都迫使商业银行加快大数据应用，最大化地获取多样的金融需求，有针对性地推出特色产品、特色服务，真正实现"无感式、全方位、全时段"金融服务。

（三）加强商业银行客户关系管理

商业银行在金融服务行业中客户信息较为密集，在金融科技运用方面具有显著优势，可以利用移动互联网应用大数据实现客户画像、风险管控、精准营销以及运营优化等，大幅度降低传统客户关系维护渠道的成本。同时，商业银行中高端客户群体的投资意识日益增强，家族信托、私人银行产品等理财类业务以及企业融资等业务均迎来了新的发展机遇，而商业银行对大数据的应用也将对客户关系的维护产生重要影响。一方面，有效提升客户关系维护的工作效率。随着大数据应用的不断普及，商业银行得以全面收集客户信息，并利用金融科技获取客户行为特点，从而有针对性地制订个性化的金融服务方案，精确传导客户所需要的信息、满足其金融服务需求，真正实现以客户为中心，提高客户关系维护的工作效率，实现客户经营模式常态优化。另一方面，有效提高客户的体验满意度。商业银行在利用大数据获取客户的详细信息后，可同时利用大数据技术精准匹配客户所需要的服务与产品，实现最优资源配置，进而有效提高客户对商业银行金融服务的满意度。

（四）提升商业银行市场竞争力

站在大数据时代风口，各家商业银行都着手推动科技赋能，探索大数据金融场景应用，以进一步提升获客活客能力、经营决策能力和风险防控能力，抢占同业竞争制高点。相较于新兴互联网金融企业，商业银行拥有着庞大的数据资源。商业银行近几年通过推广应用手机银行、电子支付、微信公众号及小程度序线上金融服务，在深度挖掘存量客户潜力的同时也积累了大量的新客户资源。

六、商业银行大数据金融应用的路径选择

当前，以大数据、人工智能、移动互联网、云计算为代表的新一轮科技革命已经对商业银行的金融服务带来了颠覆性挑战，银行业必须坚定不移地把大数据应用当作第一经营战略，努力探索出一条切实有效可持续发展之路。

（一）建设基础数据库，大力推进数字营销

数据是大数据金融应用的起点，数据建设也已经成为大数据金融时代最重要的资产，尤其在服务实体经济发展方面，更要通过完善基础数据库，建立"以客户为中心"的数据中心，推动数字技术创新应用，强化数据平台支撑，实现全方位收集、处理数据。一是拓展数据来源。在整合企业客户、账户、流水数据的基础上，做精做细数据分析，顺藤摸瓜获取上下游客户信息，不断充实基础数据库。二是培养数据分析人才。不仅要培养其数据分析能力和水平，将数据有效转化为可搜索、可跟踪、可理解的图标型数据，被银行各级管理人员和营销人员广泛运用，更要懂得应时而变、顺势而为，树立全局观，提升谋篇布局的能力，正视大数据应用可能带来的价值重构与颠覆，用好基础数据，真正实现智能分析。三是创新数据增值服务。通过数字化工具和模式，创新大数据金融科技应用，根据消费者投资偏好和风险偏好的变化，实时调整金融产品的供给内容与结构，研发特色产品、定制专属产品，提供个性化、差异化的线上金融服务，不断拓展金融服务载体，强化服务平台建设。

（二）加快场景平台建设，提高获客活客能力

场景建设是大数据金融应用的基础载体，是做好深入拓展企业客户的有力抓手。对于大数据时代而言，场景建设不仅是商业银行展示产品及服务的工具，更是打造金融生态体系的有力武器。一是构建"金融+场景+服务"的生态模式，将服务用场景模式展现出来，让客户在直观状态下进行选择。围绕所服务的企业客户的特点与需求，制订一对一金融服务方案，围绕智慧厂区建设，将服务延伸至工资代发、考勤制度、食堂场景等各个方面，实现一体化综合营销。二是搭建

数字普惠金融体系。做好线上供应链融资工作，丰富供应链融资品种，关注快销品行业核心企业链上客户的融资需求，积极对接地方综合金融服务平台，研发安全可靠的线上融资产品，加快推进"数据网贷"业务落地。同时，要不断积累上下游订单、库存、账单等数据，加快线下贷款向线上迁徙。三是整合跨界资源数据，围绕区域产业链，建立上下游客户高效协同的信贷融资服务。

（三）完善线上运营体系，激发业务经营活力

商业银行推进大数据金融应用，旨在打造用户场景化、服务线上化、运营互联网化，全方位实现数字化升级，建成集用户、场景、业务等内容于一体的线上运营体系。一是综合应用数字科技，实现精准化智能决策。不断优化营销决策精准度，综合应用互联网技术，自动挖掘潜在客户，智能优化和完善人工制订的服务方案，有针对性地开展个性化营销，提升客户筛选和产品适配的精准度，建立整体的营销决策体系。二是推行业务联动营销，实现经营效率提升。利用数据和分析工具实现有效的数字化营销，运用"作战指挥室"来推进业务拓展和创新，形成反应迅速、决策敏捷的业务联动推进体系，尽可能地压缩时间成本、人力成本等，切实提升市场响应能力、营销推动能力。三是加快科技团队建设，提升内部治理能力。一方面，要打破"部门银行"的束缚，对标互联网金融企业，以项目制为抓手，跨条线跨层级组建科技人才团队，让用户和一线营销人员参与决策，提升线上运作效率。另一方面，要加快信息科技专业人才库建设，围绕信息科技板块加大系统性、针对性培养力度，助力弥补知识弱项、能力短板、经验盲区。同时，采用导师制，让经验丰富的科技岗位人才传授工作经验，发挥"传帮带"作用，加快科技人才成长。此外，要制定评价激励方案与考核制度，加大考核指标挂钩力度，激发科技人才干事创业的积极性，发挥科技人才的动力引擎作用，优化人才队伍管理，提升数字化转型质效。

（四）建立流失预警机制，提升客户忠诚度

商业银行需建立完善的客户流失预警机制，及时掌握客户的资金变动情况，并通过频繁的交易行为分析其背后隐藏的真实需求，这已然成为商业银行提升大

数据金融应用成效工作的重中之重。客户流失的原因错综复杂，从外部而言，可以是市场形势、投资偏好、同业竞争的变化，内部来看可以是产品、服务、操作流程等因素，这就需要商业银行在建设大数据应用系统时以数据采集环节作为切入点，预先设定客户销户、产品到期赎回、贷款结清等具体指向性的流失提示功能并应用于客户流失预警中，在提升预警系统准确性的同时给挽回客户留有时间空间的余地。同时，商业银行要落实客户管户人员主动提高客户拜访频次，通过深入的沟通交流密切与客户的关系，从而掌握客户的实际情况，在临界流失的情况下及时判断客户行为。另外，借助数据库来建立客户流失预警机制的重点在于如何科学地预判客户流失倾向，同时要结合流失客户的特性来进行有针对性的挽留，这就需要利用大数据采集客户流失的原因，并借助大数据分析手段，有针对性地提供合适的银行产品，从而有效挽回客户。

（五）强化智能风险防控，打造稳健经营环境

在信息化时代，数据是最宝贵的财富，但实现大数据应用也没有改变金融的风险本质，线上化、开放化甚至加剧了风险的复杂性，对风险防控能力提出了更高的要求，如何实现大数据金融应用的高质量可持续性发展也成了商业银行亟待思考的重点课题。一是深入对比分析业务线上化的风险特性和关键点，建立全面的线上信贷业务风险视图，完善一体化风险防控策略，从源头切断线上业务风险隐患。二是建立健全风险应急处置机制，筑牢安全防线，提升风险识别和防控水平。首先要强化信用风险管控，严守不增加隐性债务风险底线，严格贷款真实性管理。其次要强化尽职监督执纪问责，根据形势变化提出新的管理要求，及时揭示问题、整改纠偏，尤其要加强在第三方支付、线上业务等新兴业务领域上的风险排查，切实把控风险。三是建立完备的信息管理制度，实现信息安全保护。商业银行要规范用户角色、权限，及时关闭离职、调岗和退休人员系统用户权限，严格控制下载和导出权限，定期开展排查工作并及时整改。联动处理人员应严格执行安全保密规定，按权限查阅、修改、使用个人客户信息，及时清理客户信息；不得随意更改、删除、拷贝、打印、传递个人客户信息，严禁公开、泄露、交换以及买卖客户信息。在数据传输方面，应根据业务办理需要，按最小必要原

则通过联动系统传递和展示客户信息，并采取脱敏手段防范过度展示；客户数据收集、留存、传输和处理过程，应符合法律法规、监管规定、金融行业标准、相关信息安全管理和行内数据管理要求。

第二节 综合交通大数据应用

一、交通大数据技术

（一）数据采集技术

城市交通每天都会产生大量数据，以道路交通为例，典型的数据包括道路拥堵程度，公交车、货运车辆、私家车等的实时数据，交通主干道数据和快速通道实时数据等，主要应用于交通管理，重点是拥堵治理和导航。

交通大数据主要包括静态数据和动态数据两部分。静态数据是指道路位置、车辆信息等基本不变的交通数据，可通过建设地图、车辆购买登记、实时监控等多种手段进行采集。动态数据是指在交通运行中产生的实时数据（如车辆的行驶速度、某段时间通过某一路口的汽车数量等），可通过道路监控、第三方平台数据、GPS、北斗系统等的定位数据来获取。

（二）数据存储技术

传统的关系型数据库已经无法处理结构日益复杂、数量与日俱增的交通数据。为此，近年来业界已开展了很多技术尝试，比如应用 OLTP 数据库（具备高并发、短事务等特点）、采用云服务器存储等。数据存储技术的发展为交通数据的存储带来了新思路。

一般来说，对交通大数据有以下三种典型的存储技术：

一是采用 MPP 架构的新型数据库集群。通过 MPP 架构高效的分布式计算模型，利用低成本的服务器实现存储，再结合相关的大数据处理技术，具备成本低、性能高和易拓展等特点。

二是应用 Hadoop 技术的分布式数据库。由于 Hadoop 开源，可以针对交通大数据应用场景添加不同的组件，通过封装后能够存储复杂数据，通用性较强。

三是采用大数据一体机。这是一种集成操作系统、存储设备、处理软件、数据库系统等诸多软/硬件的系统。由于其软/硬件基本固定，拓展性不强，所以在交通大数据应用场景中的表现没有第一和第二种效果好。

从以上三种存储技术可以看出，集群化、分布化存储的效果比一体机的存储效果好。实际中，基于 Hadoop 的 NoSQL 在交通数据存储中应用较为普遍。NoSQL 基于数据一致性策略（一致性、可用性和分区容错率），采用范围分区、列表分区、哈希分区等多种方式将海量数据进行分区处理，改善了交通数据的可管理性；采用服务器备份、远程备份等策略对重要数据进行备份，确保了数据安全；针对不同的数据类型，采用键值存储、列存储、文档存储和图形存储等多种不同的形式进行存储。常见的工具包括 Redis、Bigtable、CouchDB 等。

（三）数据挖掘与分析技术

数据挖掘与分析技术将传统的数据分析方法与高性能大数据算法相结合，具备预测建模、关联分析和聚类分析等功能。传统数据分析技术的数据处理能力有限，对 TB 或 PB 级数据力不从心。新的解决方案，如基于 Hadoop 的 Mahout，结合传统的方法，使用分布式处理等形式，能够有效地分析 PB 级数据。

1. 车牌识别技术

车牌识别技术是指通过道路监控设备实时提取车牌信息，分辨出英语、汉语及车牌颜色等诸多车牌信息，在交通领域应用广泛。

车牌识别技术应用图像处理、计算机视觉、机器学习等技术，只要读取道路监控的一帧图像，就能够分析出高速行驶车辆的车牌信息，与其他业务融合，可以实现违章取证、流量控制等功能，有利于实现交通管理自动化，维护交通安全。

在"潜行追踪"节目中，可以看到车牌识别系统在美国高速公路、市内交通管理中有大量运用，当嫌疑人车辆经过时，这套系统可快速识别，并将结果反馈到指挥中心。交通违章取证一直是难题，随着车牌识别技术的普及，多次交通违章的车辆可被快速取证和定位，这也是近几年多次违章车辆被纷纷披露的原因。

2. 车辆关联技术

在车牌识别技术与监控摄像系统结合的基础上，对收集的数据进行分析处理，可高效便捷地实现车辆出入管理、自动放行等车辆关联技术。

很多小区车辆控制系统通过安装在小区出入口的车辆识别系统识别车辆信息，并与杠杆机构协调操作，自动管理车辆的进出。停车场也借鉴这一思路，采取车辆与缴费卡绑定，自动出卡，自动收费，大大节约了人力成本，提高了通行效率。车辆较多的单位或公司借鉴这一思路可以科学管理车辆，合理调度车辆，并为车辆维护保养和车辆全寿命管理提供数据支撑。

高速公路通过 ETC 技术，也实现了车辆信息的关联。具体来说，车主通过办理 ETC 卡，并与车辆绑定，在经过收费站时，ETC 系统就能通过射频技术快速识别车辆信息，通过收费口时间由原来的 15 秒缩短至 2 秒，大大提高了通行效率，同时避免了车辆的停止和启动，减少了环境污染。

3. 交通流量估计技术

在过去，交通流量基本依靠交通执法人员人工判断，不能准确有效地交互各个路段的交通信息。在车流高峰时段，道路就很容易发生堵车，通行效率得不到保障。

交通大数据通过对道路，特别是十字路口、主干道的全程视频监控，并结合车牌识别系统得出车辆过去的轨迹，通过计算可以预测未来一段时间的车流情况。通过交通引流等方式合理调整车流，可以避免堵车现象的发生。

4. 未系安全带检测技术

车上人员未系安全带在交通事故中易发生次生伤害，交警部门对此大力查处，但耗费人力多，效果也不明显。随着高清监控摄像头的普及和大数据技术的快速发展，现在可以使用程序通过监控拍到的图像快速检测识别这种现象。实践证明，这一技术不仅处理速度快，而且准确率高。通过大量采用此项技术，未系安全带可被及时发现，由此引发的事故大大减少。

5. 交通拥堵和事故高发地段预测技术

交通信息的快速交互与处理能够有效地避免交通拥堵现象。在交通大数据系统中，城市交通状况实时呈现，给交管部门决策提供帮助。可以通过车辆历史轨迹分析流向，进而判断一段时间后的交通状况。而各类交通事故可以通过摄像头和报警电话快速处理，有效避免了因交通事故造成的交通拥堵现象。通过对历史交通事故地点和原因的分析，可以在事故高发路段使用悬挂警示牌、改进交通设施等方式减少交通事故的发生。

交通导航可以根据当前车辆目的地和道路流量情况规划出最佳路径，同时可以考虑与交管平台合作，合理分流，有效避免交通拥堵的发生。

6. 违法犯罪事件侦查技术

交通大数据的运用同样给超速、违章、肇事等违法犯罪行为的监管提供了新的解决途径。

交通监控设施在交通领域大量使用，任何车辆在道路上行驶都会被监控。大数据可以从这些海量的监控数据中通过相关算法分析出肇事车辆、违章车辆等。目前，全国的交通数据已实现互联互通，任何人在任何地点违章、肇事，全国交通平台都会响应。甚至，犯罪活动中的车辆信息已成为公安部门破案的重要突破口。

二、交通大数据综合应用

在交通场景中，大数据能够有效地获取、存储、分析交通数据，并与使用者交互，为交通大数据的综合应用奠定了基础。

（一）大数据平台

结合不断发展的大数据技术和交通管理系统的业务需求，大数据应用于交通领域的实例不断增多，有的是依照实施业务逻辑，将业务数据可视化，指导决策；有的是收集交通数据，挖掘分析数据关联，预测未来趋势。

1. 出行云平台

出行云平台是由交通运输部采用政企合作模式建设的、基于公共云服务的综合交通出行服务数据开放、管理与应用平台。该平台能够提供包含公交车、出租车等的实时信息和城市道路、高速公路等的路网信息，给企业开展个性化服务提供数据支撑，给交通管理者提供路网管理、春运管理、公交管理等决策服务。

该平台针对的对象广、受众多，各级交通部门、互联网企业、开发机构及其他机构或公司都可注册。该平台采取多种形式的接口服务，如 LBS、导航 SDK 等，开发者能够根据自身服务对象开发形式多样的应用，目前能够在安卓、iOS 和 Web 端开发。此外，该平台还与高校和研究机构合作建立了出行云数据实验室，建设交通数据分析模型，为科研机构和高校打造数据分析环境。

2. 公安部交通安全综合服务管理平台

交通安全综合服务管理平台是公安部交通管理局为了更好地服务群众，加强交通管理，采用大数据技术建设的综合服务管理平台。该平台提供机动车、驾驶证、违法处理等三大类服务，用户可登录网站进行新车注册登记预约车牌、二手车转移登记预选车牌、补领机动车行驶证、补换证、延期审验、考试预约、电子监控违法处理、缴纳罚款等 27 种业务。

交通大数据平台在给用户带来便捷的同时，也获取了海量、真实的数据。深入挖掘分析交通大数据，可以发现其潜在价值，找到隐藏在数据背后的客观规律，为交通管理与交通建设规划提供科学指导和技术支撑。

（二）大数据交通管理

大数据交通管理是运用大数据技术，从改善交通系统的基本需求出发，通过对交通系统基本特征和规律的理解和把握，调整并优化交通需求，充分利用交通供给（包括时间和空间资源），最大限度地实现交通系统的基本功能。

大数据交通管理包括以下四个方面：①提高交通设施利用效率——交通系统管理；②调整优化交通需求——交通需求管理；③动态协调供需关系——非常态交通管理及其他管理对策；④交通法规及通行环境保障——交通执法与秩序管理。一般而言，大数据交通管理涵盖常态交通管理（交通执法与秩序管理、交通系统管理、交通需求管理等）和非常态交通管理（如大型活动、道路施工、自然灾害、交通事故等情况下的交通管理）。

1. 交通系统管理

交通系统管理着眼于解决交通管理中道路使用者、车辆、道路交通资源与交通管理控制措施之间的矛盾，对缓解城市交通问题发挥着重要作用。不断探索交通组织优化管理、特殊车道管理、优先通行管理、接入管理等因地制宜、多样化、动态化、智能化的交通系统管理模式，在数字化、信息化的背景下，运用大数据技术构建高度综合的交通系统管理平台，自动采集道路交通的实时数据并生成管理方案，以实现实时、精确、动态的管理。目前，大数据技术在交通系统管理中重点解决交通组织优化和车辆优先两方面的问题。

交通组织优化是指在有限的道路空间中，综合运用交通工程、交通流向限制、优先通行等管理措施，科学合理地分时、分路、分车型、分流向使用道路，使道路交通始终处于有序、高效的运行状态。以前，通常使用信号灯、人工指挥等方式来实现交通引流，交通组织效果不好。通过对全路段的车流监控，运用大数据来控制信号灯、管理多功能路段等，可以有效地提高交通组织能力。

车辆优先主要包括公交优先和其他车辆优先。公交优先包括对公交通行的"空间优先"和"时间优先"两方面含义："空间优先"通过设立公交专用道（路）或各类专用入口/车道加以实现，"时间优先"则体现在信号灯控制下的公交优先。这些优先在以前都采取固定形式，现在通过大数据分析技术，对现有车辆进行热点分析，可以在部分路段将公交车道和普通车道合并成多功能车道，在部分时段调整信号灯实现公交车优先通过，以提高公共交通运行效率。其他车辆优先可以基于全时段、全路段监控，通过大数据控制信号灯，实现合埋分流。

2. 交通需求管理

交通需求管理是指通过交通政策、交通设施建设及交通规划等的导向作用，引导交通参与者合理改变出行行为，以减少机动车出行量，缓解或消除交通拥挤的管理方法。交通需求管理一般通过控制交通需求总量和调节交通需求时空分布等实现。GPS、手机、浮动车、RFID、监控等多种数据采集方式为城市交通需求管理提供了海量数据基础，运用动态数据挖掘与分析方法，可以实时分析、预测未来交通发展趋势，进而合理引导交通需求的总量增长与时空分布。

控制交通需求总量是指利用合理的交通规划及相关政策的引导，达到减少交通需求总量的目的。通过大数据分析管理，可以实现合乘系统、合乘汽车停车优先制度、通勤出行使用公共自行车制度、优先使用公共交通、区域收费制度和限制汽车购买、限制车牌购买及自备车位等，可借助技术手段促进共享出租车、共享自行车的使用和管理，以提高通行效率。

交通需求在时间和空间上的不均衡会导致城市道路利用率降低。在时间分布方面，高峰时期交通负荷过大，低谷时期道路和交通工具的利用率低；在空间方面，区域之间的交通需求相差较大导致区域发展失衡。调节交通需求的时空分布，对缓解交通拥堵非常重要。调节时间分布的措施主要有错时上下班、倡导弹性工作制及远程办公等。调节空间分布的措施主要有城市与交通一体化规划，以及倡导职住平衡等。这些措施可以通过大数据分析技术计算出近似最优解，并根据实际情况加以调节。

3. 非常态交通管理

非常态交通管理主要针对交通需求或供给在短时间内急剧增加或降低的情况下，如何维持交通流的稳定运行。典型的非常态交通管理有大型活动交通管理、交通事件管理等。在正常情况下，采取限流、禁行等措施会影响区域的交通流。交通大数据可以从以下三个方面解决这类问题。

（1）利用大数据，基于交通需求的产生、分布、方式划分与交通量分配方法，建立适用于非常态事件中的交通需求预测与管理方法体系。

（2）利用实时监测数据、历史统计数据、专家系统和信息资源库，建立基于大数据技术的非常态交通信息监测、预报与管理平台。

（3）借助紧急疏散模型和仿真模拟平台进行突发事件的交通行为分析和疏散效果模拟，并根据实时大数据指导交通管理办法的调整与实施。

4. 交通执法与秩序管理

通常情况下，道路交通管理主要通过交警进行交通执法与秩序管理，这种方式存在以下三类问题。

（1）法规跟不上时代的发展变化。

（2）依赖交警的管理，无法在全时段、全路段实现交通执法与秩序管理。

（3）极少数交通参与者规避或抵制交通执法，影响较坏。

交通大数据可以通过以下方式解决以上问题。

（1）根据交通数据的变化特点，分析影响交通的行为，可以先制定行业规则，进而立法。

（2）借助大数据来完成数据分析、处理，配合交警完成交通执法和秩序管理。近年来，很多城市利用交通大数据平台对违法未处理车辆进行检索，配合城市监控系统，实现了车辆精确稽查。

（3）实施交通参与者数据库建设，鼓励交通参与者参与交通管理。

（三）大数据便民服务

交通大数据不光在交通管理上能发挥很大作用，在便民服务上也应用广泛。

1. 路径规划与事故报告

导航软件基于车辆 GPS 可以得到车辆位置等信息，设定目的地后，通过最短路径等算法可以计算出最短路径。但是，最短路径不一定就是最佳路径，车流量、信号灯也影响着车辆的通行效率。借助大数据采集、存储和分析技术，可以对历史数据和实时数据进行分析预测，得到路网中车辆出行的态势，为车辆限流、引流等交通决策提供依据。此外，交通参与者可向大数据平台分享个人交通信息，有助于提高交通大数据的精确性，也有助于自身获得更好的最佳路径服务。海南省海口市交警融合百度地图、高德地图及道路监控实时数据，开展路网实时状态发布、高清道路实景快照服务和"海口交通报告"等多种便民服务，有力支持了城市交通管理。

原有的交通事故处理一般是由交警到场、交通事故认定、交通损害赔偿及调解等流程组成。对于轻微刮擦，可以由事故双方协调后，将协商结果提交大数据平台认定，从而减少事故对交通的影响，节约事故当事人的时间。

2. 车辆与机动车驾驶员管理

公交车路线规划过去一般根据经验来制订，但收集乘客信息费时费力，效果也不好。现在将交通一卡通与交通大数据相结合，可以分析出大部分乘客的常用乘车区间和乘车时间，公交公司可以此为依据，合理调整线路，减少乘客换乘。

此外，交通大数据可以刻画机动车驾驶员的驾车习惯，交通部门可以此对驾驶员进行评估，将结果反馈到运输公司，为其招聘和管理驾驶员提供依据。当然，个人也可以依据该结果改善自身驾车习惯，达到安全驾驶的目的。交通大数据还可以与 VR 技术相结合，模拟驾驶过程，由于交通数据具有真实性，模拟效果会非常好，可有效优化新驾驶员的培训效果。

三、交通大数据面临的问题与挑战

交通大数据在给交通管理和交通应用带来机遇的同时，也带来了一些问题与挑战。

（一）交通中的自动驾驶

自动驾驶汽车又称为无人驾驶汽车，是通过计算机系统实现无人驾驶的智能汽车，对人民生活和交通安全均有益处。现阶段自动驾驶最大的技术问题与网络安全、高精地图等相关，同时，相关政策的模糊性也影响着自动驾驶的发展。

自动驾驶的控制系统需要与数据平台完成交互，现有的协议和系统存在漏洞，黑客可以通过传输通道、系统或协议漏洞入侵自动驾驶系统，发送误导性信息，从而对车辆安全产生很大威胁。面对这一风险，需要对自动驾驶的全过程前瞻性地制定防御策略，只有车辆制造企业、自动驾驶技术研发机构、安全公司互相配合才能规避该风险。

同时，自动驾驶对导航精度的要求非常高，一般要求在 10cm 以下，而传统导航精度目前只能够达到米级，远不能满足需求。应用激光测距技术虽然能达到精度要求，但易受弯道等因素影响。使用高精度地图辅助驾驶时，由于道路规划布局的调整无法实时精确显示，效果也不理想。

最后，自动驾驶汽车若发生交通事故，事故责任如何界定、保险公司的角色该如何改变、责任归属制度如何重新改写等将是自动驾驶普及前最受公众关注的焦点问题。

（二）数据可视化

在目前所有的交通可视化系统中，非结构数据，如图像、树状图等使用很广泛，但是其可视化是公认的难点。图像处理占用的资源很多，可视化需要的资源也很多，目前的带宽和能耗的限制也不支持在单一平台上实现海量图像文件可视化，而使用并行可视化难以分解图像可视化任务。

交通数据由于其复杂性和高维度很容易产生维度灾难，降维算法虽然很多，但是对交通数据都不太适合。根据维度灾难理论，高维数据可视化效果越好，数据就越容易过拟合，错误的数据会影响交通数据的显示，同时显示多维数据需要耗费大量的系统资源。因此，交通领域的大规模数据和高维度数据会使数据可视化工作变得相当困难。当前，大数据可视化工具在应对交通大数据的扩展性、功能和响应时间上表现得还不够理想。

（三）数据安全

1. 个人隐私泄露，带来信息安全隐患

任何新技术都是有利有弊的，大数据技术同样如此。交通大数据如果不能在信息安全方面进一步完善，就会带来泄露交通参与者隐私的风险。当前，交通领域大数据广泛应用，信息大量公开，常常涉及用户地理位置等信息，给用户隐私安全带来极大挑战。大数据平台能够对用户基本信息进行存储和搜索，用户隐私泄露的风险增大。例如，通过大数据平台，知道用户的姓名和身份证号，就可以搜索出其车辆信息、常用行程、违章信息等。虽然平台对个人信息会进行一定程度的匿名处理和信息保护，但是公开发布后的匿名信息仍然有迹可循，甚至能够通过蛛丝马迹精准定位到用户。当前，政府部门对用户信息的收集和存储仍然缺少完善的管理制度，监督体系不成熟，用户信息泄露的情况极为严重。同时，很多用户缺乏个人信息保护意识，可能会因此带来极大的经济损失。

2. 大数据可信性不足，带来决策失误

交通大数据使用户可以实时查看交通状况，给生活出行带来极大便利，于是部分用户开始盲目相信数据。但是，大数据的可靠性来源于数据的可信性，如果数据的整理和存储存在欺骗，就会导致数据错误，进而对用户产生错误的指导，使用户做出错误的决策。由于大数据规模庞大，很多错误、伪造的数据掺杂其中，并随数据的传播而扩展，速度极快。同时，数据传播缺少必要的安全保护措

施，导致错误严重的数据得不到有效检验，影响了结果的准确性，使得数据不能反映客观真实情况。因此，强化数据收集、存储、传播等过程中的监督和管理极为迫切。

3. 大数据监管保护技术欠缺，带来负面影响

在交通大数据时代，很多现实情况都是通过大数据反映出来的，大数据的高速传播使得大数据的应用范围越来越广。但是，对于大数据资源的监管仍然存在一些缺陷和漏洞，力度明显不足，数据的利用价值较低，应用效果受到影响。同时，在数据保护方面，也存在技术支持不足、手段欠缺创新等问题，很多数据在传输过程中受损，保护技术欠缺使得信息丢失，影响了企业、社会的稳定发展，甚至带来恶劣的负面影响。

第八章 其他行业大数据应用

第一节 文娱行业大数据应用

一、消费者洞察

在文娱产业中，观众、读者、听众等消费者群体是最重要的资源。如果能够深入了解他们的爱好和需求，文娱公司就能够更好地制定营销策略，推出吸引人的产品。为此，大数据分析的工具可以轻松帮助公司了解消费者行为、偏好、购买和消费习惯等方面的数据，并从中汲取灵感，推出更加符合市场的产品。

例如，某公司想要生产一部综艺节目。通过大数据分析，他们便能了解到，某明星的影响力和受欢迎程度在该地区特别高，于是公司决定邀请该明星参加综艺节目。结果证明，这个决定得到了市场的认可，该综艺节目的收视率大幅提升。同样地，大数据的消费者分析能够帮助文娱公司更好地满足客户的需求，从而走向成功之路。

二、艺术大数据

在文娱领域，艺术创作是一个长期而复杂的过程。如何制定好的创作理念和策略，如何完成好的艺术作品？数据处理和分析是一个有用的工具。

通过搜索、浏览、下载，互联网上收集到的艺术大数据可以为创作提供灵感和设计。例如，在电影制作中，可以借助大数据分析，把握观众最喜欢看到的元素，如某个演员的角色设置、电影背景、剧情转折点等，从而提前预测市场反应，避免失败风险。

还可以利用大数据进行舞蹈创作。即通过分析并分类舞蹈相关数据，如姿势、节奏等，找到并整合最具吸引力的元素，来定义舞蹈的构成。例如，使用大数据分析有助于找到大众最喜欢的舞蹈风格、音乐类型等，从而创造出更具流行性的舞蹈形式。

三、数据驱动精细运营

在电影、游戏、漫画等文化产业中，大数据分析可以为公司提供更好的经验和见解，以促进产业的消费者化、多样化和个性化。通过运用大数据的分析工具，公司可以有效提高生产效率和产品质量，增加收入并降低成本。例如，在游戏制作中，可以使用大数据分析推出更吸引用户的游戏设计，提高游戏玩家的留存率，并增加游戏的收益。

大数据技术还可用于更精细的文娱领域的运营。例如，根据用户的兴趣和需求推送个性化产品，如电影预告片、音乐推荐、游戏攻略等。此外，通过大数据分析，可以掌握行业趋势、市场竞争等信息，制定更有针对性的营销策略，增加公司的收益。

四、大数据对新闻传媒业发起的挑战

（一）泛娱乐化和碎片化的加剧

大数据时代下，科学技术获得了长足的进步，人们的生活越发便利，而生活和工作节奏也在不断加快，由此使得新闻受众在新闻阅读与新闻选择上更偏向于短小、轻松、娱乐的新闻类型，以求在短暂的精神愉悦中减小心理压力，碎片化阅读的趋势明显。另外，从当下的新闻传播现实而言，明星绯闻、娱乐八卦类的消息传播速度与影响力明显高于纪实类、生活类以及价值观弘扬类新闻，也导致许多立场不坚定的新闻传媒盲目跟风，以娱乐化博取大众眼球，忽视了自身的社会责任，泛娱乐化成为新闻传媒行业的一大挑战。在大数据技术下，新闻传媒行业的社会发展环境缺少正向的价值观基础，另一方面也暴露出主流新闻传媒主体内容制作与大众主流审美难以融合的问题。

（二）新闻传媒从业者专业素养的拔高

在大数据技术的推动下，任何人都有可能成为新闻内容真实性的监督者以及新闻消息的解读者，这给新闻传播过程带来较大的不确定性，传播结果容易出现偏差。

道德是调整人与社会、人与人之间关系的行为规范。新闻职业道德是新闻工作者在职业活动中，应当遵循的自律性道德准则和规范，它是社会公德在新闻实践中的体现。新闻界的职业规约建立在普遍的社会伦理规范、道德规约基础之上。因此，社会公德与新闻职业要求从本质上是一致的，即关注人性、重视人的理性，追求人的终极价值。然而，这个简单的道理却常为人们所忽视。在传媒产业化的今天。社会公德与新闻职业道德的界限越来越明显。新闻从业者将基于人类合理的信息需求过度本能化，而无视事实所组含和承载的人文意义，为了逐利有损社会公德与职业道德的行为时有发生。

新闻从业者应该是事实真相的探索者、社会公正的代言人，这是公众所愿意看到的，也是新闻从业者职责所在。但当前以新闻为最高理想，并付诸行动，不怕牺牲，直指新闻真相的新闻从业者，在目前的中国可谓是风毛麟角。有相当一部分新闻从业者只是把新闻职业当做一项工作，挣一些工资养家糊口而已。其实这些从业人员，也知道什么是新闻理想。也知道要说真话，但迫于政治、生活等因素，顺波逐流，最后干脆明哲保身，让说啥就说啥，不准说就不说。也有一部分人为了讨好相关利益方，故意隐去真想，甚至主动说假话。这类新闻从业人员，已失去了职业新闻的道德底线，可以说是可恶的。他们屈服或依附于权势方，全然不顾一个新闻从业人员的职业道德，成了欺骗公众的帮凶。虽然这类人是少数，但危害甚大。

面对新闻行业的种种问题，全面地继续教育可以从根本上端正新闻从业者的价值观、人生观，加强新闻队伍的社会道德意识、职业责任感，净化新闻传播环境。

五、大数据技术为新闻传媒业创造的发展机遇

（一）打造全面融合的联合传播模式

泛媒体化背景下，新闻传媒行业发展需要打破传统的单兵作战模式，要敢

于、勇于和不同领域内的主体进行联合，提升新闻内容的传播力和影响力。在如今的传播形势下，微博、微信以及抖音等 APP 应用发展势头较猛，具有较高的公众影响力和新闻传播能力，因此新闻传媒行业应该积极同这些平台进行合作，建立数据共享的联合合作模式，彼此实现数据共享、用户共享和信息共享，实现资源互补、互利共赢，一起共谋发展。

（二）新闻内容要与时俱进并贴合大众主流审美

对于受众来讲，无论载体如何变化，传媒最引人入胜的元素便是内容。甚至从某种程度上讲，新闻价值理论的出现也是传媒工作者对受众喜爱的内容的归纳。从这个角度出发，我们可以发现新闻的根本价值在于内容。内容的大数量、高质量和强大的感染力，始终应该是传媒努力追求并坚守的方向。因此在泛娱乐化和碎片化的阅读背景下，新闻传媒行业更应该坚持内容导向，要在符合社会主义核心价值观的基础上创造出贴合人民群众主流审美、贴合时代前进方向的新闻内容，争当优质的新闻传媒平台，履行自身的社会职责。

（三）强化新闻传媒从业者创新意识与价值意识

大数据时代对于新闻传媒从业者的专业素养提出了更高的要求，主要原因在于新闻受众的选择权增加，对于新闻内容的辨识度也在增强，能够使用的新闻制作工具和手段也越来越多，因此无论是从技术条件还是受众主观要求，新闻传媒从业者理应创作出更加具有时代气息和高质量的新闻内容。为此，一方面新闻传媒从业者需要有较高的创新意识，要对现代创作工具有较高熟悉度，能够熟练运用现代设备抓热点、强输出，创作出新颖、优质、高效的新闻内容；另一方面，也需要新闻传媒工作者强化价值意识，坚守价值底线，不能盲目跟风、随波逐流，要在社会主义核心价值观的基础上进行创作，展开文化输出，如此才能成为合格的现代新闻传媒行业的继承者和发扬者。

六、大数据在文娱产业发展策略

随着移动互联网和大数据技术的快速发展，文娱产业的数据已经达到了海量级别。如何有效利用这些数据，给文娱产业带来更好的发展，是当前解决的重要问题之一。大数据技术，以其高效的数据处理和分析能力，为文娱产业提供了大量的解决方案。

（一）优化市场预测和营销策略

在过去几年的市场中，由于市场竞争激烈，文娱公司需要花费大量的时间和精力来制定市场营销策略。然而，这些策略大多基于数据缺失和猜测，因此很难实现高效的市场推广计划。而在大数据技术的支持下，文娱公司能够收集和分析大量的市场数据，并将数据转化为更加可靠的预测结果，为公司提供更精确的营销策略和市场决策，进而给公司带来更好的发展机会。

（二）提高内容生产的质量和效率

在内容生产方面，大数据技术已经成为了文娱产业中不可或缺的存在。通过分析用户浏览记录和搜索记录等行为数据，文娱公司能够了解用户的需求，进而优化内容生产和推荐。此外，大数据技术能够对不同的用户群体进行精准的分类和分析，为内容生产提供更加高效的方案，从而提高内容的生产质量和效率。

（三）实现精准的用户定位和体验

在文娱产业中，用户是文娱公司的最重要的利益相关者之一。但是，用户需求的多样化和变化很难在传统的管理模式下满足。而大数据技术的出现，为解决这一问题提供了新的思路。通过分析用户的浏览行为、社交网络和移动应用程序的使用情况等数据，文娱公司能够快速了解用户的需求和喜好，从而实现精准的用户体验和定位。

七、大数据技术在文娱产业中的趋势

（一）数据越来越重要

如今的文娱产业已经进入了大数据时代，数据已经成为了文娱产业的重要资产。未来，在移动互联网和大数据技术的支持下，文娱产业的数据将更加丰富和精准，数据的重要性和价值也将被进一步提升。

（二）人工智能和深度学习成为主流

人工智能和深度学习在文娱产业中的应用已经越来越广泛。未来，随着技术的不断发展，这些科技将进一步提升文娱产业的数据处理和分析能力，并给文娱产业的创新和发展带来更多的契机。

（三）网络化和多元化成为发展趋势

随着互联网和智能设备的普及，文娱产业已经越来越网络化和多元化。未来，文娱产业将会以社交、娱乐、教育、文化等多种形式为主，呈现出更加丰富和多样化的发展趋势。而大数据技术在这样的趋势下，将会发挥重要的作用。

第二节 教育行业大数据应用

近年来，大数据技术逐渐渗透和融入教育领域，推动着教育领域的变革与创新。与此同时，网络在线教育和大规模开放式网络课程的推广与普及，也使教育领域中的大数据获得了更为广阔的应用空间。大数据与教育的融合已经成为现代教育发展的必然趋势，对推动教学模式变革、驱动教育评价方式转变、提升教育管理决策效能等有着重要的影响和意义。

一、教育大数据概述

教育大数据是大数据的一个分支，是大数据与教育领域相结合的产物。所谓教育大数据，可以理解为整个教育活动过程中所产生的以及根据教育需要采集到的、一切用于教育发展并创造巨大潜在价值的数据集合。

教育大数据产生于各种教育实践活动，既包括校园环境下的教学活动、管理活动、科研活动以及校园生活，也包括家庭、社区、博物馆、图书馆等非正式环境下的学习活动；既包括线上的教育教学活动，也包括线下的教育教学活动。教育大数据的核心数据源头是"人"和"物"——"人"包括学生、教师、管理者和家长，"物"包括信息系统、校园网站、服务器、多媒体设备等各种教育装备。

依据来源和范围的不同，教育大数据可以分为以下五种类型，它们从小到大逐级汇聚。

个体教育大数据：主要包括教职工与学生的基础信息、用户各种行为数据（如学生随时随地的学习行为记录、管理人员的各种操作行为记录、教师的教学行为记录等）以及用户状态描述数据（如学习兴趣、动机、健康状况等）。

课程教育大数据：指围绕课程教学而产生的相关教育数据，包括课程基本信息、课程成员、课程资源、课程作业、师生交互行为、课程考核等数据，其中课程成员数据来自个体层，用于描述与学生课程学习相关的个人信息。

学校教育大数据：主要包括学校管理数据（如概况、学生管理、办公管理、科研管理、财务管理等）、课堂教学数据、教务数据、校园安全数据、设备使用与维护数据、教室实验室使用数据、学校能耗数据，以及校园生活数据。

区域教育大数据：主要包括来自各学校以及社会培训与在线教育机构的教育行政管理数据、区域教育云平台产生的各种行为与结果数据、区域教研等所需的各种教育资源、各种区域层面开展的教学教研与学生竞赛活动数据，以及各种社会培训与在线教育活动数据。

国家教育大数据：主要汇聚了来自各区域产生的各种教育数据，侧重教育管理类数据的采集。

与传统教育数据相比，教育大数据的采集过程更具有实时性、连贯性和全面性，分析处理方法更加复杂，应用也更加多元深入。传统教育数据多是在用户知情的情况下进行的阶段性采集，主要采取汇总统计和比较分析的方法进行数据分析，并将学习者的群体特征以及国家、区域、学校等不同层面的发展状况作为关注的重点。在大数据时代，移动通信、云计算、传感器、普适计算等新技术融入了教育的全过程，可以在不影响师生正常教学活动的情况下实时、持续地采集更多微观的教与学的过程性数据，例如学生的学习轨迹、在每道作业题上逗留的时间、教师课堂提问的次数等。教育大数据的数据结构更加混杂，成绩、学籍、就业率、出勤记录等常规的结构化数据依旧重要，但图片、视频、教案、教学软件、学习游戏等非结构化数据将越来越占据主导地位。

二、教育大数据应用

（一）优化教育管理方式

教育管理是指教育主体在教育发展过程中运用相关的管理理念、管理手段和管理方式，对包括人、财、物、时间、空间、信息在内的教育资源进行合理配置，使其有效运转，实现组织目标的协调活动过程。教育管理所涉及的数据量广泛，包括人员信息、资产设备信息、教学活动信息、社会服务信息等，传统教育管理模式局限于定性或"主观"判断等人为因素，难以对海量、复杂、多变的教育信息进行高效的专业化分析处理。运用大数据技术，能够对教育数据进行深层次挖掘，从中发现隐藏的有用信息，从而为做好教育管理和决策工作提供科学的数据支持。

首先，传统教育数据在信息量以及准确度等方面都存在弊端，依靠传统教育数据做出的教育管理决策可靠性较低，在实际应用过程中存在风险。利用大数据采集技术，可以获得更加全面、丰富、多样的数据信息，从而为教育决策提供更多的参考，进而达到优化教育决策的目的。例如，我国推行的统一学籍信息管理制度，对学生的入学、转学、休学、退学等教育管理数据实现全面实时的采集、监控、更新与分析处理。同时，将这些教育管理数据与家庭收入、户籍、医疗、保险、交通等数据进行关联分析，有助于及早发现与预测学困生、择校生等需要进行教育帮助和干预的学生，进而提供有针对性的教育支持服务，保障个位学生都能享有平等接受优质教育的机会。

其次，教育大数据推动学校教学管理系统的升级与完善，使数据存储功能与分析预测功能得以强化，为教育大数据的应用与管理提供更为便利的条件。此外，教育大数据的出现也改变了管理人员解决问题的思路，从事后处理转变为提前预防、实时把控，增加了管理人员对学校工作的掌控能力，保障学校各项工作的平稳开展。

最后，大数据有助于实现教育决策的科学化。传统教育政策的制定通常没有全面考虑现实情况，只是决策者通过自己或群体的有限理解推测教育现实。在大数据支持下，教育政策的制定不再是简单的经验模仿，更不是政策制定者自我经验的总结过程，而是从大量教育数据中挖掘出事实真相，在此基础上采取的针对性措施，因此，教育决策的过程更加科学化，制定的教育政策更加符合教育教学的发展需要，能够更好地发挥教育政策的引导作用。

（二）创新教育教学模式

利用大数据技术对海量教学数据进行分析与预测，能够改变传统的千篇一律的教学模式，实现高质量、个性化的教学。以翻转课堂、慕课等为代表的新型教学模式的成功开展，都与大数据技术的支持息息相关。大数据能够全面记录学习者的成长过程并进行科学分析，使教师能够快速准确地掌握每个学生的兴趣点、知识缺陷等，从而设计出更加灵活多样且具有针对性的学习活动，使传统预设的固化课堂教学向着动态生成的个性化教学转变。

通过大数据技术还可以持续跟踪教师的授课历程，对教师的教学成果进行全面检验和考核，帮助教师对教学手段和方法进行分析汇总，发现自身的教学特长及不足之处，及时调整教学方案，优化教学方法，提高教学质量。

（三）重构教育评价体系

大数据技术推动了教育评价方式的创新和发展，促进传统的基于经验的单一评价向基于数据的综合评价转变。

随着教育信息化的推进，大数据技术能够追踪和记录教与学的全过程，从而为教育评价提供最直接、最客观、最准确的依据。一方面，教育评价将不再依赖于主观的经验判断，而是通过数据分析，发现教学活动的规律，并依此对教师和学生的行为表现进行评价。另一方面，大数据技术丰富了教学评价的内容、方法与渠道，推动评价主体和评价方式向着多元化、多样化的方向发展。政府、学校、家长及社会各方面都参与到教育质量的评价中，评价内容不再局限于单一的考试成绩，而是对学习态度、学习能力、思维方式、创新意识和实践能力等多方面内容的综合评价。

（四）发展个性化学习

个性化学习与培养是教育未来发展的必然趋势，这既是尊重个体差异、追求教育公平的本质要求，也是培养个性化、多样化人才的内在需求。然而，在传统教育模式下，教师缺少高水平高质量的物质、技术、制度等配套条件的支持，难以充分了解每个学生的个性特点并实现一对一的个性化差别教育。而学生也缺乏发现及评价个体潜质和特性的科学方法，难以更好地了解和认识自我，并根据自己的个性特点及需要选择适合的教育模式。

在大数据背景下，教师能够掌握每个学生真实的学习情况，从而采取有效的手段为其提供学习资源、学习活动、学习路径和学习工具，以满足学生的个性化需求。各种智能化学习平台对学习行为的记录也更加精细化，可以准确记录到每位用户使用学习资源的过程细节，如点击资源的时间点、停留了多长时间、答对了多少道题、资源的回访率等。这些过程数据一方面可用于精准分析学习资源的质量，进而优化学习资源的设计与开发；另一方面，学习者可以对自己某一段时期内的学习情况（包括学习爱好、业余活动等非结构化的学习行为）进行分析和预测，以便尽早通过这些预测做出最适合自身发展的决策，更好地开展适应性学习和自我导向学习。

三、基于物联网技术的实验室智能管控一体化建设

在科学技术迅速发展的今天，物联网技术也不断成熟和进步，它能够将各类事物进行有效结合，并在互联网统一管理下进一步提高工作效率和工作质量。在物联网技术的帮助下，物体的运动轨迹能够被有效地记录下来，同时也能够实时记录物体的运行状态。因此，基于物联网技术，促进实验室智能管控一体化建设，能够有效地提高实验室的利用效率，保护实验室器材使用的安全，为实验室的智能自动化管理奠定了良好的基础，有效地减轻了实验室管理人员的工作负担。

进入新时代后，物联网技术的发展速度越来越快，应用范围越来越广，给各行各业带来了深刻的变革。我国在进行实验室建设和管理的过程中，不可避免地存在实验室利用效率不高的问题，同时由于管理不到位导致大量实验器材出现损坏或空置的情况，严重影响了实验的正常进行。因此，通过互联网技术的有效应用，促进实验室智能管控一体化建设，不仅能够进一步提高实验室的使用效率，还能够为学生提供更加优质的实验室服务，有利于促进学习效率和教学效率的提升，加强学校的管理质量和管理水平，为教学科研工作奠定良好的基础。

（一）基于物联网技术的实验室智能管控一体化建设的优势

通过物联网技术的帮助，进一步促进实验室智能管控一体化建设，不仅能够有效降低实验室管理人员的工作量，还能够进一步提高实验室的操作安全性。在智能管控一体化的模式下，实验室能够系统化地管理内部的各类器材数据，也能够实现对工作人员的有效安排，并且可以对实验的各类信息进行有效的分析和存储，因此能够使实验室的管理工作更加高效、有序，也为实验室管理人员留出更多的时间处理其他工作。同时，在智能管控一体化的模式下，实验室能够一直从实验前管控到实验结束之后，真正实现了全过程的有效管理，从而进一步提高了实验室的操作安全性。除此之外，智能管控一体化的实现，还可以为教师和学生创造更加优质的实验环境，为学生和教师提供创新实验、自主实验等模块，有效地辅助学生和教师进行学习和研究。学生也可以按照流程向学校提出实验室使用申请，根据学习需求进行实验的合理选择，也便于学校对实验室的使用时间进行统一安排，有效地提高了实验室使用效率。既能够进一步加强对实验室的监控与管理，也能够调动学生使用实验室进行科学研究的热情和信心，帮助教师和学校进一步推动科研工作的顺利开展。

（二）基于物联网技术的实验室智能管控一体化建设研究

1. 智能实验室智能管控一体化建设应实现的功能

物联网技术是一项新兴的科学技术，正成为一项新兴产业促进各行各业的迅猛发展，实现了管理效率的进一步提高和信息化水平的进步。物联网技术的主要构成包括智能感应设备、应用控制系统和传输网络，在三部分模块的帮助下能够实现人和物之间的各种信息交互和智能化处理。从整体角度来看，物联网技术拥有更加全面的感知能力、更加可靠的传递能力和更加智能的治理能力，从而实现了对海量数据的实时分析与加工，完成了数据的高效处理和实时传递，以此达到智能控制物体和管理物体的目标。高校实验室作为培养应用型人才的重要场所，能够通过实验激发学生对学习的兴趣和对科研工作的创新意识，有效地提高学生的学习水平和学习质量，为社会培养更多优质的实验创新型人才。因此，高校应该充分发挥互联网的强大优势，进一步推动实验室智能管控一体化建设工作的顺利展开，从而为高校办学质量的提升奠定良好的基础。目前，我国各高校已经顺利实现了校园网络的全面覆盖，各高校的实验室也纷纷建立起了以校园网为核心的基础学习平台，这就为物联网在实验室中的有效应用奠定了良好的基础。因此，实验室应该以互联网为中心，并根据实验室的发展需求增加有效的泛在感知设备，从而让设备、互联网、物联网三者之间能够实现有效的联通，打造三重网络。根据高校实验室的发展需求，在构建以物联网技术为核心的智能管控一体化实验室时，要确保实验室具备以下几项功能：

首先，实验室应该具备开放实验的功能，即实验室通过智能管控一体化模式，能够有效地扩展自己的开放范围，并在网络信息平台的帮助下进一步公开实验室的相关实验主旨和实验进程，并实现实验数据的透明化。这样一来，教师就可以通过实验室的智能系统，更加准确地把握学生在实验中的具体进展和内容，更加有效地指导学生完成操作。在实现实验室数据高效共享的过程中，还进一步提高实验的利用效率，促进实验室安全操作标准的提高。其次，实验室应该具备创新实验的功能，即学生能够根据学习的需求和自身的学习进度，向学校提出合理的实验室使用需求。当学校通过学生的申请后，学生可以在智能化的实验室中自主完成实验操作，有利于进一步提高学生的学习自主性和实践操作能力，实现学习质量进一步提升。同样，实验室的创新实验功能也可以为教师服务，帮助教师进一步提高教学效率和科研质量。最后，实验室应该具备系统设置功能，在物联网技术的帮助下可以实现更加高效的器材和数据管理，从而进一步促进实验室设备使用效率的提高，帮助校方更好地完善实验室设备的维护和保养工作，优化实验室的设备配置，以便及时有效地采购所需设备，避免资金和设备的浪费。在智能管控一体化的模式下，管理部门可以通过自动化的信息收集和分析，提高对实验室的管理效率，也能够有效提高实验室的人事管理效率。在物联网技术的加持下，智能管控一体化的实验室可以实现多种报警装置的综合管理，以便实验室防盗、防火、防污染和防漏电工作的顺利开展，为教师和学生进行实验操作提供更加安全的环境，保证师生的人身安全。

2. 基于物联网技术的实验室智能管控一体化建设的三层结构

从整体的角度来看，通过物联网技术实现实验室智能管控一体化建设，需要完成三个层面的系统构建。首先，要建立起完善的感知层。感知层主要由大量的感知设备构成，存在于实验室的不同设备和各个角落中，常见的感知设备包括传感器设备、智能 M2M 终端、RFID 设备等。感知设备通过采集实验室中的各项信息实现与网络层的有效连接，将大量的数据信息上传至网络层。其中，感知层最为核心的技术之一便是 RFID 技术，目前，在互物联网技术中得到了十分广泛的应用。感知设备通过 RFID 读写芯片技术与其他感知设备进行有效的配合，从而进一步实现对实验室的网络覆盖，拓展了实验室的数据感知范围。目前，由于RFID 技术具有明显的优势，因此在设备感知领域发挥出十分重要的作用，例如低频 RFID 设备在身份证查验和考勤等方面有明显的优势，而高频 RFID 设备则借助多标签识别技术在检查实验室设备工作中发挥着重要的作用。在进行设计的过程中，实验室人员可以通过 RFID 设备实现有线连接或无线连接，从而将采集到的重要数据进行上传。

在构建感知层的过程中，应依据实验室的不同监测需求来选择合适的传感器设备，例如监测实验室的湿度、温度、压力、电流等各项数据，以便有效地监控实验室的风险隐患，构建起一套更加立体化的实验室感知系统，让实验室能够从设计上进一步加强系统化和安全性。在感知层中，也可以通过更加成熟的 SIM 模块构建感知端，以此提高感知效率。SIM 模块不仅能够有效地存储实验室信息数据，还能够实现信息的串行通信，能够为实验室的智能管控一体化建设提供更有效的信息传递功能。同时，各类媒体终端例如摄像头、录音机、话筒、投影仪等，能够进一步帮助感知设备发挥出价值，从而使智能管控一体化的实验室建设更加立体、更加具有可视性。

网络层是物联网技术应用的中间环节，能够实现数据的接入和传输，并完成数据的运营工作。在物联网技术的加持下，网络层不但可以建立在骨干网络上，以便实现对多个融合网络的有效管理，还可以建立在专用网络上实现专项管理。想要真正发挥出网络层的作用，必须充分利用物联网技术中的网关技术、组网技术、物联网节点技术和频管技术。

应用层是物联网技术的最后一个层面构建，也是感知层和网络层提供服务的最终对象。应用层面向实验室的管理人员提供各类更加高效便捷的管理服务，帮助管理人员构建起一个智能化的综合服务平台，以此来实现综合管理实验室的人员、设备、实验和安全。应用层通过有效的整合管理，实现了网络层信息的高效传输，同时感知层进行各类信息的收集和提供时，进一步加强了彼此之间的联系性，提高了感知层信息的集成效果，这就使得实验室的智能管控一体化建设效果实现优化，使实验室体系更加高效、更加集成化。学生可以在应用层平台上进行实验预约和信息查阅，也能够实现各类学习课程的下载；教师可以通过应用层平台顺利完成实验室的申请工作，也能够有效地对学生实验进行监管，提高了实验室环境的维护效率，减轻了考务管理工作的负担。同时，实验室的管理人员还可以在应用层平台的帮助下，准确地掌握实验室的各类资源信息、实验设备的工作状态和设备端口使用情况，了解实验室是否处于被使用的状态，还能够借助智能化的管理设备自动生成设备巡检报告，进一步优化了管理人员的工作内容。

值得注意的是，由于实验室的安全管理涉及电气、温度和湿度、门窗以及光照等因素，因此在进行人工检查时往往可能存在检查不到位或难以检查的情况，此时通过物联网的应用管理平台，能够更加有效地控制不同种类的传感设备，从而全面、全天候、长期地对实验室运行状态进行监测，有效提高了实验室运转的安全性，为师生的教学和科研工作提供了更加良好和安全的环境。

3. 基于物联网技术的实验室智能管控一体化的应用实践

通过基于物联网技术的智能管控一体化的实验室建设，不仅能够帮助学校进一步提高教学实验的效率，还能够促进学校科研创新工作的正常开展，同时为学生提供更多竞赛培训的资源，帮助学生顺利完成毕业设计，有效提高了学校的办学质量和教学水平。在传统的教学模式下，实验室仅仅作为教师和学生学习的辅助工具，因此在教学过程中仅仅利用了实验室的部分资源和空间，从本质上来讲，实验室和教学是相互分离的状态。而通过实验室智能管控一体化的建设，学校和教师可以利用物联网技术优化教学工作的前期安排，提高实验室资源在教学过程中的使用效率，完成实验全过程的监测，并为教学后期的课程考核提供了更多的方案。教师在智能管控一体化的实验室中能够有效提高教学效率，学生也能够真正体验更加立体高效的学习过程。除此之外，传统的实验室中，学生在进行毕业设计和实验活动时，往往面临着较为局限的实验条件和实验环境，而通过实验室智能管控一体化的建设，学生可以借助互联网技术获得更加丰富的实验资源，更加自主、开放、系统地完成相关实验过程，让实验室的各类实验资源能够被合理运用起来，避免大量的实验资源浪费或闲置。

基于物联网技术的实验室智能管控一体化建设还为师生顺利进行科研实验提供了更加优质的研究平台。在高校研究生的培养过程中，能够通过科研平台和实验室的智能化管理，帮助教师和学生逐步验证相关科研成果，让教师和学生的研究理论能够在实践中得到证实，并对实践发挥更加积极的指导作用，从而转化为具有可行性的实践成果。实验室的智能管控一体化建设能够向教师和学生提供更加丰富的实验资源、技术资源、理论资源等，同时教师和学生在优越的实验室环境中所取得的科研成果也能够有效地优化实验条件，从而形成良性循环，不断实现高校科研成果的创新和实验室管理质量的提升。除此之外，通过物联网技术构建实验室智能管控一体化模式，高校各类教学工作能够进行有效的联结，从而形成共同促进、共同进步的发展整体，帮助高校学生顺利完成创新思路的验证工作，也进一步增加了本科生与研究生之间的合作机会，有利于学生之间彼此进行讨论和探索，从而创造出更多的团队科研成果。

四、虚拟仿真实验室的创新性实验教学改革探索

（一）虚拟仿真实验室概述

虚拟仿真实验室是以大数据技术和网络技术为核心，利用计算机手段实现实

验室内的虚拟操作和测试。在虚拟仿真实验室中，通过虚拟环境所提供的交互功能自主地进行实验，能够进一步提高实验空间的经济性、高效性和开放性。虚拟仿真实验室能够进一步推动教育信息化的发展进程。通过先进的计算机系统，虚拟仿真实验室能够顺利进行各类实验，并对实验的真实环境进行有效模拟，为学生尽可能地排除实验过程中存在干扰性，以此提高实验成果的质量。同时，在虚拟仿真实验室的帮助下，学生同样可以模拟有害环境和毒物的实验，让学生能够在安全的环境中完成相关学习工作。除此之外，虚拟仿真实验室能够最大限度地减少实验资源的浪费，尤其在一些需要消耗大量资源或实验操作较为复杂的实验中最为突出，有效控制学校开展实验教学的成本。

（二）虚拟仿真实验室在教学中的作用

1. 提高仿真实验的还原性

虚拟仿真实验室能够利用计算机的仿真技术为学生提供更加真实的人机交互，利用其自带的各类场景模拟软件将实验环境与真实情况无限贴合，学生在实验中实现理论知识的学习和提升、计算机技术的掌握和虚拟仿真技术的了解。在通过仿真实验室进行实验时教师可以借助图片、表格、视频等形式来完成对整个实验过程的再现，并和学生一起将实验操作的整体过程记录下来。这样一来，学生的理论知识能够更加扎实，也能更加科学合理地运用理论知识指导实验操作，为学生学习质量的提高奠定良好的基础。

2. 提高仿真实验的安全性和创新性

在真实的实验环境中，由于一些实验存在一定的风险，因此保障实验的安全性同样是学校实验教学的重点工作之一。如果学生没有熟练掌握实验的正确操作步骤和流程，以至于在实验中出现了操作不当等情况，有可能造成严重的实验室安全事故。在虚拟仿真实验室的帮助下，学生的实验安全性能够得到有效保证，避免因为操作失误而出现的风险隐患，也能够有效控制实验室资源的损耗。同时，在虚拟仿真实验室的实验教学过程中，学生能够被实验室的不同环境因素和条件设置所吸引，更加积极主动地投入实验变量的探索中，提高对实验的兴趣和热情，为学生实现验创新奠定了良好的基础。在这样一个更加开放的自由实验环境中，学生的学习热情和主观能动性被充分调动起来，有利于进一步提高课堂教学水平。

3. 缓解实验室教学资源紧张的问题

在实验教学的实际过程中，由于教学的需求极有可能出现实验室资源不足、实验室设备落后、实验室空间过小等问题，严重影响了实验室教学的质量，影响学生学习效率。这不利于进一步提高实验教学的效率，也不利于满足不同学生的学习需求，无法真正让学生及时有效地将理论知识应用到实践中。而在虚拟仿真实验室的帮助下，学生可以直接通过计算机进行实验模拟，满足了不同学生对实验要求。虚拟仿真实验室可以对不同的实验环境和实验条件进行高度还原，也能够提供更加真实准确地实验数据，学生通过操作能够更加规范的完成实验流程，有效解决了实验室短缺的问题，帮助学校缓解教学资源紧张的压力，为学生实验能力的提高奠定了良好的基础。

4. 实现多学科交叉教学

虚拟仿真实验室是以计算机技术为核心的教学资源，因此能够覆盖多项学科，满足不同专业学生对实验的需求，帮助不同专业学生完成不同种类实验的训练，也能够为学生提供其他专业的实验成果辅助学习，为学生实现跨专业的实验研究奠定了良好的基础。因此，学生可以借助虚拟仿真实验室进行多学科交叉的学习与探索，帮助学生养成良好的自主学习习惯，培养学生的创新能力和探索精神，让学生真正成长为社会所需要的复合型人才。

（三）虚拟仿真实验室教学的特点

1. 可扩充性

信息技术的快速发展推动着各学科不断涌现创新型知识。这就需要学生在学习的过程中积极投入到新知识的探索和验证中。但是针对不同的知识内容需要开展不同的实验，也需要不同的实验器材和实验资源。如果在真实的实验室中进行大量设备和资源的采购，必然会造成实验室管理成本的提升。因此，通过虚拟仿真实验室可以有效解决这一问题，对各类新知识的实验项目进行虚拟环境模拟，即便涉及不同学科也能够顺利完成实验，减轻了实验室的器材购买压力，有利于控制实验室的管理成本。

2. 教学交流更流畅

通过虚拟仿真实验室，教师可以直接在线上完成对学生的实验指导，及时有效地帮助学生解决实验中存在的问题。学生可以通过虚拟仿真实验室上传具体的实验过程，记录实验中的各项参数，完成实验报告，有效地提高了学生的实验效率和实验质量。同时，在虚拟实验室的平台上，学生还可以与不同专业的教师和学生进行问题的探讨和研究，进一步拓宽学生的学习视野，提高了学生的学习效率，确保了教学和学习交流的流畅性，无论是教师还是学生都可以通过移动终端随时随地进行问题的分析和讨论，进一步优化了实验教学的效果。

3. 教学资源投资更节约

在传统的实验室中，不仅需要花费高额成本购买大量的实验仪器，还需要定期对实验设备进行维护和保养，并及时补充相关实验资源。而在虚拟仿真实验室下，能够减轻学校购买和维护实验设备的压力，通过虚拟环境的创造为学生建设一个更加安全、资源更加丰富的实验环境，满足不同学生的学习需求。教师通过在虚拟仿真实验室中的实验示范，能够让学生更加清楚直观地从不同角度观看实验的具体流程和操作细节，有利于减少学生在实际操作中的失误，也能够避免学生实验室时对仪器设备造成的损坏和材料浪费，使得教学资源的投资得到有效控制。

五、基于人工智能技术的高校智慧实验室建设

高校智慧实验室是指基于人工智能技术的智慧化、数字化、自动化的实验室。随着人工智能技术的不断发展，高校智慧实验室的建设和发展已经成为高校信息化建设的重要组成部分。但是，在实际运行过程中，高校智慧实验室面临着诸多问题，如传统管理方式较落后、登记管理工作待健全、实验室安全监管不足等，这些问题严重制约了高校智慧实验室的建设与发展。因此，如何借助人工智能技术来推进高校智慧实验室的建设与发展，是当前急需解决的问题之一。

（一）人工智能技术的概述

人工智能技术，英文为 Artificial Intelligence，简称 AI，它是一种智能计算机

程序或机器，能够模拟人类智能的思维和行为。在人工智能技术中，计算机不再只是被动地执行命令，而是可以通过学习和优化算法自主地进行决策和处理。人工智能技术的最终目标是能够具有普适性、自主性、灵活性和创造性。人工智能技术可以根据不同的应用领域和功能需求进行分类。按照应用范围，可以分为通用人工智能和专用人工智能。通用人工智能是指能够解决多种问题的智能，可以完成人类智能的绝大部分任务。专用人工智能是指针对某一个特定领域或问题的智能，例如语音识别、图像识别等。按照实现方式，可以分为符号主义人工智能和连接主义人工智能。符号主义人工智能是基于人类逻辑思维和规则的智能，将人类知识和经验以符号形式存储在计算机中，通过推理和演绎来实现人工智能。联结主义人工智能则是基于神经元和神经网络的智能，通过模拟人脑神经元之间的联结和交互来实现人工智能。

人工智能技术的特点主要包括以下四个方面：首先，人工智能技术具有智能化，即能够根据环境和任务自主地做出决策和行动；其次，人工智能技术具有学习性，能够通过训练和反馈来不断优化算法和模型；再次，人工智能技术具有自适应性，即能够根据环境和任务变化自动调整算法和模型。最后，人工智能技术具有自主性，能够独立地处理信息和任务。在高校智慧实验室建设中，人工智能技术具有很强的应用价值。通过引入人工智能技术，可以实现实验室的智能化管理和运营，提高实验室的效率和质量，同时也能够增强实验室的安全性。例如，可以利用人工智能技术对实验室设备进行自动监测和故障预警，减少设备损坏和维修时间；利用人工智能技术对实验室物品进行智能识别和管理，提高物品安全性和使用效率；利用人工智能技术对实验室数据进行分析和挖掘，提高实验数据的价值和应用性；等等。

（二）人工智能技术的高校智慧实验室建设的对策

1. 创新实验室管理方式

随着人工智能技术的不断发展，高校智慧实验室的建设也越来越受到关注。传统的实验室管理方式已经无法满足高校智慧实验室建设的需求。因此，需要创新实验室管理方式，使其更适应人工智能技术的发展和实验室的需要。传统实验室管理方式通常依靠手工操作和人力管理，效率低下，容易出现疏漏和错误。而现代化的高校智慧实验室需要更加智能化的管理方式。通过引入智能化管理系统，实验室管理可以实现数字化、自动化和智能化，提高管理效率，降低管理成本。智能化管理系统主要包括实验室设备的自动化监测、实验室环境的智能化控制、实验数据的自动化采集和处理等。智能化管理系统可以减少实验室管理的烦琐工作，从而让实验室管理者更加专注于实验设计和实验成果的应用。高校智慧实验室的设备种类繁多、规模庞大，设备维护和管理成为重要问题。传统的设备维护和管理模式效率低下，无法满足实验室的需要。因此，需要建立智慧化的设备维护和管理机制，使设备维护和管理更加高效和智能化。智慧化的设备维护和管理机制主要包括预防性维护、远程监测和自动化维护等。通过设备维护计划、故障预测、智能巡检和自动化维修等方式，实现设备的智慧化维护和管理。这样可以最大限度地避免设备损坏和故障对实验室工作造成的影响。高校智慧实验室建设需要支持信息化管理。信息化管理主要包括实验室管理信息系统、数据管理、实验室信息安全等。

2. 健全登记管理工作

实验室的登记管理工作是实验室管理中非常重要的一个环节。健全登记管理的工作可以规范实验室的使用，提高实验室的管理水平和工作效率，同时也能够避免一些安全隐患的发生。首先，建立健全的设备和物品登记制度。设备和物品的登记制度是实验室管理的基础，需要建立详细的登记规定和登记流程，包括设备和物品的命名、编号、型号、品牌、规格、数量、使用情况等信息。同时，需要定期进行设备和物品的盘点，确保实验室设备和物品的数量、状态与登记信息一致，避免设备和物品丢失或损坏。其次，实行人员实名制管理。实验室使用人员需要提前预约，并在进入实验室前进行身份验证。对于访客，应该在进入实验室前进行登记，了解其身份、来访目的等信息，确保实验室使用安全。再次，建立完善的实验室使用记录制度。实验室使用记录可以记录实验室使用情况、实验室设备使用情况以及实验室问题反馈等内容。建立完善的使用记录可以为实验室管理提供数据支持，了解实验室使用情况，及时发现并解决问题。最后，建立安全事件报告制度。对于发生的安全事件，应当建立安全事件报告制度，及时向有关部门汇报，并对安全事件进行调查和处理，避免安全事件扩大化。此外，在健全登记管理工作的过程中，实验室管理人员需要注重对实验室人员的宣传教育工作。通过加强宣传教育，让实验室人员了解实验室管理规定和标准，知晓实验室管理的重要性，增强实验室管理意识，遵守实验室管理规定，加强实验室安全监管。

3. 加强实验室安全监管

加强实验室安全监管，是保障实验室正常运行和人身安全的关键环节，也是高校智慧实验室建设中不可忽视的重要方面。高校智慧实验室应建立完善的安全管理体系，包括安全责任制度、安全管理制度、安全规章制度、应急预案等。安全责任制度应当明确实验室安全管理工作的职责、权限、要求和责任；安全管理制度应当建立实验室安全管理组织架构和工作流程，并对实验室设施、设备、用品和试剂进行管理，实行严格的标识、分类、管理和使用制度；安全规章制度应当建立实验室内部的行为准则和安全操作规程，保证实验操作人员遵循操作规程，杜绝操作过程中的疏忽和不慎；应急预案应制订实验室安全突发事件的处置方案，包括事件的分类、处置步骤、人员分工、通信流程等。实验室设施、设备是实验室正常运行的基础，对设施设备的管理能直接影响实验室的安全。因此，高校智慧实验室应对设施设备进行维护和管理，防止设施设备老化、损坏和缺乏有效维护，造成安全事故。在设施设备管理方面，高校智慧实验室可以采用现代化的管理手段，如智能化设备管理系统、物联网设备管理系统等，实现设备的实时监控、维护和保养，提高设备的使用效率和安全性。实验室操作人员是实验室安全管理的重要环节，应采取严格的人员管理措施。高校智慧实验室应对实验室操作人员进行培训，使其掌握实验操作技能和安全操作规程，提高其安全意识和应急处理能力。实验室操作人员的招聘应当依据相应的职位要求和安全管理要求，采取资格审查和安全背景调查等措施，确保人员的安全素质和能力。另外，为了更好地促进实验室管理方式的创新，高校应该不断探索和推广新的科技手段。

（三）人工智能技术的高校智慧实验室建设的前景

随着人工智能技术的不断发展和应用，高校智慧实验室也将迎来新的发展机遇。未来，随着智能化设备的广泛应用，实验室将更加智能化，大大提高实验室的工作效率和管理水平。

第一，实验室智能化。随着智能化设备的不断发展和应用，实验室将更加智能化。通过智能化设备，实验室将能够实现自动化操作和数据采集，有效提高实验室的工作效率和管理水平。例如，实验室可以使用智能化的温控系统、自动化的设备操作系统、自动化的化学试剂配制系统等，从而实现实验室自动化、智能化和数字化的运作。

第二，数据挖掘。人工智能技术的应用还可以促进实验室数据的挖掘。通过数据挖掘技术，实验室可以深入挖掘实验数据，发现其中的规律和趋势，从而更好地指导实验研究。例如，可以利用数据挖掘技术分析实验室的温度、湿度、气压等环境数据，以及实验数据的变化规律，从而预测实验过程的结果，为实验设计提供指导。

第三，虚拟实验。人工智能技术的应用还可以促进虚拟实验的发展。虚拟实验可以在一定程度上替代传统实验，降低实验的成本和风险。随着人工智能技术的发展，虚拟实验将会更加智能化和有真实感。例如，可以利用人工智能技术设计出更加真实的虚拟实验环境，并且根据用户的操作来自动调整实验的难度，从而更好地实现虚拟实验的教学效果。

第三节　农业农村大数据应用

一、农业农村现代化的新机遇

农业要素具有种类多样、环境复杂、产销分散等特征，为大数据技术在农业领域的运用和实践提供了规模浩大的数据基础。大数据在农业中的运用覆盖了农业产业链的各个环节，从耕地、播种、施肥、收割，到农产品的储运、加工、销售等。农业生产过程的每一层、每一环都涉及大量的专有数据，传统信息处理方式难以挖掘与分析这些大量异构数据潜在的价值。

互联网、物联网及线上平台技术的日趋成熟，使得农业生产、加工以及农产品流通、消费的整个过程中产生的数据，可以得到很好的采集、存储和推送，使得农业农村大数据发展获得了坚实的现实支撑，为农业现代化提供了新的历史机遇。

（一）大数据为农业农村发展指明了新方向

大数据为农业多样化发展指明了出路。市场化日益完善促使购买力不断提升，人们对高附加值农产品的需求量也在不断增加，这为生产高附加值、高利润的农产品提供了良好契机。从业者对市场的感知力将大幅提升，能够科学预判市场需求，降低高附加值、高利润农作物生产风险，从而保障生产者的预期收益。农业发展的多样化成为可能，布局的合理性将得以完善。

大数据为精准预测提供了手段，使得农业生产不再靠天吃饭，借助预测模型与机器学习，为化学药剂用量、灌溉施肥、气候预测、目标产量等提供了辅助决策手段；帮助农户实时、精准把握生产状态和市场需求，避免了信息滞后、信息误导，为包括市场精准预测在内的农业生产全生命周期提供了数据资本，实现了资源的有效利用与生产的合理布局；降低了农业改革调整的盲目性和风险。目前，我国各领域都在开展供给侧结构调整改革，大数据作为农业与市场接轨的纽带，在满足市场需求的同时，可辅助实现农业产业结构调整、优化的目标。

（二）互联网为农业信息铺设了"高速路"

"互联网+"概念的兴起使得互联网技术与农业的联系愈加紧密。互联网为农业信息铺设了"高速路"，重点体现在以下两个方面。

1. "互联网+"完善了农业农村大数据采集网络

在信息采集传感器广泛密集部署的基础上，农业生产各环节会产生大量数据，要采集和利用好这些数据，就需要建立信息顺畅流转的"高速路"。在"互联网+"时代，硬件基础设施性能有了质的飞跃，原本束缚数据传输速率的网络带宽大幅提升，使得农业农村大数据实时、全面采集网络的建立成为可能。

2. "互联网+" 促使建成农业农村大数据系统平台

"互联网+" 为信息资源高效、有序的集成、共享、挖掘提供了基础支撑。数据实时高效采集的结果，为开展农业农村大数据的挖掘与分析提供了充足原材料。采集后的大量异构数据汇聚在同一平台上，要实现对这些异构数据资源的有效管理，就必须建立基于分布式架构的云存储系统，实现信息资源的集成、共享，在此基础之上才能进行农业农村大数据的分析、处理，为用户提供检索、推送服务。

（三）物联网为农业感知延伸了"触角"

农业物联网是发展现代化农业的重要环节。以无线传感网为核心的物联网技术能够监测农业领域的各项参数及指标，获得更多、更准确的数据和信息，进而对数据实现挖掘与分析。如果说大数据技术在农业上的应用是现代化农业的发展趋势，物联网则带动了农业农村大数据的发展，为农业感知延伸了"触角"。

借助于物联网，农业生产模式实现了从经验式到精准式的转变，实现了省水、节肥和农药用量的减少，实时感知、响应成为可能，农业生产精细管理程度大幅提升。目前，在大田农业、设施农业、果园生产管理中，已经广泛应用了物联网技术，在温室智能控制、智能节水灌溉、农产品长势与病虫害监测等方面都取得了较好的效果。例如，新疆生产建设兵团某师的棉花田安装了基于物联网的膜下滴灌智能灌溉系统，集墒情监测、用水调度、灌溉控制于一身，能够实现滴水、施肥的计算机自动控制，每亩节省水肥 10% 以上，同时棉花产量提高 10% 以上。

物联网与大数据相互依存、相辅相成，大数据的产生依托于物联网，物联网为大数据的传输利用提供了渠道，在可预见的未来，物联网与大数据的结合将在智能农业监控、农产品标准化生产、农产品安全追溯及防伪鉴真等方面继续扮演至关重要的角色。

（四）线上平台为农业销售拓宽了"渠道"

近年来，以电子商务、线上平台为典型代表的大数据应用飞速发展，整个农业产业也融入这场变革的洪流之中，在调整优化中催生了更多商机，同时也开拓出更精细的市场，为农产品销售拓宽了"渠道"。

线上平台丰富了传统的品牌内涵，同时延伸了品牌外延。在电子商务和社交平台支撑下，催生了一批网红农民，传统品牌向线上品牌转型，地标产品向区域公用品牌演化。农产品线上平台模式从 B2C 发展到 C2B，再到 B2B。

农产品线上平台的发展是大数据技术应用的成功典范，它的成功为农产品销售拓宽了渠道，提供了新的契机。

二、农业农村大数据应用分析

科技是农业农村发展的首要推动力，传统的农业生产方式结合大数据技术，将诞生出一系列更具活力的农业农村大数据应用，主要包括以下六个方面。

（一）育种

传统的育种辛苦费时，培育周期长，一个好的品种一般需要一二十年甚至更长的培育周期。即便如此，投入大量精力也无法保证获得预期成果，因此育种的效率很低。借助于大数据技术，科学家可成功检测出大量基因型，进而借助人工智能和深度学习技术，可大幅提高优良性状的识别速率。大数据使得农业育种水平有了跨越式的提升。

（二）农作物栽培

在农作物栽培过程中，通过监控作物生长过程中的环境参数，可实时感知农作物生长状况，动态调控浇水、施肥等操作，为农作物栽培精准化提供依据。统筹协调播种日期、播种面积、施肥时间、施肥用量、灌溉用水量、农药喷洒时间，与机械化无缝对接，不仅有利于农作物生长，提高生产效率，还有助于节约种植成本，提高农民收入。另外，在无土栽培、蔬菜大棚等新型种植方式中，通过对温度、通风、施肥等进行精细化处理，农民可根据分析处理结果直接实施操作，进而大幅增产。

（三）病虫害防护

作为我国主要农业灾害之一，农作物病虫害具有种类多、影响大、时常暴发等特点，发生范围广、程度严重，给农业生产和农业经济造成了重大损失。将农业农村大数据应用于农作物病虫害测控预警，将为农作物病虫害监测防治提供决策依据。通过采集气候、菌源等与病虫害相关数据，并进行综合分析，预测病虫害暴发时间和区域的准确率将大幅提高，可缩短防护工作时间，挽回农业病虫害损失。

（四）农业环境监测

深度挖掘与农作物生长息息相关的大气、湿度、温度、土壤等数据，可使数据背后潜在的价值得以展现，农业环境监测水平将大幅提升。通过大数据的科学辅助决策，可帮助农民掌握施肥、灌溉的最佳时机，达到既节省资源、降低成本，又避免过度灌溉对农作物生长产生负面影响，杜绝过量施肥造成环境污染的目的。运用深度学习技术对农作物生产期间的大规模数据进行建模分析，则能大幅提高环境预测的准确性。

（五）农产品流通

农产品流通直接关系到农业生产者能否获取预期的收益。传统上，为了提高农产品流通效率，通常采用改良农产品从农村到城市的交通条件的方式来实现。农产品流通中的关键是实现信息道路的畅通，为分析农产品价格走势、预判消费需求等提供新途径。基于大数据的农产品流通体系的建立可以帮助从业者预判农产品需求、价格变动等重要信息。

（六）农产品质量安全追溯

农产品质量是衡量农业生产水平的重要参数之一，以往对农产品质量的监控往往不够全面，信息也相对滞后，很难实时反映农业生产过程中存在的质量安全问题，影响了管控效能的发挥。通过育种阶段的基因测序分析，可从源头上选取高质量的农产品；依托农业农村大数据平台，共享公开农产品质量信息，可建立公平竞争环境，激励农业生产者优化生产细节，提高农产品质量安全水平。

参考文献

［1］ 花均南. 大数据运营技术［M］. 上海：上海交通大学出版社，2023.

［2］ 吕云翔，姚泽良，谢吉力. 大数据可视化技术与应用［M］. 北京：机械工业出版社，2023.

［3］ 朱扬勇. 大数据技术［M］. 上海：上海科学技术出版社，2023.

［4］ 赵亮. 大数据技术与应用［M］. 北京：电子工业出版社，2023.

［5］ 陈明，张凯，张丁文. 大数据技术与应用［M］. 北京：企业管理出版社，2023.

［6］ 李少波. 大数据技术原理与实践［M］. 武汉：华中科学技术大学出版社，2023.

［7］ 魏雪峰，吕猛，于水英. 大数据技术应用基础［M］. 北京：北京理工大学出版社，2023.

［8］ 郭畅，杨君普，王宇航. 大数据技术［M］. 北京：中国商业出版社，2022.

［9］ 马谦伟，赵鑫，郭世龙. 大数据技术与应用研究［M］. 长春：吉林摄影出版社，2022.

［10］ 程显毅，任越美. 大数据技术导论：［M］. 2 版. 北京：机械工业出版社，2022.

［11］ 韩锐，刘驰. 云边协同大数据技术与应用［M］. 北京：机械工业出版社，2022.

［12］ 韩良福，胡奇志，张明玖. 健康大数据技术与应用导论［M］. 成都：西南交通大学出版社，2022.

［13］ 何承，朱扬勇. 大数据技术与应用城市交通大数据［M］. 2 版. 上海：

上海科学技术出版社，2022.

［14］罗森林，潘丽敏. 大数据分析理论与技术［M］. 北京：北京理工大学
出版社，2022.

［15］施苑英，蒋军敏，石薇. 大数据技术及应用［M］. 北京：机械工业出
版社，2021.

［16］王志. 大数据技术基础［M］. 武汉：华中科技大学出版社，2021.

［17］李春芳，石民勇. 大数据技术导论［M］. 北京：中国传媒大学出版
社，2021.

［18］覃事刚，姚瑶，李奇. 大数据技术基础［M］. 2版. 北京：航空工业
出版社，2021.

［19］李建敦，吕品，汪鑫，等. 大数据技术与应用导论［M］. 北京：机械
工业出版社，2021.

［20］张捷，赵宝，杨昌尧. 云计算与大数据技术应用［M］. 哈尔滨：哈尔
滨工程大学出版社，2021.

［21］王瑞民. 大数据安全技术与管理［M］. 北京：机械工业出版社，2021.

［22］吕波. 大数据可视化技术［M］. 北京：机械工业出版社，2021.

［23］蒋瀚洋. 大数据挖掘技术及分析［M］. 北京：北京工业大学出版
社，2021.

［24］卢贤玲. 大数据处理技术与项目实战［M］. 北京：新华出版社，2021.

［25］杨丹. 大数据开发技术与行业应用研究［M］. 沈阳：辽宁大学出版
社，2021.

［26］龚卫. 大数据挖掘技术与应用研究［M］. 长春：吉林文史出版
社，2021.

［27］苏鹏飞. 大数据时代物联网技术发展与应用［M］. 北京：北京工业大
学出版社，2021.

［28］黄源，董明，刘江苏. 大数据技术与应用［M］. 北京：机械工业出版
社，2020.

［29］侯勇，刘世军，张自军. 大数据技术与应用［M］. 成都：西南交通大

学出版社, 2020.

[30] 张鹏涛, 周瑜, 李珊珊. 大数据技术应用研究 [M]. 成都: 电子科技大学出版社, 2020.

[31] 杨静. 大数据技术原理与实践 [M]. 武汉: 华中科技大学出版社, 2020.

[32] 王李冬. 大数据智能挖掘相关技术与应用 [M]. 天津: 天津科学技术出版社, 2020.

[33] 张文学, 连世新. 大数据挖掘技术及其在医药领域的应用 [M]. 燕山大学出版社, 2020.